表現論入門セミナー【新装版】

■第I巻■

具体例からの表現論入門

平井 武

日本評論社

はじめに

二人の夭折《ようせつ》の天才アーベルとガロアによって 19 世紀前葉《ぜんよう》に数学の世界に導入された「群」の概念は，徐々に成長・発達して現代数学の根幹の中に入り込んでいる．いまや，群そのものの研究は多岐にわたっているが，それは群の本質の半分であって，残りの半分は群が他の事物に「作用する」ことにある．その作用を標準的に取り出したものが「群の表現」である．本書は，群の表現の理論について，その初歩から現代の最先端まで通覧してみようとするものである．単なる解説書に終わらないためには，数多くの表現論のテーマのうちから慎重に具体例を選んで，それらを詳しく論じながら読者に一般論を体得してもらう以外にない．

はじめ本書執筆の依頼を受けたときには，むしろ解説書の性格に重きをおいたもので大学 3 回生以上を対象とするものであった．共著者二人で学会や研究集会の際に何回か相談を重ねて，ようやく執筆にとりかかるまでにすでに年を重ねていた．その後，多忙のせいもあってなかなか筆が進まなかったが，書き進んでいくうちに初心者に対する入門の部分を重視すると同時に，群やリー環の表現論を実際に使おうとする理科系の学生や研究者にも役立つものにするという方向にも重点をおき，それなりに分量も増えたのだが充実した入門書となったと自負している．

本書は，第 I 部 (平井担当) と第 II 部 (山下担当) に分けてあるが，相互に原稿を検討して意見を交換しあい，連携をはかってある．しかしながら，第 II 部は，第 I 部との関連を踏まえながらも，独立に読み始められるように書かれている．北海道大学での著者による講義や高校生向けの公開講座の内容も取り入れられており，初心者でもここから学習を始めることもできる．内容は主としてリー代数 (＝リー環) とその表現の理論であるが，一般論ではなく，具体的である．その後半の第 10, 11 章に至って，現代の表現論の最先端の話題に手が届いている．これだけの分量の中では何を捨て何を拾って述べていくかが重要であり，大いに工夫を要したところである．第 II 部の初めに序文があるので，著者 (山下) の意気込みについてはそちらを読んで頂くとして，ここでは第 I 部について説明する．

第 I 部の大きな特徴は，群の表現が物理学との関連で詳しく論じられている点にある．なぜ表現論と物理学が関わりが深いのかとの設問は，とくに第 3 章～第 5 章を読んで頂く際のポイントであろう．いまここでは,「ニュートン力学，量子力学，相対性理論などに内在する対称性は，それぞれ適当な群とその表現を用いて記述される」とだけ述べておこう．

まず，第 1 章は導入部として，初心者のためにできるだけ馴染みやすい日常生活と関連のあるところから群やその作用の例をとることから始めている．ついで，20 世紀初頭における表現論の創始者フロベニウスやその高弟シュアによる有限群の表現論を概観する．時代としてはほぼ森鴎外や夏目漱石が活躍した時期に前後する．彼らの業績は人類の遺産としての「知的文化財」とも捉《とら》えられるが，それに直接触れる喜びをここで読者と共有できる．そして，ポピュラーな群として置換群をとり，それからつらなっている 置換群の表現群，組みひも群等の一連の系譜をたどってみた後，有限群の表現の理論にやさしいところから入っていく．

さらに，正多面体群などの有限群とともに回転群などの連続群が，結晶や原子・分子の対称性の群として自然に現れてくることを見る．また，情報理論との関連について，畏友《いゆう》 有本卓氏 (立命館大学理工) の論文に従って，初期の「誤りの訂正機構」について振り返ってみる．

第 2 章では，表現論の初歩的な一般論を述べている．第 3 章から第 5 章は，量子力学や相対性理論への応用に重点をおきながら，表現論を具体的な群をとって詳細に論じている．その詳しい内容は目次を見ていただきたいが，その重点をひとことずつでまとめてみると次のようになる．

第 3 章では，回転群 $SO(3)$ の表現とそのリー環 $\mathfrak{so}(3)$ の表現を，相互に関連づけながら調べ，シュレーディンガー方程式への応用を論じている．第 4 章では，パウリ方程式への応用を頭において，普遍被覆群 $SU(2)$ から $SO(3)$ への被覆写像を与え，そのリー環 $\mathfrak{su}(2)$ と関連させながらこれらの表現を調べている．第 5 章では，ニュートン力学とユークリッド運動群の関係から始めて，相対性理論とローレンツ群，そしてディラック方程式の不変性，などを論じ，物理学における要求からも，群の無限次元ユニタリ表現の理論の発生が促《うなが》されたことを述べる．

他方，数学内部での発展としても数多くの方面があるのだが，第 6 章では，3 次元ローレンツ群 $SO_0(2,1)$ の 2 重被覆群 $SL(2,\mathbb{R}) \cong SU(1,1)$ と複素上《うえ》半《はん》平面の上の保型関数・保型形式の話題に限って，できるだけ平易に述べている．

前著『線形代数と群の表現』よりは内容の程度はやや高いが，1, 2 回生での数学の講義を踏まえれば読めるようになっており，セミナーのテキストとか講義の参考書としても用い得る．

本書第 I 部の内容に関して，いろいろの方々のお世話になったが，とくに行者明彦氏 (名古屋大学多元数理) のお知恵を拝借した．第 II 部については，お世話になった方々のお名前をのちにその序文に記して謝辞としたい．また，堀田良之氏 (岡山理科大学理) には原稿を読んでご意見などを書いて頂いた．深く感謝する．西原昌幸氏 (遊星社) には出版に関し大変お世話になった．謝意を表する．

2003 年 10 月

著者 (平井，山下)

新装版へのまえがき

このたび，新装版にて，われわれの共著

表現論入門セミナー

が出版されることとなりました．遊星社発行の原著は江湖の好評を得て，第 1 刷・第 2 刷ともに完売となりまして著者としては有り難く，読者諸氏の学習の一助になり得たかと存じまして感謝の気持ちで一杯です．

さて，新装版では，出版社を交えて著者同士で相談し，判型を B5 判から A5 判に縮小し，また，ページ数はやや増えますがご携帯・ご購買の便宜を図って，第 I 部 (平井担当) と第 II 部 (山下担当) を分冊にして，第 I 巻，第 II 巻とよぶことに致しました．内容については，共著者二人とも，原著にて全力投球にて書き上げたという気持ちがあり，原則として変更なく，ページ番号も第 1 巻，第 II 巻と通し番号に致しました．組み版は原著の電子データを基礎に用い，誤字脱字の類の修正を加えました．図版はすべてトレースし直してあります．とくに，第 I 巻の新幹線のイラストは 300km/h が出せる型のものに書き直されています．

詳しい内容については，第 I 巻，第 II 巻それぞれの「はじめに」と目次を見て頂ければと存じますが，もともと原著を書くときに，共著者同士で何回も相談して，連携をとってうまく一貫性を保つようにと配慮しました．それと同時に著者それぞれの自由な発想を尊重して書いております (閑話休題 5，p.108 参照)．また第 II 巻は第 I 巻とは独立に読んでいくこともできるように書かれており，題材は表現論の最先端を見据えて選択したものとなっています．

なお，両者の連携についてとくに言及しますと，3 次元 Lorentz 群 $SO_0(2,1)$ とその 2 重被覆群 $SL(2,\mathbb{R})$ の既約表現の構成については，第 I 巻の第 6.5 節で (非ユニタリ) 主系列表現の構造を詳しく調べることにより，その分類が部分商定理 (注意 6.1，p.228) のもとで，定理 6.11 で与えられていますが，一方，第 II 巻の第 9.2.2 小節では，(部分商定理なしで) リー環 $\mathfrak{g}$ の既約 $(\mathfrak{g},K)$-加群の分類の結果により，無限小解析による別証が与えられています．

また，日本評論社，飯野玲氏・道本裕太氏には新装出版に関しお世話になりまして厚く御礼申し上げます．

2022 年 6 月

著者 (平井，山下)

目次

●コラム

第 II 巻目次

■第1章■

群とその作用

数学における群 (group) は，抽象的には，そこに 2 項演算である「積」が定義されていて，結合律が満たされ，‘割り算’ が自由自在に行えるというもの，である (群の定義は **1.5** 節)．しかし，群の本質は他の対象に作用することにある．したがって，群は，その構造とともにその「作用」をも一体として取り扱われることを希望している．

群の作用を標準化したものが，群の表現であり，そのうちでさらに取り扱いやすくしたものが，群の線形表現である．

以上の文章は，一種のスローガンのように見えるであろうから，この章と次章において，やや詳しく具体的に説明していこう．まず，本章では，身近な置換群から始めて，具体的な群や群の作用を豊富な例によって体得する．群の抽象的な定義なども **1.5** 節で復習するが，群の一般論には立ち入らない．

1.1　置換群とその作用

1.1.1　n 次対称群 $\mathfrak{S}_n$ とその構造

n 個の数字の集合 $I_n = \{1, 2, \cdots, n\}$ の上の置換の全体は群《ぐん》をなすが，それを $\mathfrak{S}_n$ と書き n **次対称群**とよぶ．そこでの積は次のように定義される．$\sigma \in \mathfrak{S}_n$ が，I_n 上の置換として，$I_n \ni j \mapsto \sigma(j) \in I_n$ として与えられていると，σ は

$$\sigma = \begin{pmatrix} 1 & 2 & \cdots & n \\ \sigma(1) & \sigma(2) & \cdots & \sigma(n) \end{pmatrix} \tag{1.1}$$

と表される．そして，$\sigma,\tau \in \mathfrak{S}_n$ の積 $\sigma\tau$ は，$j \xrightarrow{\tau} \tau(j) = k \xrightarrow{\sigma} \sigma(k) = \sigma(\tau(j)) =: (\sigma\tau)(j)$ $(j \in I_n)$，として置換の重ね合わせとして定義される．これを図式で表すと，

$$\begin{aligned}
&\begin{pmatrix} 1 & 2 & \cdots & n \\ \sigma(1) & \sigma(2) & \cdots & \sigma(n) \end{pmatrix} \begin{pmatrix} 1 & 2 & \cdots & n \\ \tau(1) & \tau(2) & \cdots & \tau(n) \end{pmatrix} \\
&\quad = \begin{pmatrix} 1 & 2 & \cdots & n \\ \sigma(\tau(1)) & \sigma(\tau(2)) & \cdots & \sigma(\tau(n)) \end{pmatrix} \\
&\quad = \begin{pmatrix} 1 & 2 & \cdots & n \\ (\sigma\tau)(1) & (\sigma\tau)(2) & \cdots & (\sigma\tau)(n) \end{pmatrix}.
\end{aligned} \tag{1.2}$$

置換 σ の**台**を $\mathrm{supp}(\sigma) := \{\, i \in I_n \,;\, \sigma(i) \neq i \,\}$ とおく．2 つの置換 σ,τ について，$\mathrm{supp}(\sigma) \cap \mathrm{supp}(\tau) = \varnothing$ となるとき，σ,τ は**互いに素《そ》**である，という．このとき，σ,τ は互いに可換である．

置換 σ は (1.1) のような表し方のほかに，互いに素な巡回置換の積としても一意的に表せる．実際，まず，どれかの $i_1 \in I_n$ から出発して，$i_1 \overset{\sigma}{\to} \sigma(i_1) = i_2 \overset{\sigma}{\to} \sigma(i_2) = i_3 \overset{\sigma}{\to} \cdots \overset{\sigma}{\to} \sigma(i_{k-1}) = i_k \overset{\sigma}{\to} \sigma(i_k) = i_1$ と σ で移していって k 回目に初めて出発点の i_1 にもどったとすると，この置換を $(i_1\ i_2\ \cdots\ i_k)$ と書いて**長さ k の巡回置換**とよぶ．これを κ_1 と書き，$I_n \setminus \mathrm{supp}(\kappa_1)$ の元 j_1 を σ で移していくと別の巡回置換 $\kappa_2 = (j_1\ j_2\ \cdots\ j_{k'})$ を得る．かくて，置換 σ に対して，何個かの巡回置換 $\kappa_1, \kappa_2, \cdots, \kappa_\ell$ が得られて，

$$\sigma = \kappa_1 \kappa_2 \cdots \kappa_\ell \quad (\text{巡回置換の積}) \tag{1.3}$$

と表される．このとき長さ 1 の巡回置換は**恒等置換 $\mathbf{1}$** (どの $j \in I_n$ も動かさない置換) と等しいから，この表示からははずしておく．表示式での積の順序は自由であるが，巡回置換の集合 $\{\, \kappa_1, \kappa_2, \cdots, \kappa_\ell \,\}$ は一意的に決まる．

例 1.1.
$$\sigma = \begin{pmatrix} 1 & 2 & 3 & 4 & 5 & 6 \\ 3 & 1 & 2 & 5 & 6 & 4 \end{pmatrix}, \quad \tau = \begin{pmatrix} 1 & 2 & 3 & 4 & 5 & 6 \\ 4 & 5 & 3 & 6 & 2 & 1 \end{pmatrix}$$

とする．これらを互いに素な巡回置換の積に書けば，

$$\sigma = (1\ 3\ 2)\,(4\ 5\ 6), \qquad \tau = (1\ 4\ 6)\,(2\ 5)\,(3) = (1\ 4\ 6)\,(2\ 5).$$

さらに，この巡回置換による表示を使って，σ の逆元 σ^{-1}，および，積 $\sigma\tau$ は次で与えられる：

$$\begin{aligned} \sigma^{-1} &= (2\ 3\ 1)\,(6\ 5\ 4) = (1\ 2\ 3)\,(4\ 6\ 5), \\ \sigma\tau &= (1\ 5)\,(2\ 6\ 3)\,(4) = (1\ 5)\,(2\ 6\ 3). \end{aligned} \tag{1.4}$$

ここで，積 (1.4) の計算は，変換公式 $i \xrightarrow{\tau} \tau(i) \xrightarrow{\sigma} \sigma(\tau(i))$ を忠実に当てはめていけばよい．すると，

$$\begin{aligned} &1 \xrightarrow{\tau} 4 \xrightarrow{\sigma} 5, \quad 5 \xrightarrow{\tau} 2 \xrightarrow{\sigma} 1; \\ &2 \xrightarrow{\tau} 5 \xrightarrow{\sigma} 6, \quad 6 \xrightarrow{\tau} 1 \xrightarrow{\sigma} 3, \quad 3 \xrightarrow{\tau} 3 \xrightarrow{\sigma} 2; \\ &4 \xrightarrow{\tau} 6 \xrightarrow{\sigma} 4. \end{aligned}$$

(例 1.1 終わり)

2 個の数字 i, j の入れ替え $(i\ \ j)$ を**互換**とよぶ．すると，巡回置換は次のように互換の積に書ける (積の形は一意的とは限らない)：

$$\begin{aligned} (i_1\ \ i_2\ \ \cdots\ \ i_k) &= (i_1\ \ i_2)(i_2\ \ i_3)\cdots(i_{k-1}\ \ i_k) \\ &= (i_{k-1}\ \ i_k)(i_{k-2}\ \ i_k)\cdots(i_1\ \ i_k). \end{aligned} \tag{1.5}$$

ゆえに,「任意の置換 σ は何個かの互換の積になっている」．**置換の符号** $\mathrm{sgn}(\sigma)$ は，σ が m 個の互換の積になっているとき，$\mathrm{sgn}(\sigma) := (-1)^m$ と決める．よって，

$$\text{巡回置換}\quad \sigma = (i_1\ \ i_2\ \ \cdots\ \ i_k)\quad \text{に対して，}\quad \mathrm{sgn}\,(\sigma) = (-1)^{k-1}. \tag{1.6}$$

置換 σ は $\mathrm{sgn}(\sigma) = 1, -1$ に従って，**偶置換**，**奇置換**とよばれる．$\mathrm{sgn}(\sigma\tau) = \mathrm{sgn}(\sigma)\,\mathrm{sgn}(\tau)$ であるから，$\mathfrak{S}_n$ の偶置換の全体 $\mathfrak{A}_n$ は部分群をなし，n **次交代群**とよばれる．

互換のうち，$s_1 = (1\ \ 2)$，$s_2 = (2\ \ 3)$，$\cdots$，$s_{n-1} = (n-1\ \ n)$ を**単純置換**とよぶ．すると,「すべての置換はこれら $(n-1)$ 個の単純置換の積で表される」. 実際，任意の互換 $(i\ \ j), i < j$, を単純置換の積に書くと，例えば，

$$(i\ \ j) = (s_i s_{i+1}\cdots s_{j-2})s_{j-1}(s_{j-2}s_{j-3}\cdots s_{i+1}s_i)\quad (\text{単純置換の積}). \tag{1.7}$$

したがって，n 次対称群 $\mathfrak{S}_n$ の**生成元系**として，$S = \{\, s_i = (i\ \ i+1)\ ;\ 1 \le i \le n-1 \,\}$ がとれる．この生成元系に対する**基本関係式** (解説 1.1 参照) は見や

すくかつ面白いものなので，(ウォーミングアップの意味で) ゆっくりと次の定理を証明してみよう．

定理 1.1. n 次対称群 $\mathfrak{S}_n$ の生成元系 $S=\{\,s_i=(i\ \ i+1)\,;\,1\le i\le n-1\,\}$ は，次の基本関係式をもつ：

$$s_i^{\,2}=\mathbf{1},\qquad s_is_j=s_js_i\ \ (|i-j|\ge 2), \tag{1.8}$$

$$s_is_{i+1}s_i=s_{i+1}s_is_{i+1}\ \ (1\le i\le n-2). \tag{1.9}$$

解説 1.1. (1.8)–(1.9) 式が n 次対称群 $\mathfrak{S}_n$ の生成元系 $\{\,s_1,s_2,\cdots,s_{n-1}\,\}$ に対する基本関係式であるとは，何を意味するかを説明しよう．まず，文字 $\{\,t_1,t_2,\cdots,t_{n-1}\,\}$ から生成される (非可換) 自由群 $\mathfrak{F}_n$ を考える．$\mathfrak{F}_n$ は，語《ご》(word) とよばれる

$$t_{i_1}^{m_1}t_{i_2}^{m_2}\cdots t_{i_N}^{m_N}\quad(m_1,m_2,\cdots,m_N\in\mathbb{Z};\,i_k\ne i_{k+1})$$

の形の元全体であり，そこに，自然な積演算を入れる．この $\mathfrak{F}_n$ の部分群で，(1.8)–(1.9) の関係式からでてくる元，

$$t_i^{\,2}\ \ (\Leftarrow\ s_i^{\,2}=\mathbf{1}),\qquad t_it_jt_i^{-1}t_j^{-1}\ \ (\Leftarrow\ s_is_j(s_js_i)^{-1}=\mathbf{1}),$$

$$t_it_{i+1}t_it_{i+1}^{-1}t_i^{-1}t_{i+1}^{-1}\ \ (\Leftarrow\ s_is_{i+1}s_i(s_{i+1}s_is_{i+1})^{-1}=\mathbf{1}),$$

の全体から生成されるものをとり，それを含む最小の正規部分群を $\mathfrak{N}_n$ とする．群 $\mathfrak{S}_n$ では関係式 (1.8)–(1.9) が成り立っているので，群準同型 $\Phi:\mathfrak{F}_n\ni t_i\to s_i\in\mathfrak{S}_n$ から準同型 $\Phi':\mathfrak{F}_n/\mathfrak{N}_n\to\mathfrak{S}_n$ が得られる．関係式 (1.8)–(1.9) が**基本関係式**であるとは，この準同型 Φ' が実は同型である，ことを意味する．

定理 1.1 の証明. n に関する数学的帰納法による．$G_n:=\mathfrak{F}_n/\mathfrak{N}_n$ とおき，$G=G_n$ の部分群 $H=G_{n-1}$ による左剰余類 $Hg\in H\backslash G$ の代表元を選ぶ．代表元 g を $g=t_{i_1}t_{i_2}\cdots t_{i_\ell}$ と書いたとき，語としての長さ ℓ が最短のものを選ぶ．すると，まず，$i_k\ne i_{k+1}$ である．

(1)　$i_1<n-1$ ならば，$t_{i_1}\in H$ なので，$Hg=Hg',g'=t_{i_2}\cdots t_{i_\ell}$，となり，語としての長さが短くて済む．そこで，$Hg\ne H$ に対しては，$i_1=n-1$ である．

(2)　$i_2 < n-2$ だと，可換性から，$t_{i_1}t_{i_2} = t_{i_2}t_{i_1}$ となり，$t_{i_2} \in H$ により，t_{i_2} を取り除いた短い語で置き換え得る．よって，$i_2 = n-2$ である．

(3)　$i_1 = n-1$, $i_2 = n-2$, $\cdots$, $i_k = n-k$, まで分かったとする．$p := i_{k+1} \neq i_k$ だから，$p > i_k$ としてみると，

$$t_{i_1}t_{i_2}\cdots t_{i_{k+1}} = t_{n-1}t_{n-2}\cdots t_{n-k}t_p \tag{1.10}$$

の中に (可換性を使って右端の t_p を左に送って) $t_pt_{p-1}t_p$ ができる．これを，$t_pt_{p-1}t_p = t_{p-1}t_pt_{p-1}$ によって置き換えれば，現れた左の t_{p-1} は可換性によって，語の最左端に送られる．そしてそれは H に吸収されるので，より短い語で済む．

(4)　そこで，$p < i_k - 1$ の場合を考えると，可換性によって，語 (1.10) の右端の t_p は最左端に送られて，H に吸収される．

以上によって，剰余類の集合 $H\backslash G$ の完全代表系を，集合

$$g_0 := \mathbf{1}, \quad g_\ell := t_{n-1}t_{n-2}\cdots t_{n-\ell}\ \ (1 \leq \ell \leq n-1),$$

から選ぶことができる．

よって，群の位数について，$|G| \leq n \times |H|$ を得る．帰納法によって，$|G_n| \leq n! = |\mathfrak{S}_n|$. したがって，上の準同型 $\Phi' : G_n \to \mathfrak{S}_n$ は同型でなければならない．

□

問題 1.1. 上であげた集合 $\{g_\ell\,;\, 0 \leq \ell \leq n-1\}$ は実際に剰余類の完全代表系になっていることを示せ．また，それらを Φ' によって，$\mathfrak{S}_{n-1}\backslash\mathfrak{S}_n$ の代表系に写すと，次の巡回置換の集合になることを示せ：

$$\mathbf{1},\ (n\ n{-}1),\ (n\ n{-}1\ n{-}2),\ \cdots,\ (n\ n{-}1\ \cdots\ 2),\ (n\ n{-}1\ \cdots\ 2\ 1). \tag{1.11}$$

1.1.2　置換群が作用している例

置換のなす群，とくに対称群は非常に重要でいろんなところに顔を出す．ここでは，置換群が働いている卑近な例を考えてみよう．

例 1.2 (手品)**.** 昔は祭礼の露天で，詰将棋とならんでよく見かけたのだが，並べた 3 個のマッチ箱のうちの 1 個にコインを入れておき，客の面前で 2 個ずつ入

れ替えてコインの入った箱を当てさせる賭けがあった．今は手品で (マッチ箱が小さくなりすぎたからか) コップを用いてやっている．これは 3 次対称群 $\mathfrak{S}_3$ が働いている場合である．

群 $\mathfrak{S}_3$ の働き方を記述するには，コップの置く場所に，1, 2, 3, $\cdots$ と番号を打ち，番号 i の場所にあったものが番号 $\sigma(i)$ の所に移されるということで置換 $\sigma \in \mathfrak{S}_3$ を決める．すると，置換 τ, τ' をこの順番に繰り返した結果は，置換の積 $\sigma = \tau'\tau$ に従ってコップが動かされている．

図 **1.1.** 手品：3 個のコップの置き換え

手品師に幻惑されるひとつの原因は，関係式 (1.9) が示すように，結果として同じ置換を得るのにいろいろのやり方があるからである．それは，この場合では $s_1s_2s_1 = s_2s_1s_2 = (1\ \ 3)$ である．互換の積を素早く暗算できれば，手品師に勝てるかも知れない．

例 1.3 (あみだくじ)**.** あみだくじは，籤《くじ》を引く順番によらない結果が得られて公平なのでよく使われる．そのやり方は，人数分 (n 人とする) の縦線を引いてさらに横線で適当に隣同士の縦線をつないだものである．縦線を下に向かってたどるうちに横線に来ればそれを渡って隣の縦線に移るという規則である．子供たちはこのように線をたどっていってその行き先を見るのに少々のスリルを味わう．

この籤の仕掛けを，n 次対称群 $\mathfrak{S}_n$ の作用を用いて説明してみよう．縦線の上部の出発点と下部の到達点にそれぞれ左から $1, 2, \cdots, n$, と番号をふっておく．1 つのあみだくじは，番号 j から出発して番号 $\sigma(j)$ に到達する $(1 \leq j \leq n)$ ということで，$\mathfrak{S}_n$ の 1 つの元 σ を与える．

この σ を籤の形から計算してみよう．第 i 番目と第 $i+1$ 番目の縦線の間に横線を引くと，その効果として単純置換 $s_i = (i\ \ i+1)$ が生ずる．したがって，横線を上から順番に，

$$i_1 \text{ と } i_1+1; \quad i_2 \text{ と } i_2+1; \quad \cdots; \quad i_m \text{ と } i_m+1; \tag{1.12}$$

の縦線を橋渡しているとすると，$\sigma = s_{i_m} \cdots s_{i_2} s_{i_1}$ となる．これから,「勝手な置換 σ を生じさせるあみだくじが作れる」ことが分かる．

他方，1 つの置換 σ に対し，それを与えるあみだくじは 1 種類とは限らない．その事情を表しているのが，s_i の間の基本関係式である．例えば，関係式 (1.9) は，次の図に示す 2 つのあみだくじが同等である (同じ結果を与える) ことを述べている．

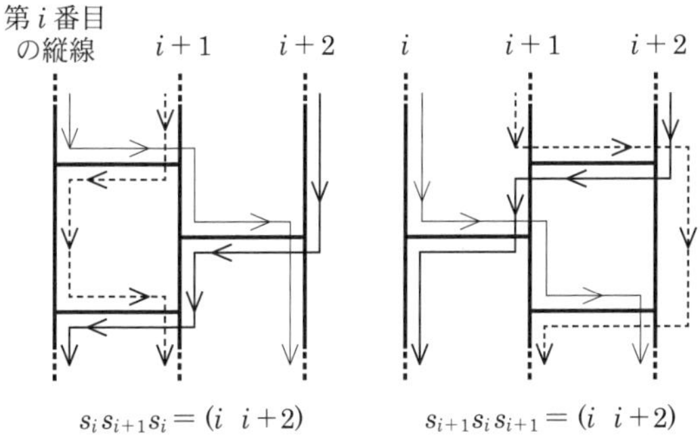

図 1.2. 形は違うが同等なあみだくじ ($s_i s_{i+1} s_i = s_{i+1} s_i s_{i+1}$ による)

問題 1.2. 関係式 (1.8) を図 1.2 のように図示せよ．

例 1.4 (方陣のゲーム)**.** 正方形の升《ます》目を縦，横ともに n 個ずつ並べた方陣を考える．全体の升目は n^2 個あるが，1 個だけを空白にして残りに 1, 2, $\cdots$, $N := n^2 - 1$, と数字を入れたものを考える．ゲームとしては「これらの升目を空白を利用してずらしながら所定の形に直していく」ことである (行者明彦氏のご教示による).

ゲームでの結果： 2 種類の最終の形がある．それは置換の偶奇によって説明できる．(ルービックキューブは 3 次元的なゲームであり，置換群との関係はこの場合より複雑である.)

上の結果を証明するにはうまく状況を整理する必要がある．群を取り扱うことに慣れるために少々詳しく証明してみよう．

証明： まず，n^2 個の升目の順番を決めてそれらに番号を振る．順番は，左上隅から出発して右に水平に進み，端に来ると 1 段下に下りて左に水平に進む．端に来ると 1 段下に下りて水平に右に進む．これを繰り返すと，n の偶奇によって，最終の升目が左下隅か右下隅になる．

1	2	3
6	5	4
7	8	∞

→ →
← ←
→ →

$(n=3)$

1	2	3	4
8	7	6	5
9	10	11	12
∞	15	14	13

→ → →
← ← ←
→ → →
← ← ←

$(n=4)$

図 1.3. 升目の順番 $(n = 3, 4$ の場合$)$

さて，n^2 個の升目にこれらの数字と空白 (∞ で表す) を入れたものを**配位**とよび，空白の位置が最終升目に来ているものを**標準配位**とよぶ．ある配位 A での空白を，上で決めた升目の順番に従って順送りに動かして最終升目までもって来たものを A の**標準形**といい，$\mathrm{St}(A)$ と書く．標準配位 $\mathrm{St}(A)$ は，i 番目の升目に数字 $\sigma(i)$ が来ている $(1 \leq i \leq N)$ ということで，N 次対称群 $\mathfrak{S}_N$ の元 σ が 1 対 1 に対応する．$n = 3$ のときの，下の図 1.4 を参照せよ．

$A=$

1	3	5
6	∞	4
8	2	7

1	3	5
8	6	4
2	7	∞

$$\sigma = \begin{pmatrix} 1 & 2 & 3 & 4 & 5 & 6 & 7 & 8 \\ 1 & 3 & 5 & 4 & 6 & 8 & 2 & 7 \end{pmatrix}$$

図 1.4. 配位の標準形と対応する置換

ここまで準備しておいて，このゲームで可能な「操作」を調べてみよう．ある配位 A において，空白 ∞ が k 番目の升目に位置していたとする．(イ) ∞ と左または右にある数字と入れ替える，または，(ロ) ∞ と上または下にある数字と入れ替える，ことによって新たな配位 A' を得る．このとき，その標準形 $\mathrm{St}(A')$ は A の標準形 $\mathrm{St}(A)$ とどう違うだろうか？

操作 (イ) の場合は，$\mathrm{St}(A') = \mathrm{St}(A)$ である．操作 (ロ) の場合は，空白 ∞ をすぐ上の数字と入れ替えたとすると，その数字は升目の順番を偶数個 ($2m$ 個，0 個もある) 後ろに飛び移る．すぐ下の数字と入れ替えると升目の順番を偶数個飛び越える．これは長さ $2m+1$ の巡回置換

$$\tau = (k-2m-1, k-2m, \cdots, k-2, k-1),$$

$$\text{または，}\quad \tau = (k+2m, k+2m-1, \cdots, k+1, k),$$

を標準形 $\mathrm{St}(A)$ に対応する置換 σ に作用させることになる．そのとき，標準形 $\mathrm{St}(A')$ に対応する置換は $\sigma\tau$ である．実際，A, A' の空白 ∞ を，決められた方法で最終位置まで動かすときには数字の順番の入れ替えがないので，$\mathrm{St}(A)$ では i 番目の升目には $\sigma(i)$ があり，それが $\sigma(\tau(i))$ に置き換わったものが $\mathrm{St}(A')$ である．ここで，$\mathrm{sgn}(\tau) = 1$ に注意すると，標準形配位に対応する置換は，偶置換でしか変わらないことが示された．

他方，対称群 $\mathfrak{S}_N$ の正規部分群である交代群 $\mathfrak{A}_N = \{\sigma \in \mathfrak{S}_N\,;\, \mathrm{sgn}(\sigma) = 1\}$ による剰余類 $\mathfrak{S}_N/\mathfrak{A}_N$ は位数 2，その代表元系として例えば $\{\mathbf{1}, s_1 = (1\ \ 2)\}$ がとれる．したがって，この方陣の最終形は，標準形で対応する置換が $\mathbf{1}, s_1$ であるもの 2 つであろうと推測できる．

実際にこれがその通りであることを示すには，交代群 $\mathfrak{A}_N$ を生成するような偶置換の系が空白 ∞ を使って実現できることを示さねばならない．ここでは，上の τ として長さ 3 の巡回置換 $(1\ \ 2\ \ 3)$ が実現できることを図示するにとどめ，残りは，長くなるので，問題として提出しておこう．

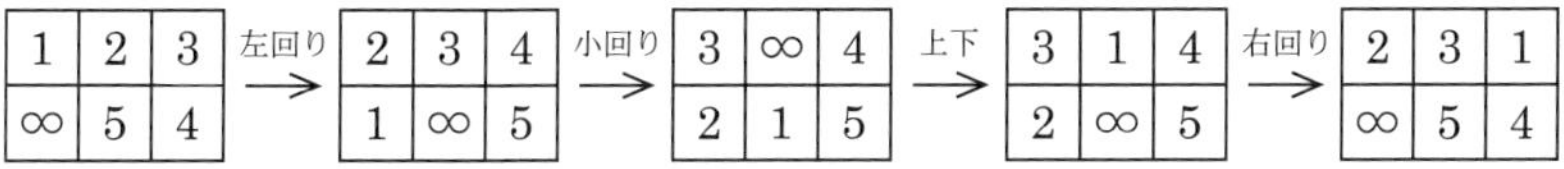

図 1.5.　巡回置換 $(1\ \ 2\ \ 3)$ の実現 $(n=3)$

問題 1.3.　交代群 $\mathfrak{A}_N$ の生成元系として，長さ 3 の巡回置換の集合 $\mathcal{J} := \{(i\ \ j\ \ k)\,;\, i, j, k$ はすべて相異なる$\}$ がとれることを示せ．

問題 1.4. 生成元系 $\mathcal{J}$ の部分集合 $\mathcal{J}'$ で相変わらず $\mathfrak{A}_N$ の生成元系となっているものとして，$\mathcal{J}' = \{\tau_i\,;\, 1 \le i \le n-2\}$, $\tau_i := (i\ \ i{+}1\ \ i{+}2)$, がとれることを示せ．

1.2　有限群の指標と線形表現の理論の起こり

1.2.1　「群」の誕生から「線形表現」の誕生へ

本書全体への導入部として，少し先走って (あとでしっかり定義される) 専門的な述語も使いながら，この小節と次の小節で,「群」の誕生から，フロベニウス

(F.G. Frobenius, 1849–1917) による「有限群の線形表現とその指標」の世界初《せかいはつ》の研究を一覧しておこう.

まず,「群」の概念がはっきりと数学の中に登場してきたのは，1820 年代で，アーベル (N.H. Abel, 1802–29) とガロア (É. Galois, 1811–32) による代数方程式の代数的解法に関する研究が初めである．体 $\mathbb{K}$ 上の代数方程式とは,

$$a_n x^n + a_{n-1} x^{n-1} + \cdots + a_1 x + a_0 = 0 \quad (a_i \in \mathbb{K}, a_n \neq 0)$$

の形の方程式である．その代数的解法とは，係数 $\{a_i\}$ を用いて，四則および q 乗根 (q は自然数) をとる (冪根《べきこん》をとる) 操作 $\sqrt[q]{a}$ によって，n 個の根 (重根を含む) を求める解法，である．$n = 2, 3, 4$ のときには，根の公式が与えられて，どの方程式も代数的に解ける.

アーベルが示したのは,「5 次方程式では，代数的に解けないのが一般的である」ということである．ガロアはさらに $n \geq 5$ のときに，この問題を解く鍵《かぎ》として，与えられた方程式の n 個の根の置換のうちどれが“許される”置換なのかを決めて，いわゆる「方程式のガロア群」を作り，それが可解群であることが，代数的解法が可能であるための必要十分条件であることを見通し，それを示唆した遺書や書き物を残したのである．ここに初めて群 (ここでは置換のなす群) が根本的に重要な役割を果たすべく登場してきたのである．$n \geq 5$ のときに「一般に n 次方程式は代数的には解けない」という命題は，n 個の根を自由に置換する群である n 次対称群 $\mathfrak{S}_n$ が可解でない，ということを意味する.

ガロアの死後，約 40 年を経て，彼のアイディアはジョルダン (C. Jordan, 1838–1922) によって厳密に証明された.

その後，クライン (F. Klein, 1849–1925) は，幾何学における変換群の役割を研究し，リー (M.S. Lie, 1842–99) は連続群，とくにいわゆるリー群を研究した. 1897 年には，バーンサイド (W. Burnside, 1852–1927) の名著『有限群の理論』の初版が出た．この本では，群は「同じ事物もしくは事物の集合への作用」の集まり (a set of operations, which can be performed on the same object or set of objects) であって，結合律などの公理を満たすもの，として定義されている．例えば，$\mathfrak{S}_n$ は，$I_n = \{1, 2, \cdots, n\}$ への作用 (置換) の集まり，として捉えている．すなわち,「何かに作用する」ことをもって，群の本質としている．そして,

当時は，群の元はすべて大文字で書かれている．

現代においては，群は抽象化された形で定義され，群の元は (記号のデノミが行われて) 小文字で書かれるのが普通となった．そして我々は，抽象的な群の具体的事物に対する「群の作用」を考えることになる．この意味で，

「群」＝「群の代数的・幾何学的構造」＋「群の作用」

と考えるべきである．群の作用の特別のものを「群の表現」という．有限群 G の**置換表現**とは，対称群 $\mathfrak{S}_n$ の中への準同型 $\varpi : G \ni g \mapsto \varpi(g) \in \mathfrak{S}_n$ のことである．(字母 ϖ は π の変わり形であり，変形パイと読む.) また，**線形表現**とは，あるベクトル空間 W の上の可逆な線形写像のなす群の中への準同型である．$W = \mathbb{C}^d$ のときには，線形写像は標準基底に関して，d 次正方行列で表されるので，線形表現は準同型 $\pi : G \ni g \mapsto \pi(g) \in GL(d, \mathbb{C})$ である．ここに，$GL(d, \mathbb{C})$ は d 次の正則な正方行列のなす群で，**一般線形群**とよばれる．これらの「群の表現」は，

(1)　群 G の方に重点をおいて考えれば，G の構造や性質を解明しようとするものであり，

(2)　群が作用する事物 (object) の方に重点をおいて考えれば，G を用いて，その事物の対称性とか構造とかを解明しようとするものである．

今後この本では，これらが抽象的なスローガンではなくて，実際に実現されている具体的な事例を取り上げながら，読者に納得してもらおうと目論んでいる．(1) と (2) はそんなに画然《かくぜん》と分けられるものではないので，その辺の機微を次のような実例によって読みとってもらいたい．すなわち，ある結晶に対する結晶群，ニュートン力学に対するユークリッド運動群の役割，量子力学におけるシュレーディンガー方程式の対称性の群としての回転群 $SO(3)$ の作用, パウリ方程式に対する $SU(2)$ の作用, ディラック方程式に対する $SL(2, \mathbb{C})$ の作用, 複素上半平面に働く $SL(2, \mathbb{R})$ の作用，など．本書ではこれらを詳しく取り扱う．

1.2.2　フロベニウスの群指標および線形表現の理論

さて，バーンサイドと同時代を生きたフロベニウスの研究であるが，彼の全集 (全 3 巻) を見ると，群の代数的な研究が多くあり，第 3 巻目に至って，有限群の

「指標」と「線形表現」の研究が始まる．全集のリスト番号付きで論文を引用すると，

53. Über Gruppencharaktere, Sitzungsberichte der Königlich Preußischen Akademie der Wissenschaften zu Berlin [雑誌名], 985–1021 [頁数] (1896 [発行年]).

56. Über die Darstellung der endlichen Gruppen durch lineare Substitutionen, ibid.(同誌), 944–1015(1897).

が，それぞれ**指標** (Charakter, 独語) と**表現** (Darstellung, 独語) とを世界で初めて取り扱ったものである．現代では「線形表現」は linear representation(英語) といわれるが，このタイトルでは直訳すれば,「線形代入による表現」と書かれている．群 G の元 g に線形変換 $\varpi(g)$ を代入している，の意味であろう．関係式

$$\varpi(gh) = \varpi(g)\varpi(h) \quad (g, h \in G) \tag{1.13}$$

を認めるのであるから，本質的には同じことであるが，少しニュアンスの違いが受け止め方の違いとして感ぜられる．これらの研究の契機となったのは，**53** の前書きにも書いてあるが，デデキント (R. Dedekind, 1831–1916) が彼に出した問題だった．

これから 10 年後の 1906 年までに，シュアとの共著 2 編 (**75, 76**(1906)) を込めて，都合 13 編の指標と線形表現を主題とする論文を書いた．それによって，この主題に関する一般論の主たる部分を完成し，対称群と交代群に対する既約表現の分類理論も与えた．

ここでは，本書のはじまりの部分でもあり，これ以上深入りはしない．ただ，Charaktere という術語は，ガウスが『数論』の中で，特別な可換群の 1 次元表現に対して命名した，とのことであるが，線形表現 ϖ の指標

$$\chi_{\varpi}(g) := \mathrm{tr}(\varpi(g)) = \text{行列 } \varpi(g) \text{ の対角要素の和} \quad (g \in G) \tag{1.14}$$

の意味に使ったのはフロベニウスが最初であり，また，表現 Darstellung の命名の誉《ほま》れも彼のものである．なお，正方行列 A の**トレース** (trace) とは A の対角要素の和であり，$\mathrm{tr}(A)$ と書く．

1.2.3　有限群の射影表現と表現群

シュア (J. Schur = I. Schur, 1875–1941) は，師フロベニウスの線形表現の理論を受けて，有限群の**射影表現**の理論を研究した．彼の論文を全集 (全 3 巻) の論

文番号 (数字) を付けて引用すると,

[S4] J. Schur, Über die Darstellung der endlichen Gruppen durch gebrochene lineare Substitutionen, Journal für die reine und angewante Mathematik, **127** [巻] (1904 [発表年]), 20–50 [頁数].

[S10] J. Schur, Untersuchungen über die Darstellung der endlichen Gruppen durch gebrochene lineare Substitutionen, ibid., **132**(1907), 85–137.

[S16] J. Schur, Über Darstellung der symmetrischen und der alternierenden Gruppen durch gebrochene lineare Substitutionen, ibid., **139**(1911), 155–255.

が, 三部作であり, 足掛け 8 年の労作である.

このタイトルにある gebrochene lineare Substitutionen は現代の用語とは違っているが, その意味は「分数変換の代入」ということである. 線形変換 (したがって行列) を $g \in G$ に代入していたのを, 分数変換で置き換えてみて何が新しく出てくるかを研究したのである. ここで, **分数変換**とは, $x = {}^t(x_1, x_2, \cdots, x_{m-1})$ (縦ベクトル x をスペースの節約のために転置して書いている) を $x' = {}^t(x'_1, x'_2, \cdots, x'_{m-1})$ に写す次の形の変換である:

$$x'_i = \frac{a_{i1}x_1 + a_{i2}x_2 + \cdots + a_{i,m-1}x_{m-1} + a_{im}}{a_{m1}x_1 + a_{m2}x_2 + \cdots + a_{m,m-1}x_{m-1} + a_{mm}} \quad (1 \leq i \leq m-1). \tag{1.15}$$

これにも m 次正方行列 $A = (a_{ij})_{1 \leq i,j \leq m}$ が対応するので, 上の右辺を $P_A(x)$ と書くことにする. 分母, 分子に同じ $\lambda \neq 0$ を掛けても上式の右辺は変わらないので, λA もこの分数変換に対応する, すなわち, $P_A = P_{\lambda A}$. また, 別の m 次正方行列 $B = (b_{ij})$ に対する P_B との積 (繰り返し) $P_A \cdot P_B$ をとると, 行列の積 AB による分数変換 P_{AB} となる. すると, P_A の逆変換 P_A^{-1} は, A が正則なときに存在して, $P_{A^{-1}}$ になる. したがって,

$$P_A \cdot P_B = P_{AB}, \quad P_A^{-1} = P_{A^{-1}} \qquad (A, B \in GL(m, \mathbb{C})). \tag{1.16}$$

読者が, 分数変換 (1.15) を見て, 分母が 0 になるところはどうするのか, と疑問をもたれるのは自然である. ここのところは, $(m-2)$ 次元分の無限遠点を付け加えて, いわゆる $(m-1)$ 次元の複素射影空間を導入してうまく辻褄《つじつま》を合わせるのであるが, ここでは詳しい話を避けても大丈夫なので, 射影空間と射影変換の厳密な話は文献 [平井 II] に譲る. 実質上の話をすると, 有限群 G の射影

表現 Π (ギリシア大文字パイ) とは，$g \in G$ に正則な m 次正方行列 $\Pi(g)$ を対応させて，

$$\Pi(g)\Pi(h) = r_{g,h}\Pi(gh) \quad (g, h \in G, r_{g,h} \in \mathbb{C}^\times) \tag{1.17}$$

を満たすようにしたものである．ここで，スカラー $r_{g,h} \neq 0$ がつねに 1，すなわち，$r_{g,h} \equiv 1$，となっていれば，それは，G の線形表現である．ここに，$\mathbb{C}^\times := \{a \in \mathbb{C}; a \neq 0\}$.

上の関係式 (1.17) を言い直してみよう．一般線形群 $GL(m,\mathbb{C})$ を，その中心であるスカラー行列の全体 $\{\,\lambda 1_m\,;\,\lambda \in \mathbb{C}^\times\,\} \cong \mathbb{C}^\times$ で割った群を**射影線形群** $PGL(m,\mathbb{C})$ とよぶ： $PGL(m,\mathbb{C}) := GL(m,\mathbb{C})/\mathbb{C}^\times$．ここに，$1_m$ は m 次単位行列を表す．すると，射影表現 Π とは,「群 G から $PGL(m,\mathbb{C})$ への準同型」である，と言える．

さて，シュアが提起した問題は何かというと,「任意の射影表現をスカラー倍で修正して，線形表現に直せるか？」ということである．すなわち，$\Pi(g)$ を $\lambda_g\Pi(g)\,(\lambda_g \neq 0)$ で置き換えてもよいとする．彼の主たる結果を列挙すれば，

(1) 有限群 G の適当な中心拡大 $\widetilde{G}$ をとれば，G の任意の射影表現が $\widetilde{G}$ の線形表現になる．ここに，$\widetilde{G}$ が G の**中心拡大**であるとは，$\widetilde{G}$ から G の上への準同型 ϕ があって，$Z = \mathrm{Ker}(\phi)$ は $\widetilde{G}$ の中心に入る，したがって，$\widetilde{G}/Z \cong G$ であり，次の群準同型の図式は完全列である：

$$1 \longrightarrow Z \longrightarrow \widetilde{G} \xrightarrow{\ \phi\ } G \longrightarrow 1 \quad (\text{完全}). \tag{1.18}$$

(2) 上の「中心拡大」$\widetilde{G}$ のうち，最も‘効率的’なものは，同型でないものが有限個ある．それらはみな有限群であって，G の**表現群**とよばれる．

(3) 表現群の作り方，および，具体例を与えた．

(4) とくに，[S16] において，n 次対称群 $\mathfrak{S}_n$, 交代群 $\mathfrak{A}_n$ の表現群を構成して，それらの既約表現を分類し (したがって，$\mathfrak{S}_n$, $\mathfrak{A}_n$ の既約な射影表現をすべて分類し)，それらの指標を原理的には決定した．既約な射影表現の指標の完全な表は，$\mathfrak{A}_6, \mathfrak{A}_7$ の表現群 (これらは例外的な重要な場合である) について与えられている．

かくて，シュアの上記の三部作は，フロベニウスの群指標，線形表現の理論や，

$\mathfrak{S}_n, \mathfrak{A}_n$ に対する具体的な結果を踏まえての，射影表現に関する集大成である．

◆閑話休題 1 ◆

フロベニウス (1849–1917) の群の指標や線形表現の仕事は，全集第 3 巻にまとまっており，**53** (1896), **56** (1897) から **75, 76** (1906) にわたっているが，今から約 1 世紀前である．

他方，シュア (1875–1941) の全集第 1 巻最初の論文

[S1] J. Schur, Über eine Klasse von Matrizen, die sich einer gegebenen Matrix zuordnen lassen, 1901, Berlin, Reprinted in *Gesammelte Abhandlungen*, Band I, pp.1–71.

は，彼の学位論文で，少部数が印刷配布されただけだったとのことであるが，フルウィッツ (A. Hurwitz, 1859–1919) の不変式論から示唆されて，

「群 $G_k = GL(k, \mathbb{C})$ 上の関数 f で，条件 (1) $f(AB) = f(BA)$, すなわち，$f(A) = f(BAB^{-1})$ $(A, B \in G_k)$, および，(2) $f(A)$ は行列 $A = (a_{ij})_{1 \le i,j \le k}$ の要素 a_{ij} の多項式である，を満たすものを求める」

という問題を研究している．この問題を追求していくと，群 G_k の自然表現 $G_k \ni A \mapsto \pi_1(A) := A$ のテンソル積表現を考えることになり，n 回のテンソル積 $\otimes^n \pi_1$ (**4.11** 参照) の空間に n 次対称群 $\mathfrak{S}_n$ が働くことになって，$G_k = GL(k, \mathbb{C})$ と $\mathfrak{S}_n$ の既約表現の間のいわゆるシュア-ワイル対応 (**9.1.2** 参照) が出てくる．この重要な結果は，学位論文が印刷公表されなかったので，長らく大カルタン (Élie Cartan, 1869–1951) やワイル (Hermann Weyl, 1885–1955) の知るところではなかった，とのことである．(息子の Henri Cartan も大数学者であるので，区別するため父 Élie は大カルタンとよばれる.) さらに，上で説明した射影表現三部作 **[S4]** (1904), **[S10]** (1907), **[S16]** (1911), も 1 世紀弱前の論文である．

私 (平井) 自身は，自分の研究がながらく「連続群の無限次元ユニタリ表現」を主題としていたので，彼らのこうした代数的な仕事については，いろんな専門書から知識を得ており，原論文自体には馴染みがなかった．しかし，最近必要があって，これらの原論文を読むことになった．すると，いままで「昔の偉い人の仕事」と感覚的に隔たりをもっていたのが，もっと暖かみと人間味とが感じられるものになってきた．

考えてみれば，フロベニウスは，森鴎外 (1862–1922) や夏目漱石 (1867–1916) より少し早く生まれ，シュアは少し遅く生まれている．彼らの上記の論文は，鴎外や漱石の作品とほぼ同時期に書かれている．

初期の作品から一部を挙げると，鴎外では，1889 年『於《お》母《も》影《かげ》』, 1890 年『舞《まい》姫《ひめ》』,『う

たかたの記』，1892 年 11 月より『即興詩人』発表開始，1901 年まで 9 年にわたる彫心鏤骨《ちょうしんるこつ》の翻訳．1911 年『雁』，1913 年『阿部一族』，など．漱石では，1905 年 1 月～翌年 8 月の『吾輩は猫である』，1906 年『坊ちゃん』，1907 年『虞美人草《ぐびじんそう》』，1910 年『門』，1912 年『彼岸過迄《ひがんすぎまで》』，1912～13 年『行人《こうじん》』，など．とくに,『即興詩人』は，父の蔵書の「総ルビの改造社の円本《えんぽん》」で小さいときから何回となく読んだ私の愛読書である．

フロベニウスやシュアの論文は，鴎外・漱石の作品と同じように用語などに古めかしさを感ずるが，懐古趣味ではなくて，原論文を読むことは著者たちの息遣いが感じられて，素晴らしいことである．

1.2.4　n 次対称群 $\mathfrak{S}_n$ の表現群

ここでは,「生成元系と基本関係式」という定理 1.1 の観点から，とくに興味深い $\mathfrak{S}_n$ の表現群について述べよう ([S16, p.164])．原論文の感じを出すために記号を [S16] のままとする．$n \geq 4$ に対して，それぞれ生成元系 $\{ J, T_1, T_2, \cdots, T_{n-1} \}$，$\{ J, T'_1, T'_2, \cdots, T'_{n-1} \}$ をもち，次の基本関係式 (1.19), (1.20) をもつ群を $\mathfrak{T}_n, \mathfrak{T}'_n$ と書く (E は単位元)：

$$J^2 = E,\ (T_\alpha)^2 = J, (T_\beta T_{\beta+1})^3 = J,\ T_\gamma T_\delta = J T_\delta T_\gamma\ ; \tag{1.19}$$

$$J^2 = E,\ J T'_\alpha = T'_\alpha J, (T'_\alpha)^2 = E,\ (T'_\beta T'_{\beta+1})^3 = E,\ T'_\gamma T'_\delta = J T'_\delta T'_\gamma \tag{1.20}$$

$$(1 \leq \alpha \leq n-1,\ 1 \leq \beta \leq n-2,\ \gamma < \delta - 1).$$

$\phi(T_\alpha) = s_\alpha\,(1 \leq \alpha \leq 5)$ とおいて，全射準同型 $\phi : \mathfrak{T}_n \to \mathfrak{S}_n$ が得られることは，基本関係式の比較から分かる．このとき，$\phi(J) = \phi(T_\alpha)^2 = s_\alpha^2 = \mathbf{1}$ などとなり，J で生成される位数 2 の部分群 $Z = \{ J, E \}$ をとると，$\mathrm{Ker}(\phi) = Z$ で，これは中心に入り，$\mathfrak{T}_n/Z \cong \mathfrak{S}_n$ である．同様に，$\mathfrak{T}'_n/Z \cong \mathfrak{S}_n$ である．(後の章で述べる連続群の被覆群の場合に倣《なら》って,「$\mathfrak{T}_n$ は $\mathfrak{S}_n$ の 2 重の被覆群である」と言うと，感じが出る.)

$n \geq 4, n \neq 6$ で $\mathfrak{S}_n$ の表現群は $\mathfrak{T}_n, \mathfrak{T}'_n$ の 2 つであり，$n = 6$ では $\mathfrak{T}_6 \cong \mathfrak{T}'_6$ となって 1 個である (**1.3.1** 参照)．$\mathfrak{T}_n$ と $\mathfrak{T}'_n$ の違いは，$\mathfrak{S}_n$ の単純置換に対応する T_α, T'_α の位数がそれぞれ 4, 2 となっていることである．

$\mathfrak{S}_n$ の射影表現は，表現群 $\mathfrak{T}_n$ および $\mathfrak{T}'_n$ の線形表現を与える．

これを示そう．$\mathfrak{S}_n$ の射影表現 Π をとる．$A_\alpha = \Pi(s_\alpha)$ とおくと，

$$(1)\quad A_\alpha^2 = a_\alpha I\,; \qquad (2)\quad (A_\beta A_{\beta+1})^3 = b_\beta I\,;$$
$$(3)\quad A_\gamma A_\delta = c_{\gamma\delta} A_\delta A_\gamma \quad (\delta \geq \gamma+2);$$

を満たす．ここに，I は恒等変換を表し，$a_\alpha, b_\beta, c_{\gamma\delta} \in \mathbb{C}^\times$ である．

(3) より，$A_\gamma A_\delta A_\gamma^{-1} = c_{\gamma\delta} A_\delta$ であり，この両辺を自乗して，

$$(4)\qquad\qquad c_{\gamma\delta}^2 = 1$$

を得る．$n \geq 4$ とする．2 つのペア (γ, δ), (γ', δ') でそれぞれ $n > \delta \geq \gamma+2$, $n > \delta' \geq \gamma'+2$ を満たすものをとったとき，$s(\gamma) = \gamma'$, $s(\gamma{+}1) = \gamma'{+}1$, $s(\delta) = \delta'$, $s(\delta{+}1) = \delta'{+}1$, を満たす $s \in \mathfrak{S}_n$ が存在する．そのとき，

$$s s_\gamma s^{-1} = s_{\gamma'}, \quad s s_\delta s^{-1} = s_{\delta'}, \quad \text{ただし，} s_\gamma = (\gamma\ \gamma{+}1)\ \text{etc.}$$

となる．$A = \Pi(s)$ とおくと，$A A_\gamma A^{-1} = c A_{\gamma'}$, $A A_\delta A^{-1} = d A_{\delta'}$ $(\exists c, d \in \mathbb{C}^\times)$ となる．(3) 式の両辺において，線形作用素 B を ABA^{-1} に変換すれば，

$$A A_\gamma A^{-1} A A_\delta A^{-1} = c_{\gamma\delta} A A_\delta A^{-1} A A_\gamma A^{-1},$$
$$\therefore\quad cd A_{\gamma'} A_{\delta'} = cd c_{\gamma\delta} A_{\delta'} A_{\gamma'} = cd c_{\gamma'\delta'} A_{\delta'} A_{\gamma'},$$

となり，$c_{\gamma\delta} = c_{\gamma'\delta'}$ を得る．さらに，(4) 式があるので，$c_{\gamma\delta}$ は (γ, δ) によらない．そこで，

$$(5)\qquad\qquad j = c_{\gamma\delta} = \pm 1 \quad (\delta \geq \gamma+2)$$

とおく．また，(2) 式から，$A_\beta A_{\beta+1} A_\beta = b_\beta A_{\beta+1}^{-1} A_\beta^{-1} A_{\beta+1}^{-1}$ となる．ここへ (1) 式を使って少し計算すれば，次の等式を得る：

$$(6)\qquad\qquad b_\beta^2 = a_\beta^3 a_{\beta+1}^3 \quad (1 \leq \beta \leq n-1).$$

(I) 表現群 $\mathfrak{T}_n$ の場合： まず，A_α を適当にスカラー倍して，$a_1 = a_2 = \cdots = a_{n-1} = j$ と正規化する．そのあと，

$$\Pi'(T_1) = A_1,\ \ \Pi'(T_2) = j b_1 A_2,\ \ \Pi'(T_3) = b_1 b_2 A_3,\ \ \Pi'(T_4) = j b_1 b_2 b_3 A_4,\ \ \cdots,$$

(ただし，$\Pi'(T_{2p-1})$ には因子 j はなく，$\Pi'(T_{2p})$ には因子 j がある) とおけば，$\Pi'(J) = jI, \Pi'(T_\alpha), 1 \leq \alpha \leq n-1$, は基本関係式 (1.19) に対応する等式を満たすので，表現群 $\mathfrak{T}_n$ の線形表現を与えていることが分かる．

(II) 表現群 $\mathfrak{T}'_n$ の場合： まず，A_α を適当にスカラー倍して，$a_1 = a_2 = \cdots = a_{n-1} = 1$ と正規化する．そのあと，

$$\Pi''(T_1) = A_1,\ \Pi''(T_2) = b_1 A_2,\ \Pi''(T_3) = b_1 b_2 A_3,\ \Pi''(T_4) = b_1 b_2 b_3 A_4,\ \cdots,$$

とおけば，$\Pi''(J) = jI, \Pi''(T_\alpha), 1 \leq \alpha \leq n-1$, は基本関係式 (1.20) に対応する等式を満たし，したがって，表現群 $\mathfrak{T}'_n$ の線形表現を与えている．

問題 1.5. (i)　上の等式 (6) $b_\beta^2 = (a_\beta a_{\beta+1})^3$ を証明せよ．

(ii)　上で与えた $\Pi'(T_\alpha), 1 \leq \alpha \leq n-1$, および $\Pi''(T_\alpha), 1 \leq \alpha \leq n-1$, がそれぞれ基本関係式 (1.19) および (1.20) に対応する等式を満たすことを示せ．

1.3　n 次対称群，n 次交代群および関連する群

1.3.1　$\mathfrak{S}_6$ の外部自己同型と表現群の同型 $\mathfrak{T}_6 \cong \mathfrak{T}'_6$

シュアの論文 [S16] が書かれた，20 世紀初頭のころは，置換群の研究がかなり大きな位置を占めていたようである．そのころから知られていたであろう事実を少し挙げてみよう．

(i)　$n \geq 5$ ならば，交代群 $\mathfrak{A}_n$ は単純群である，すなわち，$\{1\}$ と自分自身以外に正規部分群をもたない．([平井 I], 定理 6.11)

(ii)　$n \geq 3, n \neq 6$, ならば，交代群 $\mathfrak{A}_n$ の任意の自己同型は，$\mathfrak{S}_n$ のある自己同型の制限である．よって，$\mathrm{Aut}(\mathfrak{A}_n) \cong \mathfrak{S}_n$ である．([鈴木]，第 3 章)

(iii)　$n \geq 2, n \neq 6$, ならば，対称群 $\mathfrak{S}_n$ の自己同型はすべて内部自己同型であって，$\mathrm{Aut}(\mathfrak{S}_n) \cong \mathfrak{S}_n$ である．(同上)

(iv)　$n = 6$ のとき，$[\mathrm{Aut}(\mathfrak{S}_6) : \mathrm{Int}(\mathfrak{S}_6)] = 2$ であり，$\mathrm{Aut}(\mathfrak{S}_6) = \mathrm{Aut}(\mathfrak{A}_6) \supsetneqq \mathfrak{S}_6$ である．(同上)

ここで，群 G の**内部自己同型**とは，ある $g \in G$ が，$G \ni h \mapsto \iota_g(h) := ghg^{-1} \in G$ として引き起こす同型である．その全体のなす群を $\mathrm{Int}(G)$ と書く．これは自己同型群 $\mathrm{Aut}(G)$ の正規部分群である．

上記の $n=6$ における例外は，有限群の理論全体に大きな影響をもち，理論を難しいものにしている元凶のひとつ，とのことである．

$\mathfrak{S}_6$ の外部自己同型

そこで，$\mathfrak{S}_6$ の外部自己同型のひとつを，論文 [S16] からヒントを得て，具体的に与えてみよう ([S16, p.165] には「周知のように (bekantlich) $\mathfrak{S}_6$ は外部自己同型をもつ」とある).

定理 1.2. 対称群 $\mathfrak{S}_6$ の位数 2 の元 $\kappa_1, \kappa_2, \cdots, \kappa_5$ を次のようにおく：

$$\kappa_1 = (1\ 2)(3\ 4)(5\ 6),\ \ \kappa_2 = (1\ 4)(2\ 5)(3\ 6),\ \ \kappa_3 = (1\ 2)(3\ 5)(4\ 6),$$
$$\kappa_4 = (1\ 4)(2\ 3)(5\ 6),\ \ \kappa_5 = (1\ 2)(3\ 6)(4\ 5).$$

$\mathfrak{S}_6$ の生成元 $s_1, s_2, \cdots, s_5$ に対して，$\Gamma(s_i) = \kappa_i\ (1 \leq i \leq 5)$ とおくと，Γ は $\mathfrak{S}_6$ の外部自己同型を与える．

証明. 内部自己同型 $\iota_\sigma, \sigma \in \mathfrak{S}_6$, を巡回置換に作用させると，

$$\iota_\sigma(j_1\ j_2\ \cdots\ j_\ell) = \sigma(j_1\ j_2\ \cdots\ j_\ell)\sigma^{-1} = (\sigma(j_1)\ \sigma(j_2)\ \cdots\ \sigma(j_\ell)) \tag{1.21}$$

であるから，互換は互換に写る．したがって，Γ (ギリシア大文字ガンマ) が自己同型を与えるとすると，それは外部自己同型である．

そこで，Γ が実際に自己同型を与えることを示そう．それには，(1) κ_i たちが基本関係式 (1.8)〜(1.9) に対応する等式を満たすこと，(2) κ_i たちが生成する群が $\mathfrak{S}_6$ 全体であること，を示せばよい．

まず，基本関係式が満たされることは，$\kappa_i\kappa_{i+1}\kappa_i = \kappa_{i+1}\kappa_i\kappa_{i+1}$ などを総当たりで証明する必要はない．2 個くらい証明して，あとは出てくる数字を置き換えればよいことを確認する (上の内部自己同型の作用の仕方 (1.21) に留意する).

次に，κ_i たちが生成する群を H とすると，$\kappa_1\kappa_3\kappa_5 = (1\ 2) = s_1$ だから，$s_1 \in H$．さらに，

$$\iota_{\kappa_2}(s_1) = s_4,\ \ \iota_{\kappa_4}(s_1) = s_3,\ \ \iota_{\kappa_3}(s_3) = s_5,\ \ \iota_{\kappa_2}(s_5) = s_2,$$

は H に入る．すべての単純置換が H に入るので，$H = \mathfrak{S}_6$ である． □

$\mathfrak{S}_6$ の表現群の同型 $\mathfrak{T}_6 \cong \mathfrak{T}'_6$

この同型は $\mathfrak{S}_6$ の外部自己同型に伴って生ずるものである．具体的な 1 つの同型 $\Gamma' : \mathfrak{T}_6 \to \mathfrak{T}'_6$ が，$T''_\alpha := \Gamma'(T_\alpha)$ を次のように与えて得られる ([S16, p.166])：

$$T''_1 = T'_1T'_3T'_5, \quad T''_2 = T'_3T'_2T'_1T'_4T'_3T'_2T'_5T'_4T'_3, \quad T''_3 = T'_1T'_4T'_3T'_5T'_4,$$
$$T''_4 = T'_1T'_2T'_1T'_3T'_2T'_1T'_5, \quad T''_5 = T'_1T'_3T'_4T'_3T'_5T'_4T'_3.$$

これを検証するには，(1) $\{T''_j\,;\,1 \le j \le 5\}$ が，$\{T_j\,;\,1 \le j \le 5\}$ と同じ関係式 (1.19) を満たすこと，(2) $\mathfrak{T}'_6$ を生成すること，を示せばよい．これはシュア自身が実行した計算を追体験することになる (読者試みられよ)．私がやってみたところ，検算を込めて確実にチェックするのに 6 時間ほどを要した．

1.3.2　n 次交代群 $\mathfrak{A}_n$ とその表現群

交代群 $\mathfrak{A}_n$ は，$n \ge 5$ のとき，昔から知られている単純群の無限系列をなす．$\mathfrak{A}_n$ およびその表現群の構造についての既知の事実をすこしまとめておこう．これはこの本の後で使う，というわけではないが,「実生活に役に立たぬことは知らなくてよい」という知的怠惰《たいだ》や「円周率は 3 でよい」という功利主義とも言えぬ似非《えせ》功利主義 (円の内接正六角形の周長は直径の 3 倍！) とも離れて，我々の知的探求心を生かそうというものである．単純群 $\mathfrak{A}_n$ に関する面白い事実を知って愉快を覚えるのは，鴎外や漱石の一節を覚えて楽しむのと共通するものであろう．

交代群 $\mathfrak{A}_n$ の生成元系と基本関係式

ここでは，シュアに倣って，次の生成元系をとる：

$$\begin{cases} a_1 = s_1s_2 = (1\ 2\ 3),\ \ a_2 = s_1s_3 = (1\ 2)(3\ 4),\ \cdots, \\ a_{n-2} = s_1s_{n-1} = (1\ 2)(n{-}1\ n). \end{cases} \tag{1.22}$$

定理 1.3. n 次交代群 $\mathfrak{A}_n$ の生成元系 (1.22) に対する基本関係式は，次で与えられる：

$$a_1^{\,3} = \mathbf{1},\ (a_1a_2)^3 = \mathbf{1},\ (a_1a_\lambda)^2 = \mathbf{1}\ (3 \le \lambda \le n{-}2);$$
$$a_\alpha^{\,2} = \mathbf{1}\ (2 \le \alpha \le n{-}2),$$
$$(a_\beta a_{\beta+1})^3 = \mathbf{1}\ (2 \le \beta \le n{-}3),$$

$$a_\gamma a_\delta = a_\delta a_\gamma \ (\delta \geq \gamma+2).$$

この定理の証明は，次の ($\Diamond$) を用いれば，定理 1.2 の n 次対称群 $\mathfrak{S}_n$ の場合と同様にできるので，読者の演習問題としておく．

($\Diamond$) 関係式 $a_2a_1a_2 = a_1a_2a_1$，および，$a_1^{\,2} = (s_1s_2)^2 = s_2s_1 = (1\ 3\ 2)$ に注意すれば，左剰余類全体の集合 $\mathfrak{A}_{n-1}\backslash\mathfrak{A}_n$ の完全代表系として，次の n 個の元の集合がとれることが分かる：

$$a_{n-2},\ a_{n-2}a_{n-3},\ \cdots,\ a_{n-2}a_{n-3}\cdots a_2,$$
$$a_{n-2}a_{n-3}\cdots a_2a_1,\ a_{n-2}a_{n-3}\cdots a_2a_1^{\,2}.$$

交代群 $\mathfrak{A}_n$ の表現群

交代群 $\mathfrak{A}_n$ については，$n \geq 4$ のとき，表現群は 1 個である．その位数は，$n \neq 6, 7$ のとき $2\cdot(n!/2)$ であり，表現群 $\mathfrak{B}_n$ は $\mathfrak{S}_n$ の表現群 $\mathfrak{T}_n$ を $\mathfrak{A}_n$ に制限して得られる．$n = 6, 7$ のときは，表現群の位数は，$6\cdot(n!/2)$ である．

$n \neq 6, 7$ の場合： $\mathfrak{T}_n$ の生成元を用いて，$\mathfrak{A}_n$ の表現群 $\mathfrak{B}_n$ の生成元を与えると，

$$J,\ B_1 = T_1T_2,\ B_2 = T_1T_3,\ \cdots,\ B_{n-2} = T_1T_{n-1},$$

であり，それらの満たす基本関係式は，

$$\begin{cases} J^2 = E,\ \ JB_\alpha = B_\alpha J,\ \ B_1^{\,3} = J,\ \ (B_1B_2)^3 = J,\ \ (B_1B_\lambda)^2 = J; \\ B_\alpha^{\,2} = J,\ \ (B_\beta B_{\beta+1})^3 = J,\ \ B_\gamma B_\delta = JB_\delta B_\gamma, \end{cases} \tag{1.23}$$

である．$Z = \{J, E\}$ は中心に入り，$\mathfrak{B}_n/Z \cong \mathfrak{A}_n$ である．

$n = 6, 7$ の場合： 例外的な場合として，$n = 6, 7$ のとき，$\mathfrak{A}_n$ の表現群 $\mathfrak{C}_n$ は，$\mathfrak{A}_n$ の 6 重の被覆群になっている．

$n = 6$ の場合は，生成元系として，$K, C_1, C_2, C_3, C_4, C_5$，その基本関係式として，

$$\begin{cases} K^6 = E,\ \ KC_\alpha = C_\alpha K, \\ C_1^{\,3} = (C_1C_2)^3 = (C_2C_3)^3 = (C_3C_4)^3 = K^3, \\ C_2^{\,2} = C_3^{\,2} = C_4^{\,2} = (C_1C_3)^2 = (C_2C_4)^2 = K^3,\ \ (C_1C_4)^2 = K, \end{cases} \tag{1.24}$$

がとれる．これは [S16, p.242] の基本関係式を，少し書き換えてある．$Z = \langle K \rangle$ (K で生成される群) は位数 6 の巡回群で中心に入り，$\mathfrak{C}_6/Z \cong \mathfrak{A}_6$ である．

$n = 7$ の場合は，生成元系として，$K, C_1, C_2, C_3, \cdots, C_6$，その基本関係式として，次がとれて，$Z = \langle K \rangle$ は位数 6 で中心に入り，$\mathfrak{C}_7/Z \cong \mathfrak{A}_7$ である：

$$\begin{cases} K^6 = E,\ \ KC_\alpha = C_\alpha K, \\ {C_1}^3 = (C_1C_2)^3 = (C_2C_3)^3 = (C_3C_4)^3 = (C_4C_5)^3 = K^3, \\ {C_2}^2 = {C_3}^2 = {C_4}^2 = {C_5}^2 = K^3, \quad (C_1C_4)^2 = K, \\ (C_1C_3)^2 = (C_1C_5)^2 = (C_2C_4)^2 = (C_2C_5)^2 = (C_3C_5)^2 = K^3. \end{cases}$$

1.3.3 組み糸群 $\mathfrak{Z}_n$ と対称群 $\mathfrak{S}_n$

組み糸 (braid) とは，3 次元ユークリッド空間内の長方形の枠を考えて，上枠と下枠にそれぞれ等間隔に n 個の点を $A_1, A_2, \cdots, A_n$，$B_1, B_2, \cdots, B_n$ と順番に従ってとり，A_i たちと B_j たちを 1 対 1 に対応させて，対応する 2 点を糸でむすんだものである．糸の数 n をその次数という (図 1.6)．ただし，それぞれの糸は，くくり目がなくて，引っ張り縮めてピンと張らせると，一本の直線にできるものとする．ひとつの組み糸 z に対して，糸の両端を固定して糸を連続的に動かしてできる組み糸は z と同値であるとする．この同値類を $[z]$ と書き，しばしば代表元 z と同一視する．

2 つの組み糸 z_1, z_2 の積 z_1z_2 とは，図 1.7 のように，組み糸 z_1 の下に組み糸 z_2 をつなぎ，高さを半分に縮小した組み糸のことである．

この積によって，次数 n の組み糸の同値類全体は，**組み糸群** $\mathfrak{Z}_n$ をなす．それを示すには，結合律の成立と逆元の存在を言えばよい (読者試みられよ)．なお，単位元 e は各 A_i, B_i を直線的につないだ組み糸である．組み糸群の標準的な生成元系として，図 1.8a, 1.8b に示す z_i たちの同値類 $\mathfrak{z}_i = [z_i]$ からなる $\{\mathfrak{z}_1, \mathfrak{z}_2, \cdots, \mathfrak{z}_{n-1}\}$ がとれる．

この生成元系に対する基本関係式としては次のものがとれる：

$$\mathfrak{z}_i\mathfrak{z}_j = \mathfrak{z}_j\mathfrak{z}_i \qquad (|i-j| \geq 2); \tag{1.25}$$

$$\mathfrak{z}_i\mathfrak{z}_{i+1}\mathfrak{z}_i = \mathfrak{z}_{i+1}\mathfrak{z}_i\mathfrak{z}_{i+1} \qquad (1 \leq i \leq n-2). \tag{1.26}$$

n 次組み糸群 $\mathfrak{Z}_n$ から n 次対称群 $\mathfrak{S}_n$ への自然な準同型写像として $\Psi : \mathfrak{z}_i \to$

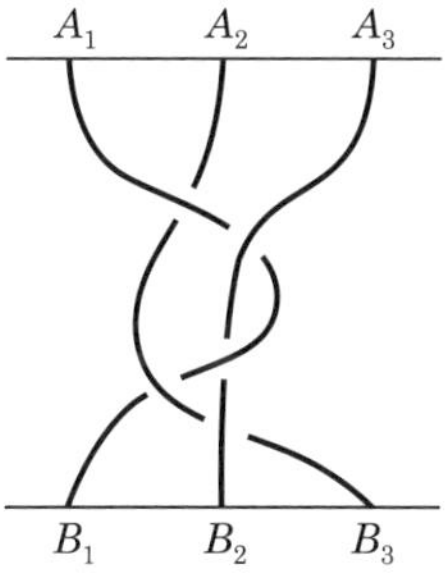

図 **1.6.** 組み糸の例

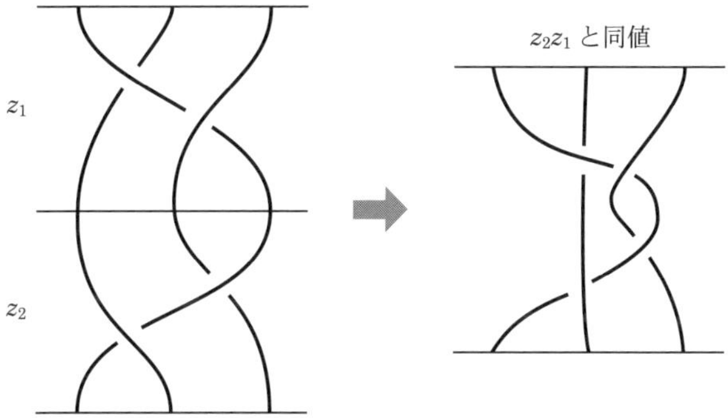

図 **1.7.** 積の定義の図示

s_i となるものが存在する．それは，図形的には，組み糸 z の始点と終点とだけに注目して，添字 $1, 2, \cdots, n$ の置換として $s = \Psi(\mathfrak{z}) \in \mathfrak{S}_n$ を与えている．この Ψ による，$\mathfrak{Z}_n, \mathfrak{S}_n$ に対するそれぞれの基本関係式系の対応を考えると，(1.25) は (1.8) からの半分である．(1.26) は (1.9) と同等である．

この準同型の核 $\mathfrak{M}_n := \Psi^{-1}(\{\mathbf{1}\})$ は**純組み糸群**とよばれ，$\mathfrak{Z}_n/\mathfrak{M}_n \cong \mathfrak{S}_n$ である．群 $\mathfrak{M}_n$ は，複素 n 次元空間 $\mathbb{C}^n$ から $n(n-1)/2$ 個の超平面 $w_i = w_j\ (i \neq j)$ $(w = (w_k)_{1 \le k \le n} \in \mathbb{C}^n)$ を引き去った補集合 X の基本群 $\pi_1(X)$ と同型であることが知られている．これを (基本群をある程度知っている人のために) 説明しよう．複素平面 $\mathbb{C}$ の開正方形 D をとり，1 つの線分上に n 個の相異なる点 $w_1^0, w_2^0, \cdots, w_n^0 \in D$ をとる．そして，パラメータ t の区間 $I = \{t; 0 \le t \le 1\}$ と D との直積 $D \times I$ をとる．$t \in I$ での切り口は $D_t = D \times \{t\}$ である．$t = 0, 1$ に対応する D_0, D_1 上の座標 w_k^0 をもつ点をそれぞれ A_k, B_k とする $(1 \le k \le n)$．そして純組み糸群 $\mathfrak{M}_n$ の元 $\mathfrak{z} = [z]$ の代表元 z として，始点 $A_k \in D_0$ を出て終点 $B_k \in D_1$ に到る糸は各 $D_t, t \in I$, とただ 1 回ずつ交わるようにする．その交点を $(w_k(t), t) \in D_t$ とすると，$I \ni t \mapsto w_k(t) \in D$ は連続関数であり，D 内の道 (path) を与える．その道の終点 $w_k(1)$ は始点 $w_k(0)$ と一致するから，これは閉じた道である (図 1.9a 参照)．そこで，$w^0 = (w_1^0, w_2^0, \cdots, w_n^0) \in D^n \cap X \subset \mathbb{C}^n$ とおくと，$w(t) = (w_1(t), w_2(t), \cdots, w_n(t)), 0 \le t \le 1$, は，$D^n \cap X$ 内の w^0 を始点かつ終点とする閉じた道を与える (なぜか)．これから，同型 $\mathfrak{M}_n \cong \pi_1(D^n \cap X)$ が分かる．他方，D は複素平面全体と位相空間として

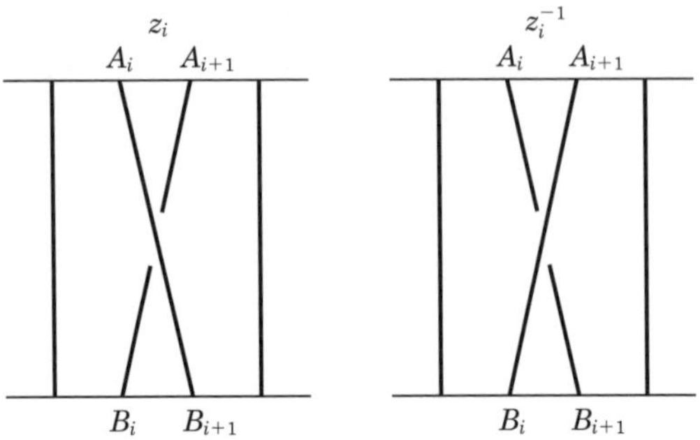

図 **1.8a.** $\mathfrak{z}_i, \mathfrak{z}_i{}^{-1}$ の代表元の図

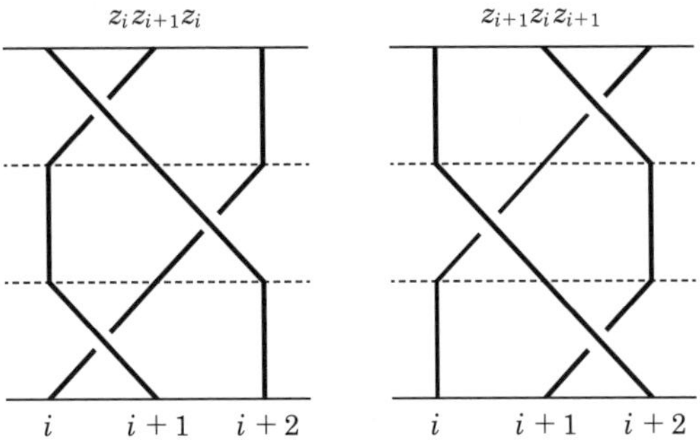

図 **1.8b.** $\mathfrak{z}_i\mathfrak{z}_{i+1}\mathfrak{z}_i = \mathfrak{z}_{i+1}\mathfrak{z}_i\mathfrak{z}_{i+1}$ の図

同相であり，したがって $D^n \cap X$ は X と同相である．ゆえに，$\pi_1(D^n \cap X) \cong \pi_1(X)$ となる．(基本群に馴染みのない読者にはまことに申し訳ないが，説明はここで止めるので，ここは単に読み飛ばして頂きたい.)

また，別の見方もある．$\mathfrak{M}_n$ の元は始点 A_k からの糸は終点 B_k に入っているので，始点 A_k と終点 B_k を絡《から》ませないようにつなぐと，n 本の糸の輪 (円周 S^1 と同相) が絡まり合っている絡み糸で，くくり目のないものが現れる (図 1.9b).

なお，解説書として [河野] を挙げておこう．さらに，参考までに言っておくと，**結び糸** (knot) とは 3 次元ユークリッド空間 E^3 内の単一閉曲線のことであり，何個かの結び糸が絡まり合っているものを**絡み糸** (link) とよぶ (図 1.10 参照). 結び糸・結び糸群，絡み糸・絡み糸群，それから，組み糸・組み糸群ときて，これらは多様体の位相的な問題を解くために考え出されて研究されてきたが，最

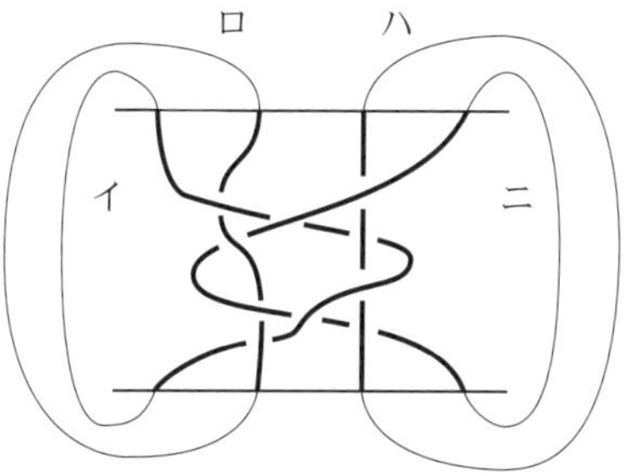

図 **1.9a.** $\mathfrak{z} \in \mathfrak{M}_n$ と w_k 平面での閉じた道

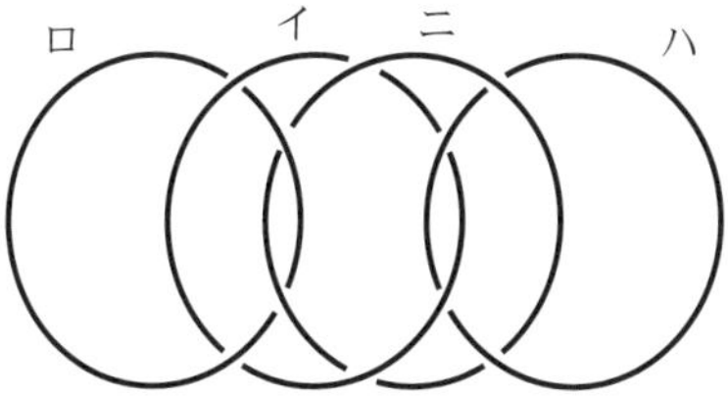

図 **1.9b.** $\mathfrak{z} \in \mathfrak{M}_n$ からきた絡み糸

図 **1.10.** 結び糸 (knot) および絡み糸 (link)

近めざましい発展を遂げている．そこでは，これらの可算無限群の線形表現が重要な働きをしている．詳細についてはここでは立ち入らない．

1.4　正二面体・正多面体に作用する群とその表現

1.4.1　二面体群

ひとつの正 n 角形 R_n をとる．R_n を自分自身の上に重ねる変換の全体は群をなす．これを**二面体群**とよび，D_n と書く．R_n の頂点を右回りに $P_1, P_2, \cdots, P_n$ と名づける．群 D_n は，R_n を右回りに 1 辺分だけ回す変換 a，および，P_1 と中心とを通る直線に関する裏返し b とで生成される．生成元系 $\{a, b\}$ の満たす基本関係式は，

$$a^n = e, \quad b^2 = e, \quad (ab)^2 = e \qquad (e \text{ は単位元}), \tag{1.27}$$

であり，位数は $|D_n| = 2n$ で，$D_n = \{\, a^k, a^k b \,;\, 0 \leq k \leq n-1 \}$.

$b' = ab$ は R_n の辺 $\overline{P_1P_2}$ の中点と中心とを結ぶ直線に関する裏返しであり，$b'^2 = e, D_n = \langle b, b' \rangle$ $(b, b'$ で生成)，である．

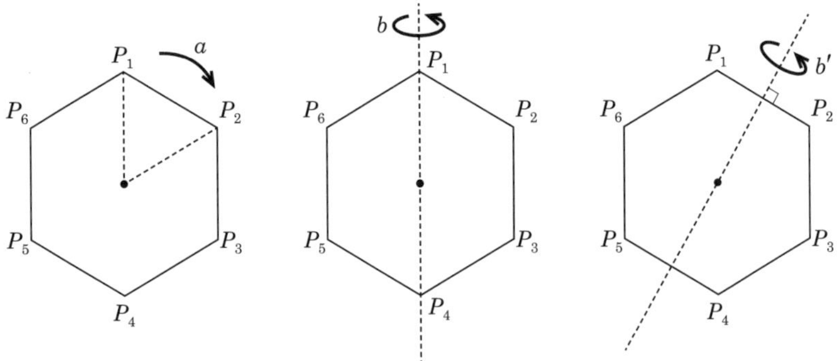

右回り回転 a　　裏返し b　　裏返し b'

図 1.11. 正多角形を自分自身に写す変換 ($n = 6$ の場合)

群 D_n は抽象群としての構造は簡単ではあるが,「可換でない位数 2 の 2 元によって生成される有限群はどれかの二面体群に同型である」という事実があり，偶数位数の有限群の構造を調べるのに重要な働きをする．

問題 1.6. 互いに可換でない，位数 2 の 2 元によって生成される有限群は，どれかの D_n に同型であることを証明せよ．

1.4.2 二面体群の置換表現

多面体 R_n への作用を別の形で記述してみよう．そこで，n 個の頂点の動きに注目してみる．変換 a によって，$P_1 \overset{a}{\to} P_2 \overset{a}{\to} \cdots \overset{a}{\to} P_n \overset{a}{\to} P_1$ であるから，回転 a には巡回置換 $S(a) := (1\ 2\ \cdots\ n)$ が対応する．また，裏返し b には，

$$S(b) := \begin{cases} (2\ n)(3\ n{-}1)\cdots(k\ k{+}2) & (n = 2k\ \text{のとき}), \\ (2\ n)(3\ n{-}1)\cdots(k{+}1\ k{+}2) & (n = 2k+1\ \text{のとき}). \end{cases} \tag{1.28}$$

ここで与えられた写像 $S : D_n \to \mathfrak{S}_n$ は，置換群 $\mathfrak{S}_n$ の中への同型を与える．

ある群 G から置換群の中への準同型を一般に**置換表現**という．上の S は単射であるから，群 D_n の**忠実**な置換表現である．

1.4.3 二面体群の自然な線形表現，行列表現

正 n 角形の中心を原点 O とする 2 次元の直交座標を導入すると，$g \in D_n$ は O を不変にするので，2 次元の直交変換に拡張される．その直交変換を $\varpi(g)$ と書くと，ϖ は

$$\varpi(e) = I\ (\text{恒等変換}), \quad \varpi(gg') = \varpi(g)\varpi(g') \quad (g, g' \in D_n), \tag{1.29}$$

を満たす．この意味で，写像 ϖ は線形写像によって，群 D_n を‘表現する’ものであり，線形表現とよんでもいいだろう．

さらに，座標系を具体的に決めよう．$\overrightarrow{OP_1}$ 方向に x_2-軸をとり，それを角度 $\pi/2$ だけ右に回したところに x_1-軸をとる．$\varpi(g)$ をこの座標系に関して 2×2 型行列に書いたものを $\varpi'(g)$ とすると，

$$\varpi'(a) = \begin{pmatrix} \cos\theta_n & -\sin\theta_n \\ \sin\theta_n & \cos\theta_n \end{pmatrix} \quad (\theta_n = 2\pi/n), \qquad \varpi'(b) = \begin{pmatrix} -1 & 0 \\ 0 & 1 \end{pmatrix}. \tag{1.30}$$

この ϖ' は群 D_n を 2 次行列によって表現したものであると言える．

1.4.4 群の行列表現，線形表現

体 $\mathbb{K}$ 上の m 次正方行列全体 $M(m, \mathbb{K})$ には，加法・乗法・スカラー倍があって，$\mathbb{K}$ 上の多元環をなしている．そこでの乗法 (積) だけに注目して，可逆元全

体をとったものが**一般線形群** $GL(m,\mathbb{K})$ である．$g \in GL(m,\mathbb{K})$ にその行列式 $\det g$ を対応させると，$\det(gg') = \det(g)\det(g')$, $\det E_m = 1$ (E_m は m 次単位行列) であるから，1 次元表現 (指標) を与える．$\det g = 1$ とした部分群が**特殊線形群** $SL(m,\mathbb{K})$ である：

$$GL(m,\mathbb{K}) := \{\, g \in M(m,\mathbb{K})\ ;\ \det g \neq 0 \,\},$$
$$SL(m,\mathbb{K}) := \{\, g \in GL(m,\mathbb{K})\ ;\ \det g = 1 \,\}.$$

よく知られているように，$\mathbb{K}$ 上の m 次元数ベクトル空間 $V = \mathbb{K}^m$ 上の線形写像は，ある行列 $g = (g_{ij})_{1 \le i,j \le m} \in M(m,\mathbb{K})$ により，

$$V \ni x = (x_j)_{1 \le j \le m} \longmapsto gx = (y_i)_{1 \le i \le m} \in V, \qquad y_i = \sum_{1 \le j \le m} g_{ij} x_j, \quad (1.31)$$

(ここに x は縦ベクトル) と書ける．V 上の線形写像の全体を $\mathcal{L}(V)$ と書くと，この対応によって，$\mathcal{L}(V)$ と $M(m,\mathbb{K})$ とは $\mathbb{K}$ 上の多元環として同型である．$\mathcal{L}(V)$ の可逆元全体を $\mathcal{L}(V)^\times$ と書くと，それは 一般線形群 $GL(m,\mathbb{K})$ と自然に同型である．

群 G を行列群 $GL(m,\mathbb{K})$ の中に準同型に写す写像を，G の m 次の $\mathbb{K}$ 上の**行列表現**という．これは,「G が (何かに) 作用する」状況を,「対応する行列が V に作用する」状況によって標準化した形で記述しているのである．

また，少々先走ったことを述べれば，$\mathbb{K}$ 上の位相ベクトル空間 W をとり，W の連続線形作用素の全体を $\mathcal{L}(W)$，その可逆元全体を $\mathcal{L}(W)^\times$ とするとき，群 G から $\mathcal{L}(W)^\times$ への (連続な) 準同型写像 π を考えることがいろいろの意味で重要である．これが，本書の主題である**群の線形表現**であり，おいおいに詳しく論じていく．

もし，W が有限次元であれば，W に基底を決めれば G のひとつの行列表現を得る．基底の取り方を変えれば違った行列表現が現れる (しかしそれらは互いに同値である)．

群の行列表現，線形表現を研究する目的は，

(イ) 群 G 自身の構造を明らかにする，とともに，上述のように，

(ロ) 群の作用を解明する，あるいは，群の作用の標準形，線形近似，を与える，

(ハ) これらのことを，幾何学・解析学・代数学の数学の分野や，物理学・化学

などの他分野に生かすこと，である．

1.4.5　多面体群とその置換表現

3 次元空間における凸多面体で，(1) その面がすべて同型な正多角形，かつ，(2) 各頂点の回りの状況がすべて同一，となっているものを**正多面体**とよぶ．この正多面体は，正四面体，正六面体，正八面体，正十二面体，正二十面体の 5 種類に限ることがギリシャのプラトン (Platon, 427–347 B.C.) の時代には知られており，彼によって，宇宙を構成する基本単位として認識されていた．彼は，これらに (上の順序で) 火 (Fire)，土 (Earth)，空気 (Air)，宇宙 (The Universe)，水 (Water) を対応させていた．後世，彼の名をとって，プラトン多面体ともよばれるが，ケプラー (J. Kepler, 1571–1630) も，当時知られていた惑星 (水星，金星，地球，火星，木星，土星) の軌道がこれら 5 種の正多面体で決定されていることを見いだして神の摂理として感激している．

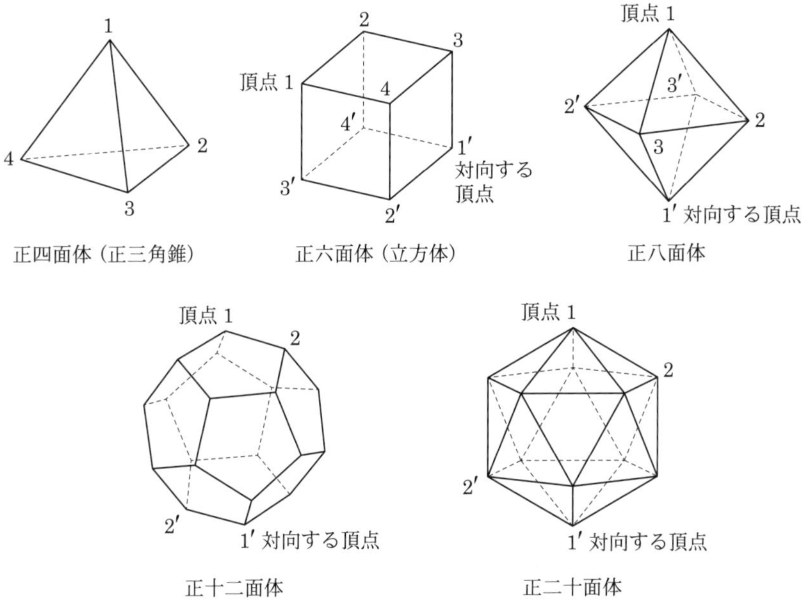

図 1.12.　3 次元ユークリッド空間内の正多面体

◆閑話休題 2 ◆

ケプラーは 1596 年の著作 *Mysterium cosmo graphicum* において，骨の折れる計算の労苦の結実だとして，次の発見を述べている.「太陽を中心として，地球の軌道を含む球面をとる．これに外接する正十二面体，次いでその外接球面をとると，その上に火星軌道が乗っている．さらに，その外接正四面体，その外接球面の上に木星軌道が乗り，次いでその外接正六面体，その外接球面の上に土星軌道がある．逆に，地球軌道の球面に内接する正二十面体，その内接球面をとると，その上に金星軌道が乗り，さらにその内接正八面体，その内接球面の上に水星軌道が乗っている.」

ここでは，最も対称性に富んだ立体として，その対称性を群論を用いて数学的に調べよう．これは，数理的結晶学の一部でもある．また，これは量子力学レベルでの原子・分子の対称性を記述するのにも役立つ.

正 k 面体 T_k	面の種類 正 p 角形	面の個数	頂点の個数	辺の個数	双対の関係	$G(T_k)$ の位数	$G(T_k)$ (同型群)
4	3	4	4	6	自己双対	12	$\mathfrak{A}_4$
6	4	6	8	12	互いに	24	$\mathfrak{S}_4$
8	3	8	6	12	双対	24	$\mathfrak{S}_4$
12	5	12	20	30	互いに	60	$\mathfrak{A}_5$
20	3	20	12	30	双対	60	$\mathfrak{A}_5$

表 1.1. 正 k 面体 T_k の対称性の群 $G(T_k)$

3 次元ユークリッド空間 E^3 の中で，正 k 面体 T_k を動かして，自分自身に重ねる変換を T_k の**対称操作**ともいうが，その全体は群をなし，k **面体群**とよばれ，$G(T_k)$ と書かれる．さらに，E^3 の中での鏡映変換 (ある平面での鏡映) をも許して T_k をそれ自身に写す変換の全体を，**拡大 k 面体群**とよび，$G'(T_k)$ と書く．これらの群を調べてみよう.

E^3 に T_k の中心に原点をおいた正規直交基底をとると，対称操作 $g \in G(T_k)$ は，3 次元の回転を表す行列 (特殊直交群 $SO(3)$ の元) で表される．まず，直交群について思い出しておく：

$$n \text{ 次直交群}: O(n) = \{\, g \in GL(n, \mathbb{R})\,;\ g^{t}g = E_n \,\}, \tag{1.32}$$

$$n \text{ 次特殊直交群}: SO(n) = \{ g \in O(n) \,;\, \det g = 1 \}, \tag{1.33}$$

ここに，${}^t g$ は g の転置行列，E_n は n 次の単位行列，である．

命題 1.4. 3 次元特殊直交群 $SO(3)$ の元 g は，次の形の元に共役である：

$$\begin{pmatrix} u_2(\theta) & 0_{2,1} \\ 0_{1,2} & 1 \end{pmatrix}, \quad \text{ここに，} u_2(\theta) = \begin{pmatrix} \cos\theta & -\sin\theta \\ \sin\theta & \cos\theta \end{pmatrix}, \tag{1.34}$$

さらに，$0_{p,q}$ は $p \times q$ 型零行列を表す．換言すれば，3 次元ユークリッド空間 E^3 の回転 g はある回転軸の回りの 2 次元的回転 $u_2(\theta)$ に他ならない．

問題 1.7. 上の命題を証明せよ．

問題 1.8. $g \in SO(n)$ の固有値は，$n = 2k+1$ のとき，$1, \lambda_1, \overline{\lambda_1}, \cdots, \lambda_k, \overline{\lambda_k}$ (ここに，$|\lambda_j| = 1, \overline{\lambda_j}$ は λ_j の共役) である．これを示せ．

さて，上の命題により，T_k の対称操作 g は，T_k の中心 O と，次のどれかを結んだ軸の回りの 2 次元的回転である．(イ) 頂点，(ロ) 稜の中点，(ハ) 面の中心．

正四面体の場合

図 1.12 のように T_4 の頂点に番号 1, 2, 3, 4 を付ける．1 つの頂点の回りには面が 3 個集まっている．したがって，(イ) の場合の回転は角度 $2\pi/3, 4\pi/3$ である．頂点 1 と中心 O とを結ぶ軸の回りの角 $2\pi/3$ の回転を a と名づける．(ロ) の場合の回転角は π である．稜 $\overline{12}$ の中点と O とを結ぶ軸の回りの角 π の回転を b とする．(ハ) の場合は (イ) の場合と一致する．これで，対称操作の個数が求まる：

$$1(\text{恒等操作}) + 4 \times 2(\text{場合 (イ)}) + 3 \times 1(\text{場合 (ロ)}) = 12.$$

さて，a と b を適当に繰り返すと，任意の頂点を頂点 1 に移動できるので，結局 $G(T_4) = \langle a, b \rangle$ (生成) が分かる．

この $G(T_4)$ をより詳しく知るために，これを T_4 の 4 個の頂点の置換によって表現してみよう．まず，a による頂点の置換は，$1 \to 1, 2 \to 3, 3 \to 4, 4 \to 2,$ であるから，$\mathfrak{S}_4$ の元として巡回置換 $\rho(a) = (2\ \ 3\ \ 4)$ を得る．ついで，b に対しては，$1 \to 2, 3 \to 4$, であるから，置換 $\rho(b) = (1\ \ 2)(3\ \ 4)$ を得る．さらに，$\rho(a), \rho(b)$ は 4 次交代群 $\mathfrak{A}_4 := \{\sigma \in \mathfrak{S}_4\ ;\ \mathrm{sgn}(\sigma) = 1\}$ を生成する．ここに得られた置換表現 $\rho : G(T_4) \to \mathfrak{A}_4$ は，上への忠実な表現 (同型写像) である．

拡大四面体群 $G'(T_4)$ を考えよう．s を原点 O と稜 $\overline{12}$ を含む平面での鏡映変換とすると，これには置換 $\rho'(s) = (3\ \ 4)$ が対応する．一方，$G'(T_4) = \langle G(T_4), s\rangle$, $\mathfrak{S}_4 = \langle \mathfrak{A}_4, (3\ \ 4)\rangle$ であるから，ρ の拡張として得られた置換表現 $\rho' : G'(T_4) \to \mathfrak{S}_4$ は，上への忠実表現である．

例 1.5 (メタン分子 CH_4 の場合)**.** メタン分子は，炭素 C を中心として，その回りに 4 個の水素原子が正四面体の頂点をなすようにつながっている (図 1.13 参照).

この模型図から分かることは,「メタン分子 1 個の状態は，正四面体の対称性を記述する多面体群 $G(T_4)$ に関する対称性をもっている」ということである．したがって，その量子力学的方程式や，分子の波動関数は $G(T_4) \cong \mathfrak{A}_4$ の下での対称性をもつべきである．

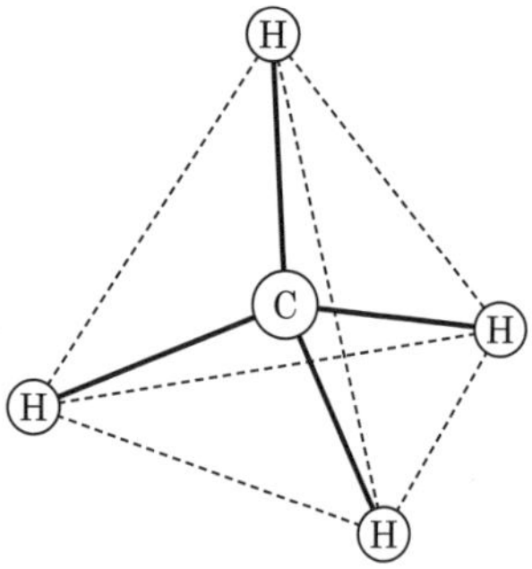

図 1.13. メタン分子 CH_4 の模型

鏡映変換を含めた拡大多面体群 $G'(T_4) \cong \mathfrak{S}_4$ についてはどうであろうか？ これについてもその対称性を要請してもよさそうであるが，ここでは留保しておきたい．その理由は,「群 $G(T_4)$ は E^3 の直交座標系の取り方の任意性を反映する対称性であるが，拡大された $G'(T_4)$ では，そこに含まれる鏡映によって E^3 の直交座標系は右手系と左手系が入れ替わる．この入れ替わりが物理的な何かを意味するかどうかは，実験によって確かめてみる必要があるのではないか.」さらに，下の閑話休題を参照のこと．

◆閑話休題 3 ◆

水晶は石英 SiO_2 の美しい結晶である．化学的性質は同一であるが，光を右に回す D 型と左に回す L 型の光学異性体がある．光学異性体のある化合物を化学的に合成すると

D 型 L 型が等量できるが，生体内では，アミノ酸は L 型，糖類は D 型，だけである．人工的合成では，普通 L 型と D 型とが等量できるが，これをどちらかに偏らせる不斉合成の研究は化学の基本的な問題のひとつであった．平成 13 年のノーベル化学賞に野《の》依《より》良治教授が不斉合成法の研究に関して共同受賞者として選ばれた．その業績とは，京大助手時代の 1966 年に金属と有機化合物の触媒を使い，片方を 10% 多く作り出すことに初めて成功し，その後いろいろの触媒開発に成功したことである．

他方，自然界での L 型 D 型の偏りの起源についての研究においても，近年注目すべき日本人の業績がある．平面的な化学構造をもち D 型も L 型もないピリミジンアルデヒドにアルキル亜鉛の試薬を加えるとアルコールの一種のピリミジルアルカノールができる．これには L 型と D 型がある．硤《そ》合《あい》憲《けん》三《そう》教授 (東京理大理) の実験によれば，あらかじめ右水晶 (D 型) の微粉末を加えた状態で反応させると，最初の反応で L 型が 51% で 2% 多く生成する．左水晶では D 型が 2% 多く生成する．反応を繰り返すとこの不斉自己増殖は最終的には収率 97% に達した．

教授によれば,「平面的なピリミジンアルデヒドの表と裏で右水晶，左水晶の吸着の仕方が違う．これが原因ではないか」とのことである．(「科学館」，雑誌『SAPIO』2000/7/12 発行，による)

1.5　群の直積・半直積，多面体群の表現 (続)

1.5.1　群の直積と半直積

先へ進む前に群の定義を復習しておこう．集合 G に 2 項演算が定義されていてそれが次の 2 つの公理を満たすときに**群**とよぶ．

公理 (G1)：　2 項演算に対して結合率が成立する：

$$(ab)c = a(bc) \qquad (a, b, c \in G);$$

公理 (G2)：　次の 2 つの方程式がつねに一意的な解をもつ：

$$a, b \in G \text{ に対して}, \qquad ax = b, \quad ya = b.$$

直積群：2 つの群 G_1, G_2 があったとき，その**直積**とは，集合としての直積 $\{(g_1, g_2)\,;\, g_1 \in G_1,\, g_2 \in G_2\}$ に積演算を

$$(g_1, g_2)(g_1', g_2') := (g_1 g_1', g_2 g_2') \quad (g_1, g_1' \in G_1,\ g_2, g_2' \in G_2)$$

と定めたものである．この積によって確かに群が与えられることは，上述の群の公理 (G1), (G2) が成立することを検証すればよい．これは読者にまかせよう．

直積群は記号 $G_1 \times G_2$ によって表される．

群が群に作用する： 2 つの群 G, H があったとき，H が G に**作用する**とは，H の任意の元 h に対して，

(i)　G の自己同型 $G \ni g \mapsto \iota_h(g) \in G$ が対応する：

$$\iota_h(e_G) = e_G,\ \iota_h(gg') = \iota_h(g)\iota_h(g') \quad (g, g' \in G,\ e_G \text{ は } G \text{ の単位元});$$

(ii)　H から群 G の自己同型全体のなす群 $\mathrm{Aut}(G)$ への写像 $H \ni h \mapsto \iota_h \in \mathrm{Aut}(G)$ は準同型である：

$$\iota_{e_H} = I_G (:= G \text{ 上の恒等写像}),\ \ \iota_{hh'} = \iota_h \iota_{h'} \ \ (h, h' \in H).$$

半直積群： H が G に作用しているとき，集合としての G と H の直積 $\{(g, h)\,;\, g \in G, h \in H\}$ に積を次のように定義する：

$$(g, h)(g', h') := (g\,\iota_h(g'), hh') \quad (g, g' \in G,\ h, h' \in H). \tag{1.35}$$

この積が群の公理 (G1), (G2) を満たすことが検証されるので，群が得られる．これを G と H の**半直積群**とよび，記号 $G \rtimes H$ と書く．この記号は直積の記号 $\times$ の変形であるが，G が全体の群 $G \rtimes H$ の中で正規部分群になっているので $\times$ の左側はふさがず右側をふさいでいる．ちなみに，直積群 $G_1 \times G_2$ においては，その部分群として G_1, G_2 は両方とも正規である．

定理 1.5. 群 G に 2 つの部分群 G_1, G_2 があって，任意の元 $g \in G$ は一意的に $g = g_1 g_2$ と書けるとする．

(i)　G_1 が正規部分群であれば，G_2 は，$\iota_{g_2}(g_1) := g_2 g_1 {g_2}^{-1}$ によって，G_1 に作用する．

(ii)　このとき，G は自然な対応 $G \ni g = g_1 g_2 \mapsto (g_1, g_2) \in G_1 \rtimes G_2$ によって，半直積群 $G_1 \rtimes G_2$ に同型である．

問題 1.9. (1.35) で定義された積演算が，群の公理 (G1), (G2) を満たすことを示せ．

問題 1.10. 定理 1.2 の (i) および (ii) を証明せよ．

1.5.2　正六面体，正八面体の場合

正六面体 T_6 の各面の中心を頂点とする凸多角形は正八面体となる．逆に正八面体 T_8 の各面の中心を頂点とする凸多角形は正六面体となる．これを，T_6 と T_8 とは互いに**双対**である，という．双対の関係から，2 つの多面体群 $G(T_6), G(T_8)$ が自然に同型であることが分かる．

正六面体 (立方体) の頂点，稜，面はそれぞれ 8, 12, 6 個ずつである．それぞれの集合に注目すれば，立方体の対称性を記述する群 $G(T_6)$ の置換群 $\mathfrak{S}_8, \mathfrak{S}_{12}, \mathfrak{S}_6$ の中への忠実な置換表現 3 種が得られる．これを具体的に書き下すのは四面体群 $G(T_4)$ の場合と同様にできる．しかし，この場合は表現によって写っていった先の像を部分群として簡潔に特徴づけることができない．そこで別の対象を用いよう．図 1.14 に見るように 1 つの頂点と T_6 の中心 O を結ぶ直線は対向する頂点を通る．そこで，ベクトル $\overrightarrow{11'}, \overrightarrow{22'}, \overrightarrow{33'}, \overrightarrow{44'}$, に対称操作 g がどう働くかをみよう．

まず，$G(T_6)$ の元として，面 1234 の中心と T_6 の中心 O を結ぶ軸の回りの角 $\pi/2$ の回転を a とする．これによって，

$$\overrightarrow{11'} \to \overrightarrow{22'},\ \ \overrightarrow{22'} \to \overrightarrow{33'},\ \ \overrightarrow{33'} \to \overrightarrow{44'},\ \ \overrightarrow{44'} \to \overrightarrow{11'},$$

となる．したがって，巡回置換 $\rho(a) = (1\ \ 2\ \ 3\ \ 4)$ が対応する．次に，稜 $\overline{12}$ の中点と中心 O とを結ぶ軸の回りでの角 π の回転を b とすると，それは，

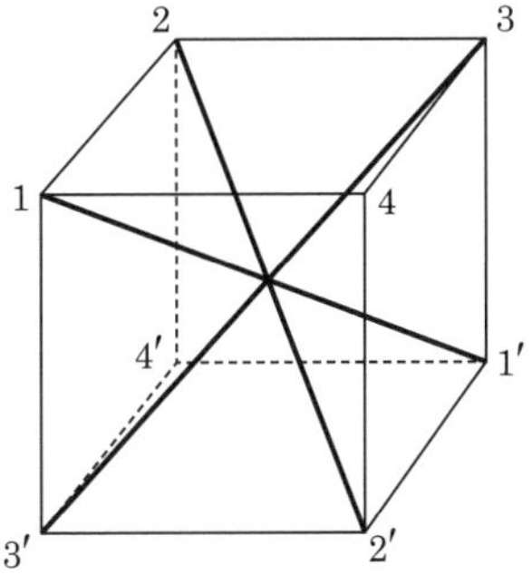

図 **1.14.** 正六面体の対角線

$$\overrightarrow{11'} \longleftrightarrow \overrightarrow{22'},\ \ \overrightarrow{33'} \to -\overrightarrow{33'} = \overrightarrow{3'3},\ \ \overrightarrow{44'} \to -\overrightarrow{44'} = \overrightarrow{4'4},$$

となる．これはベクトルの向きを無視すれば，置換 $\rho(b) = (1\ \ 2)$ を与える．また，例えば，T_6 の面の動きに注目すれば，$G(T_6) = \langle a, b \rangle$ が分かる．

拡大された六面体群 $G'(T_6)$ の元として，稜 $\overline{12}, \overline{34}$ それぞれの中点と中心 O で決まる平面での鏡映を s とすれば，

$$\overrightarrow{11'} \longleftrightarrow \overrightarrow{22'},\ \ \overrightarrow{33'} \longleftrightarrow \overrightarrow{44'},$$

となる．そして，$G'(T_6) = \langle a, b, s\rangle$ である．以上により次が分かる．

命題 1.6. (i) $G(T_6)$ の置換表現 ρ は 4 次対称群 $\mathfrak{S}_4$ の上への同型である．

(ii) 拡大六面体群 $G'(T_6)$ は上の置換表現 ρ を通じて，$\mathfrak{S}_4$ と位数 2 の群 $C_2 = \{\mathbf{1}, \tau = (1\ \ 2)(3\ \ 4)\}$ との次の半直積群に同型である：

$$\mathfrak{S}_4 \rtimes C_2, \qquad \text{ただし，} \rho(sgs^{-1}) = \tau\rho(g)\tau^{-1}\ \ (g \in G(T_6)). \tag{1.36}$$

問題 1.11. 正六面体 T_6 の面の集合に注目して，拡大六面体群 $G'(T_6)$ の $\mathfrak{S}_6$ の中への置換表現を具体的に求めよ．　〔ヒント： 変換 a, b, s それぞれに対して計算せよ.〕

1.5.3 正十二面体，正二十面体の場合

正十二面体と正二十面体とは互いに双対であるので，それらの対称操作の群は同型である：$G(T_{12}) \cong G(T_{20})$．これを調べるのはここではパスする．これらの多面体の展開図を掲げておくので，これを拡大コピーして，ハサミとセロテープで実際に多面体を手作りして対称操作 (イ)，(ロ)，(ハ) について実感してもらいたい．さらに詳しく知りたい方は，文献 [平井, I] を見られたい．

1.5.4 多面体群の行列表現

体 $\mathbb{K}$ を実数体 $\mathbb{R}$ または複素数体 $\mathbb{C}$ とする．群 G から $GL(n, \mathbb{K})$ への行列表現は，数ベクトル空間 $\mathbb{K}^n$ 上の線形表現を基底に関して行列表示したものとも思える．上の多面体群の各元は，E^3 内の原点 O を動かさない等距離変換であり，これは直交行列によって表示できる．この意味で，各 $G(T_k) \subset G'(T_k), k = 4, 6, 8, 12, 20,$ はそれぞれに自然な 3 次元の線形表現 ϖ (変形パイ) をもっている．適宜に直交座標系を決めれば，これは 3 次行列による行列表現を与える．それは，E^3 における $G(T_k), G'(T_k)$ の作用がどんなものであるかを見せてくれるので，置換表現とは違った意味で重要である．

四面体群の自然な行列表現

図 1.12 の T_4 の図において，中心 O を原点にとり，頂点 1 の方向に z-軸をとる．稜 $\overline{12}$ の方向に x-軸をとり，右手系の直交座標系を決める．頂点 1 の座標

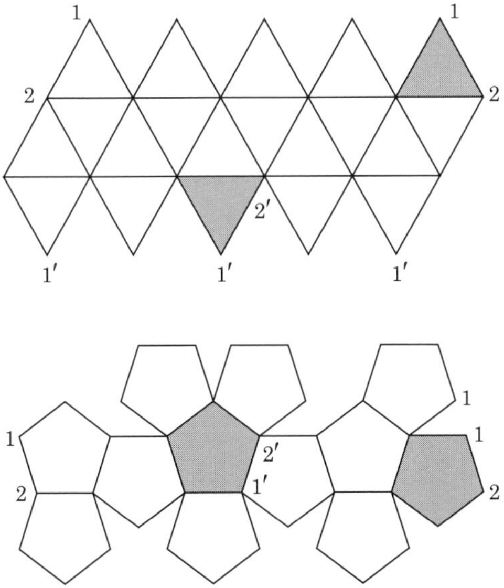

図 **1.15.** 正十二面体，正二十面体の展開図

を ${}^t(0,0,1)$ にとれば，$\overline{12}$ の中点 P の座標は ${}^t\left(\dfrac{\sqrt{2}}{3}, 0, \dfrac{1}{3}\right)$ である．変換 a, b, s に対する行列表示を計算すると次のようになる．例えば，a に対しては，2 次元的回転 $u_2(2\pi/3)$ が現れ，b に対する計算では，xz-平面で見れば，O, P を通る直線に関する折り返し変換が現れる：

$$\varpi(a) = \begin{pmatrix} \dfrac{1}{2} & -\dfrac{\sqrt{3}}{2} & 0 \\ \dfrac{\sqrt{3}}{2} & \dfrac{1}{2} & 0 \\ 0 & 0 & 1 \end{pmatrix}, \quad \varpi(b) = \begin{pmatrix} \dfrac{1}{3} & 0 & \dfrac{2\sqrt{2}}{3} \\ 0 & -1 & 0 \\ \dfrac{2\sqrt{2}}{3} & 0 & -\dfrac{1}{3} \end{pmatrix},$$

$$\varpi(s) = \begin{pmatrix} 1 & 0 & 0 \\ 0 & -1 & 0 \\ 0 & 0 & 1 \end{pmatrix}. \tag{1.37}$$

六面体群 ≅ 八面体群の自然な行列表現

図 1.12 の T_6 の図において，中心 O を原点にとり，面 1234 の中心方向に z-

軸をとる．面 $123'4'$ の中心の方向に x-軸をもつ右手系の直交座標系を決める．変換 a, b, s に対する行列表示を計算すると次のようになる：

$$\varpi(a) = \begin{pmatrix} \dfrac{1}{\sqrt{2}} & -\dfrac{1}{\sqrt{2}} & 0 \\ \dfrac{1}{\sqrt{2}} & \dfrac{1}{\sqrt{2}} & 0 \\ 0 & 0 & 1 \end{pmatrix}, \quad \varpi(b) = \begin{pmatrix} 0 & 0 & 1 \\ 0 & -1 & 0 \\ 1 & 0 & 0 \end{pmatrix},$$

$$\varpi(s) = \begin{pmatrix} 1 & 0 & 0 \\ 0 & -1 & 0 \\ 0 & 0 & 1 \end{pmatrix}.$$

問題 1.12. $G(T_4)$ の表現 ϖ に対する公式 (1.37) 式を計算によって確かめよ．

問題 1.13. $G(T_6)$ の表現 ϖ に対する上の公式を計算によって確かめよ．

1.6 原子・分子レベルでの対称性の群

上で取り扱った正多角形の対称操作のなす群は，巨視的結晶学の初歩である．数理的結晶学にはこのほかに結晶格子の対称性を扱う微視的結晶学があり，X 線回折による物質の構造の研究とか実用面とも深い関係がある．平面のタイリングの問題も面白い．

この節では，さらに超微視的な原子・分子レベルの対称性の群を見てみよう．

1.6.1 水素原子の場合

水素原子は，核は陽子 1 個よりなり，1 個の電子がその回りを回っている (図 1.16 参照)．そしてスピン量子数 1/2 の核スピンをもっている．

現代の量子力学的描像では，電子は**波動関数** $\psi(x,t)$, $x = {}^t(x_1, x_2, x_3) \in \mathbb{R}^3$ で表される．ここに，x は 3 次元ユークリッド空間 E^3 の正規直交座標であり，原子核に原点をとっておく．時間 t のときに，電子が $\mathbb{R}^3$ のある領域 D に存在する確率は積分値

$$p(D;t) := \iiint_D |\psi(x,t)|^2 \, dx, \quad dx := dx_1 dx_2 dx_3, \tag{1.38}$$

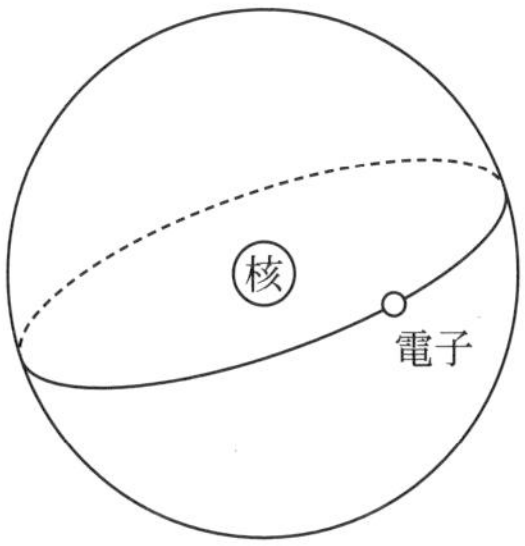

図 **1.16.** 水素原子の模式図

で与えられる．ここで，$\psi(x,t)$ は t を止めるごとに，ヒルベルト空間 $\mathcal{H} = L_2(\mathbb{R}^3\,; dx)$ の元であるが，そのノルムが 1 になるように正規化されていて，上の確率論的解釈を保証している，すなわち，全確率 $= p(\mathbb{R}^3; t) = \|\psi(\cdot, t)\|^2 \equiv 1$.

図 1.16 は模式図であるからあまりはっきりは描けていないが，水素原子 H は核の回りにどんなに回転させても対称のはずである．したがって，H の対称操作は原点を中心とした回転であり，$u \in SO(3)$ で表される．空間の反転 $x \to -x$ $(x \in \mathbb{R}^3)$ や鏡映変換を含む $O(3)$ にまで対称性を拡げておくかどうかは議論のあるところであろうから，ここでは回転群 $SO(3)$ にとどめておく．

こういうわけだから，H に関する物理法則は，回転群 $SO(3)$ に関して，不変性もしくは適当な変換性をもつことが要請される．例えば，波動関数 ψ 自身やそれに対する方程式はこうした性質をもっていなければならない．

変数 x に対する $u \in SO(3)$ の変換は，関数 ψ に対しての変換

$$\psi \mapsto R(u)\psi, \quad (R(u)\psi)(x,t) := \psi(u^{-1}x, t) \ \ (x \in \mathbb{R}^3), \tag{1.39}$$

を引き起こす．このとき，

$$R(e)\psi = \psi, \quad R(uu')\psi = R(u)(R(u')\psi) \quad (u, u' \in SO(3)),$$

が成立しているから，回転群 $SO(3)$ の線形表現が現れてきている．

時間 t を分離した形で，それをきっちり定義しておくと，表現空間としては，ヒルベルト空間 $\mathcal{H} = L_2(\mathbb{R}^3\,; dx)$ をとり，その上の線形作用素 $R(u)$ を

$$(R(u)f)(x) := f(u^{-1}x) \quad (f \in \mathcal{H},\, x \in \mathbb{R}^3) \tag{1.40}$$

と定義する．各 $R(u)$ はユニタリ作用素，すなわち，全射，かつ等長：$\|R(u)f\| = \|f\|$ $(f \in \mathcal{H})$, である，実際，

$$\begin{aligned} \|R(u)f\|^2 &= \iiint_{\mathbb{R}^3} |R(u)f(x)|^2\, dx \\ &= \iiint_{\mathbb{R}^3} |f(u^{-1}x)|^2\, dx = \iiint_{\mathbb{R}^3} |f(x')|^2\, dx' = \|f\|^2. \end{aligned}$$

ここで，$x' = u^{-1}x$ のとき，$dx' = dx$ となることを用いた．表現作用素 $R(u)$ がつねにユニタリなので，表現 $(R, \mathcal{H})$ は**ユニタリ**であるといわれる．群の表現については次章で詳しく取り上げるので，ここではあっさりこの程度で済ませておこう．(ヒルベルト空間の基本事項については，**2.5.1** 参照.)

波動関数 ψ が $SO(3)$-不変であるとは，$R(u)\psi = \psi \ \ (u \in SO(3))$ となることである．

また，電子のあるエネルギーレベルに対する波動関数が，何次元かの自由度をもっていたとする．このときは，$R(u)$ をそれらの波動関数のなすベクトル空間の上に制限すれば，有限次元の $SO(3)$ の表現が現れるはずである．

1.6.2 等核 2 原子分子の場合

同じ種類の原子 2 個がひとつの分子をなしている場合を考えよう．

例として，水素分子 H_2 をとる．このとき，2 つの原子 H は完全には等価とは言えない．それは，原子核がもっているスピン量子数 1/2 に向きの違いがあり得るからである．核スピンを核の自転であると理解するが，2 つの核の自転の向きが同じであるときその分子をオルト水素，向きが異なっているときにはパラ水素という．これら 2 種の間には化学的性質の差はほとんどないが，比熱はかなりの差がある．しかし，水素分子の取り扱いの第 1 次近似としては，2 つの原子 H が等価としてよい．

この等価 2 原子分子としての H_2 に対する対称操作は，まず，2 つの H をつなぐ軸の回りの回転である．つぎに，この軸の中点で折り返す鏡映変換 s である．軸の中点を原点にとり，軸の方向を z-軸にとって，これらの操作を 3×3 の行列で表す．記号として，対角行列もしくはブロック型対角行列を $\mathrm{diag}(\cdots)$ で表すと，

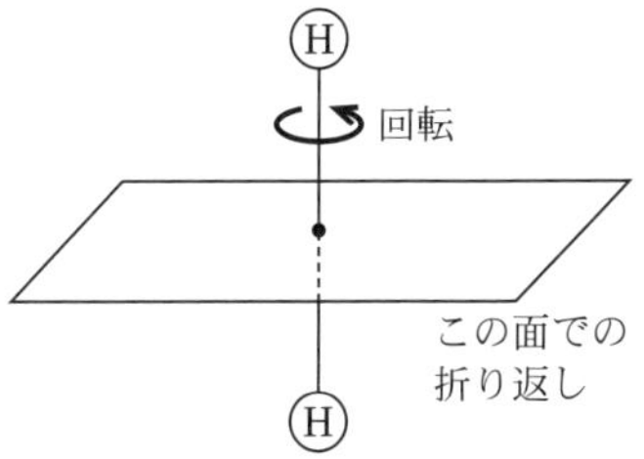

図 **1.17a.** 水素分子 H_2 の模式図

図 **1.17b.** 異核 2 原子分子 CO の模式図

$$\mathrm{diag}(u_2(\theta),1)=\begin{pmatrix}u_2(\theta)&0\\0&1\end{pmatrix},\quad \mathrm{diag}(1,1,-1)=\begin{pmatrix}1&0&0\\0&1&0\\0&0&-1\end{pmatrix}. \tag{1.41}$$

1.6.3　異核 2 原子分子の場合

異なった原子 2 個よりなる分子に対する対称操作の群を考える．この種の分子の例としては一酸化炭素 CO などがある (図 1.17b 参照)．この場合は，等核 2 原子分子の場合に比べて，対称性は当然減じているわけで，鏡映変換 s がなくなっている．したがって，対称性の群は $\{\,\mathrm{diag}(u_2(\theta),1)\ ;\ 0\le\theta\le 2\pi\,\}$ で記述される．

1.7　群の作用

群 G が集合 X に**作用する** (もしくは，X が **G-空間**である) とは，$g\in G, x\in X$ に対して，$gx\in X$ が定まり，次が満たされること：

$$\begin{aligned} ex&=x &&(x\in X,\ e=G\ \text{の単位元}),\\ (gh)x&=g(hx) &&(g,h\in G,\ x\in X). \end{aligned} \tag{1.42}$$

G の X への作用が**忠実である**とは,「任意の $g\in G, g\neq e,$ に対して，g の作用が，恒等変換 I_X ではない，すなわち，ある $x\in X$ に対して，$gx\neq x$ となる」ことである．また，点 x が G で写された点の集合 $Gx:=\{\,gx\ ;\ g\in G\,\}$ を x を通る G の**軌道**という．G の X への作用が**推移的である**とは，任意の 2 元 $x,y\in X$ に対し，ある $g\in G$ があって，$gx=y$ となる，すなわち，X が単一の軌道となることである．

1 点 $a \in X$ を固定する元 $g \in G$ の元の全体 $G_a := \{g \in G\ ;\ ga = a\}$ を a の**固定部分群** (stabilizer) とよぶ．このとき，対応 $G \ni g \to ga \in X$ から誘導される写像によって，G-軌道 Ga は，G の均質空間 G/G_a と G-空間として同型である．

例 1.6 (ユークリッド空間とその運動群)**.** 3 次元ユークリッド空間 E^3 の等距離変換とは，任意の 2 点の間の距離を不変にする変換である．すなわち，写像 $T : E^3 \to E^3$ で全射，かつ $\mathrm{dist}(T(x), T(y)) = \mathrm{dist}(x, y)\ (x, y \in E^3)$ となるものである．等距離変換の全体 $\mathrm{Iso}(E^3)$ は，等距離変換群とよばれる群をつくる．また，等距離変換のうち恒等変換 $I_{E^3} : E^3 \ni x \to x \in E^3$ と連続的につながっているものを E^3 の**運動**という．運動の全体 $\mathcal{M}(E^3)$ は，E^3 の**運動群**とよばれる．

E^3 に原点 O と直交座標系を決めると，$E^3 \cong \mathbb{R}^3$ であり，$x = (x_i)_{1 \le i \le 3}$，$y = (y_i)_{1 \le i \le 3} \in \mathbb{R}^3$, に対し，

$$\mathrm{dist}(x, y) = \sqrt{(x_1 - y_1)^2 + (x_2 - y_2)^2 + (x_3 - y_3)^2} \tag{1.43}$$

である．$x \in \mathbb{R}^3$ を縦ベクトルに書くことにすれば，等距離変換 T に対して，

$$a \in \mathbb{R}^3, u \in O(3)\ \text{が存在して,}\quad T(x) = ux + a \quad (x \in \mathbb{R}^3) \tag{1.44}$$

と書ける．T が運動であるための条件は，$u \in SO(3)$ である．特殊直交群 $SO(3)$ は原点 O の回りの回転の全体であり，直交群 $O(3)$ はさらに O を含む平面での鏡映変換などを含む．$\mathrm{Iso}(E^3)$ は $a \in \mathbb{R}^3$ による平行移動のなす加法群 $\mathbb{R}^3$ と直交群 $O(3)$ との半直積である．これらを式に書くと，

$$\mathrm{Iso}(E^3) \ni T \overset{\cong}{\longmapsto} (a, u) \in \mathbb{R}^3 \rtimes O(3), \tag{1.45}$$

$$\mathcal{M}(E^3) \cong \mathbb{R}^3 \rtimes SO(3), \tag{1.46}$$

$$O(3) = SO(3) \sqcup SO(3)J_3, \quad J_3 = \mathrm{diag}(1, 1, -1),$$

である．ここに，対角行列 J_3 は (x, y)-平面に関する鏡映変換を表す．(これらの事実については，例えば，[平井 I, 第 7 章] 参照)．記号 $\sqcup$ は互いに素な (すなわち，

共通部分のない) 合併を表すときに用いる.

以上の状況をこの節の「群の作用」という設定にまとめてみると，$X = E^3$ に $G = \mathrm{Iso}(E^3)$，または $G = \mathcal{M}(E^3)$ が作用している，というわけである.

例 1.7 (球面と直交群). 2 次元の単位球面 $S^2 \subset E^3$ をとる．そこに次のように距離を入れる．2 点 $x, y \in S^2$ に対して，これらを通る大円をとる．この大円を伝って x から y に到る距離のうち短い方をもって，x, y 間の距離 $d_S(x, y)$ と決める．これを式で書くと，

$$\begin{aligned} d_S(x, y) &= \mathrm{Arccos}\,\langle x, y\rangle, \\ \langle x, y\rangle &= x_1y_1 + x_2y_2 + x_3y_3. \end{aligned} \tag{1.47}$$

この距離空間 (S^2, d_S) の等距離変換全体のなす群を $\mathrm{Iso}(S^2)$ と書く．変換 $T \in \mathrm{Iso}(S^2)$ に対して $u \in O(3)$ が存在して，$T(x) = ux \quad (x \in S^2)$ となり，$\mathrm{Iso}(S^2) \cong O(3)$ である．恒等変換 I_{S^2} と ($O(3)$ の中で) 連続的につながっている変換全体は $SO(3)$ であり，これを S^2 の運動群とよぶ.

$u \in SO(3)$ は，命題 1.4 で述べたように，ブロック型対角行列 $\mathrm{diag}(u_2(\theta), 1)$ に共役であり，原点を通るある回転軸の回りの (角 θ の) 2 次元的回転を表す．他方，$u \in O(3) \setminus SO(3) = SO(3)J_3$ は，$\mathrm{diag}(u_2(\theta), -1)$ に共役である．それはある回転軸の回りの 2 次元的回転に引き続いて，この回転軸方向を原点で反転させることになる.

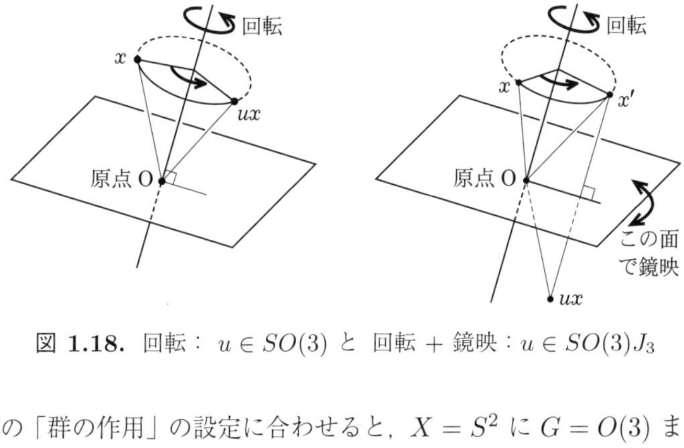

図 1.18. 回転：$u \in SO(3)$ と 回転 + 鏡映：$u \in SO(3)J_3$

この節の「群の作用」の設定に合わせると，$X = S^2$ に $G = O(3)$ または $G =$

$SO(3)$ が作用している．また，X で各点 x とその対向点 $-x$ とを同一視する(例えば北極と南極を同一視する) と，興味ある多様体 $\widetilde{X} = S^2/\{\pm\}$ を得るが，G は $\mathbb{R}^3$ に線形に作用するので，$\widetilde{X}$ には相変わらず G が作用している．群の作用を忠実にしたければ，G の商群 $G/(G\cap\{\pm E_3\})$ に移ればよい．

$\widetilde{X} = S^2/\{\pm\}$ に d_S から誘導された距離を考えたリーマン面は 2 次元の，いわゆる**楕円型の非ユークリッド空間** (非ユークリッド平面) になる．その運動群が $SO(3)$ である．(以上の詳細は，[平井 II, 第 14 章] 参照.)

例 1.8 (ミンコフスキー空間とローレンツ群)**.** $(n+1)$ 次元ミンコフスキー空間 M^{n+1} とは，数ベクトル空間 $\mathbb{R}^{n+1}$ に不定計量内積

$$\langle x, y\rangle_L = -x_1y_1 - x_2y_2 - \cdots - x_ny_n + x_{n+1}y_{n+1} = {}^t xJ_{n,1}y, \tag{1.48}$$

$$J_{n,1} = \mathrm{diag}(-E_n, 1) = \begin{pmatrix} -E_n & 0_{n,1} \\ 0_{1,n} & 1 \end{pmatrix},\ x = (x_j)_{j=1}^{n+1},\ y = (y_j)_{j=1}^{n+1} \in \mathbb{R}^{n+1},$$

を入れたものである．これは，ミンコフスキー (H. Minkowski, 1864–1909) が 1907 年にアインシュタイン (A. Einstein, 1879–1955; ノーベル賞, 1921) の特殊相対性理論を表現する時空 4 次元空間として提出した M^4 の多次元版である．1905 年に発表された特殊相対性理論は，(1) 互いに等速運動する慣性系に対する相対性，と (2) 光速度不変の原理，とに基づいて構成された時間・空間の理論であり，電磁気学をはじめとしてすべての物理法則の基礎になることが分かっている．M^4 では，$x = {}^t(x_1, x_2, x_3, x_4)$ において，${}^t(x_1, x_2, x_3)$ が 3 次元空間の座標を表し，$x_4 = ct$ は時間 t を光速度 c 倍したものである．

M^{n+1} 上の全単射であって内積を不変にする変換 T は，線形変換であることが分かり，ある $g \in GL(n+1, \mathbb{R})$ を用いて $T(x) = gx$ と書けるが，g は次で与える群 $O(n,1)$ に属する．また，この群の部分群も何種類か与えておこう：

$$\begin{aligned}
O(n,1) &= \{\, g \in GL(n+1, \mathbb{R}) \ ;\ {}^t gJ_{n,1}g = J_{n,1} \,\}, \\
SO(n,1) &= \{\, g \in O(n,1) \ ;\ \det g = 1 \,\} = SO_0(n,1) \sqcup SO_0(n,1)s_1s_t, \\
O^{\uparrow}(n,1) &= \{\, g \in O(n,1) \ ;\ g = (g_{ij})_{1\le i,j\le n+1},\ \ g_{n+1,n+1} \ge 1 \,\} \\
&= SO_0(n,1) \sqcup SO_0(n,1)s_1, \\
SO_0(n,1) &= SO(n,1) \cap O^{\uparrow}(n,1),
\end{aligned}$$

ここに，記号 $\sqcup$ は互いに素な集合の合併を表し，$s_1 = \mathrm{diag}(-1, E_n)$，$s_t = \mathrm{diag}(E_n, -1)$ はそれぞれ空間 x_1-軸の反転 (鏡映)，時間反転，を表す．

群 $O(n,1)$ を全 (斉次) ローレンツ群といい，その単位元 $e = E_{n+1}$ の連結成分 $SO_0(n,1)$ を**固有ローレンツ群**という．空間 $X = M^{n+1}$ にこれらの群が作用しているわけだが，例 1.6, 1.7 の場合とは異なって，群の作用は推移的ではない．固有ローレンツ群による M^{n+1} の軌道分解は次のようになる：

二葉双曲面　$L_R^{\varepsilon} = \{\, x \in M^{n+1}\ ;\ \langle x, x\rangle_L = R^2, \varepsilon x_{n+1} > 0 \,\}$，$R > 0, \varepsilon = \pm$,
一葉双曲面　$S_R = \{\, x \in M^{n+1}\ ;\ \langle x, x\rangle_L = -R^2 \,\}$，$R > 0$,
光　錐　$C^{\varepsilon} = \{\, x \in M^{n+1}\ ;\ \langle x, x\rangle_L = 0,\ \varepsilon x_{n+1} > 0 \,\}$，$\varepsilon = \pm$,
原　点　$\{\, O \,\} = \{\, \mathbf{0} \in M^{n+1} \,\}$.

その他の群 $O(n,1)$ などによる軌道分解は，上の $SO_0(n,1)$-軌道を適宜合併すればよい．実際に特殊相対性理論で使われるのは，4 次元の M^4 である．平行移動の群 (並進群) $\mathbb{R}^4$ と $SO_0(3,1)$ との半直積として与えられる**非斉次ローレンツ群** $\mathbb{R}^4 \rtimes SO_0(3,1)$ の既約ユニタリ表現の分類と構成に利用される (**5.7** 節参照).

この M^4 に対する図を書くのは難しいので，その退化版 (空間部分が 2 次元) の M^3 の場合に $SO_0(2,1)$ による上の軌道分解を図示しておこう．

問題 1.14. 下で与えられる 2×2 行列 $v_2(\tau)$ の引き起こす変換を 2 次元の双曲的回転という．これはローレンツ (H.A. Lorentz, 1853–1928) がマイケルソン-モーリーの「エーテルの静止系に対する地球の相対運動を検出する」実験 (「閑話休題 9」参照) の否定的結果をうけて，電磁現象を説明するために 1893 年に提出したローレンツ収縮の仮説にでてくる変換と本質的に同じものである．

$$v_2(\tau) = \begin{pmatrix} \cosh\tau & \sinh\tau \\ \sinh\tau & \cosh\tau \end{pmatrix}, \quad \cosh\tau = \frac{e^{\tau} + e^{-\tau}}{2},\ \sinh\tau = \frac{e^{\tau} - e^{-\tau}}{2}. \tag{1.49}$$

(i)　$v_2(\tau)$ を対角要素に含んだブロック型対角行列 $g(\tau) = \mathrm{diag}(E_{n-1}, v_2(\tau))$ が固有ローレンツ群 $SO_0(n,1)$ の元であることを示せ．

(ii)　$\{\, g(\tau)\,;\, \tau \in \mathbb{R} \,\}$ が一径数部分群をなすこと，すなわち，$g(0) = e$, $g(\tau)g(\tau') = g(\tau + \tau')$ $(\tau, \tau' \in \mathbb{R})$ を示せ．

問題 1.15. (i)　二葉双曲面の上葉 $L^n := L_1^+$ は，$O^{\uparrow}(n,1)$ や $SO_0(n,1)$ のひとつの軌道であることを示せ．

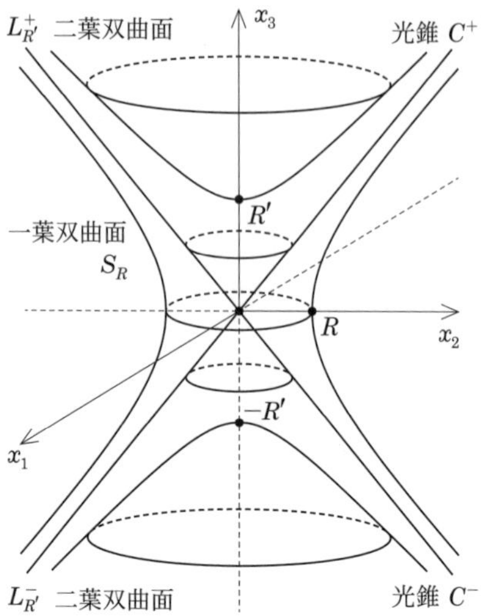

図 1.19. 3 次元ミンコフスキー空間の固有ローレンツ群による軌道分解

(ii) 点 $x^0 = {}^t(0, 0, \cdots, 0, 1) \in L^n$ のこれらの群における固定部分群は，それぞれ次で与えられることを示せ：

$$\begin{aligned} O'(n) &:= \{\, \mathrm{diag}(u, 1)\ ;\ u \in O(n) \,\}, \\ SO'(n) &:= \{\, \mathrm{diag}(u, 1)\ ;\ u \in SO(n) \,\}. \end{aligned} \tag{1.50}$$

二葉双曲面の上葉 $L^n := L_1^+$ は，重要な幾何学的対象である．$x, y \in L^n$ に対しては，$\langle x, y \rangle_L \geq 1$ となるので，

$$d_L(x, y) = \mathrm{Arccosh}(\langle x, y \rangle_L) \tag{1.51}$$

とおくと，これが $O^{\uparrow}(n, 1)$ で不変な距離を与える： $d_L(gx, gy) = d_L(x, y), g \in O^{\uparrow}(n, 1)$. この距離空間 (L^n, d_L) は n 次元のロバチェフスキー (N.I. Lobachevskiĭ, 1793–1856) の空間とよばれ，いわゆる**双曲型非ユークリッド空間**を与える．またこれは，負の定曲率空間のひとつである．この空間の運動群 $\mathcal{M}(L^n)$ は $O^{\uparrow}(n, 1)$ の単位元の連結成分 $SO_0(n, 1)$ である．(以上，文献 [平井, II] 参照.)

後の第 5 章ではディラック方程式の，ローレンツ群 $SO_0(3, 1)$ の**普遍被覆群** $SL(2, \mathbb{C})$ の下での共変性を論じる．また，第 6 章では，上半平面 $\mathfrak{H} = \{\, z = x +$

$iy \in \mathbb{C}\ ;\ y > 0\}$ やその上の保型関数と関連づけて，$SO_0(2,1)$ の 2 重被覆群である $SL(2,\mathbb{R})$ のユニタリ表現を取り扱う．

1.8　情報処理における誤りの訂正機構と群の役割

1.8.1　素数 p に対する巡回群 $\mathbb{Z}_p$

位数 p の巡回群は，商加群 $\mathbb{Z}_p := \mathbb{Z}/p\mathbb{Z}$ と同型である．$k, k' \in \mathbb{Z}$ が同じ同値類に入ることを，$k \equiv k' \pmod{p}$ と書く．剰余類 $k + p\mathbb{Z}$ の代表元として，$k \in \{0, 1, \cdots, p-1\}$ をとる．$(k + p\mathbb{Z}) + (k' + p\mathbb{Z}) = (k + k') + p\mathbb{Z}$ であるから，その代表元 k'' は $k'' \equiv k + k' \pmod{p}$ であるが，この k'' を「$k + k'$ を mod p で考えた」という．

さらに，演算規則　$(k + p\mathbb{Z}) \cdot (k' + p\mathbb{Z}) := kk' + p\mathbb{Z}$，によって，$\mathbb{Z}_p$ に積を導入することができる．この積は結合律を満たす．

いま，p が素数である場合を考える．このとき，上で導入した積は，非常に有効である．実際，$\mathbb{Z}_p$ は体になる．

これを証明するには，代表元 $k \not\equiv 0$ をもつ元 $k + p\mathbb{Z}$ に対して，その逆元の存在を言えばよい．それには，方程式 $kk' \equiv 1 \pmod{p}$ の解 k' の存在 (と一意性) が分かればよい．r, s を自然数とし，(r, s) をその最大公約数とすれば，ユークリッドの互除法によって，$(r, s) = ar + bs$ となる整数 a, b の存在が分かる．$r = k, s = p$，とすれば，$(r, s) = 1$ だから $k' \equiv a \pmod{p}$ によって k' が求まる．

体 $\mathbb{Z}_p$ はもはやより小さな部分体を含まないので素《そ》体《たい》とよばれる (p はその標数) が，この有限体上のベクトル空間などは，情報処理における誤り訂正とか，通信における暗号とかにおいてしばしば有効に使われている．ここでは草創期の頃の，友人の論文 [有本] に基づいて話をしよう．

1.8.2　p 元群符号系

「計算機を中心とする情報処理においては，符号化，復号化，誤りの訂正などを計算機でおこなうことができる．その場合には，これらの演算がプログラムしやすく，論理設計が容易で，演算に要する時間が少なく，記憶装置も少なくてすむような算法をもつ群符号系を見つけておくことが重要となる.」として，素数 p に対して，p 元《げん》群符号系について論じている．

$\mathbb{Z}_p$ 上の n 次元数ベクトル空間 $\mathbb{Z}_p^n$ の部分空間 N をとり，発信する始めの正しい信号はすべて N に属するとする．N を群符号系といい，N に属する信号ベクトルを**群符号**という．始めの正しい群符号の 1 つを $x \in N$ とし，それがある伝送系を通って受信したときに $y \in \mathbb{Z}_p^n$ になったとする．$a = y - x$ をエラーベクトルとよぶ．$a + N = y + N$ で y から a が計算できれば，始めの信号は，$x = y - a$ として回復される．$a + N = y + N$ であるから，a は modulo N では分かるが，a を完全に決定するには，まず N をうまく選ばねばならぬ．

$z = {}^t(z_1, z_2, \cdots, z_n) \in \mathbb{Z}_p^n$ に対して，$\mathrm{supp}(z) := \{ i \in I_n \,;\, z_i \neq 0 \}$ とおく．ここに，$I_n := \{ 1, 2, \cdots, n \}$ は添字の集合である．z のノルム $\|z\|$ として，

$$\|z\| := |\mathrm{supp}(z)| = \text{「}z_i \neq 0 \text{ となる } i \text{ の個数」} \tag{1.52}$$

とおく ($|A|$ は集合 A の元の個数を表す)．このノルムは次の性質をもつ (証明せよ)：

1) $\|z\| \geq 0$, かつ，$\|z\| = 0 \iff z = 0$;
2) $\|z\| = \|\lambda z\|$ $(\lambda \in \mathbb{Z}_p, \neq 0)$;
3) $\|z + z'\| \leq \|z\| + \|z'\|$ $(z, z' \in \mathbb{Z}_p^n)$.

定義 1.1. $d = 2e + 1 \leq n$ とする．$\mathbb{Z}_p^n$ の部分空間 N が $(n\ d)$ **部分空間**であるとは，N の 0 でない任意の元 x に対して，$\|x\| \geq d$ となることである．

(i) N を $(n\ d)$ 部分空間とする．$b \in \mathbb{Z}_p^n$ が $\|b\| \leq e$ とすると，剰余類 $b + N$ の b 以外の任意の元 z は，$\|z\| > e$ となる．実際，$z = b + x$ $(\exists x \in N, \neq 0)$ であるから，ノルムの性質 3) により，$\|z\| \geq \|x\| - \|b\| \geq d - e > e$.

(ii) (i) より，剰余類の集合 $\mathbb{Z}_p^n/N$ の完全代表系 R として，$b \in \mathbb{Z}_p^n, \|b\| \leq e$, をすべて含むものがとれる．

(iii) 始めの群符号 $x \in N$ に対し，$y \in \mathbb{Z}_p^n$ を受信したとする．エラーベクトル $a = y - x$ のノルムが e 以下ならば，それは y だけから決まる．実際，$a + N = y + N$ であり，(i) により，a は剰余類 $y + N$ の代表元として一意に決まる．

さて，実際問題として応用可能な符号系を作るには，(イ) $(n\ d)$ 部分空間 N を見つけること，(ロ) (iii) の場合に y から a を具体的に計算するのに，まず modulo N の不確定さを減らしておきたい，(ハ) ノルムが e を超えるエラーベ

クトルが出てくると，訂正を誤るか訂正しないままになるので，その頻度を小さくしたい，といった課題がある．このうち，(イ) と (ロ) は次の「復号化の方法」によって解決される．

1.8.3 復号化写像と誤り訂正

$\mathbb{Z}_p^n$ から $\mathbb{Z}_p^n$ への線形写像 f でこの核 $N := f^{-1}(0)$ が $(n\ d)$ 部分空間になるものを**復号化写像**といい，それに対応する n 次行列 T を**復号化行列**という．これについては次の定理が成立する．

定理 1.7. (i) 線形写像 f が復号化写像であるための必要十分条件は，それに対応する行列 T において，その $(d-1)$ 個の列ベクトルがつねに 1 次独立であること，である．

(ii) 任意の $(n\ d)$ 部分空間 N に対して，それを核とする復号化写像が存在する．

問題 1.16. 定理 1.7 の (i)，(ii) を証明せよ．

我々の p 元符号化に使っている $(n\ d)$ 部分空間 N に対する f, T をとる．すると，$f(z) = f(z') \iff z + N = z' + N$, であるから，$f(z)$ の全体 R_f は，対応 $z + N \mapsto f(z)$ によって，剰余類の空間 $\mathbb{Z}_p^n/N$ と 1 対 1 に対応する．エラーベクトル $a = y - x$ に対して，始めの信号は $x \in N$ であるから，復号化ベクトル $c := f(a) = f(y)$ は受けた信号 y から決まる．

したがって，$\mathbb{Z}_p^n/N$ の完全代表系 R と R_f との間に $R \ni z \leftrightarrow f(z) \in R_f$ の 1 対 1 対応のリストを作成しておけば，それを用いて，ノルムが e 以下の誤りは完全に訂正できる．すなわち,「エラーベクトル a のノルムが e 以下ならば，$a \in R$ であるから，$R_f \ni c = f(a) \to a \in R$ によって，a が決定できる.」

1.8.4 誤り訂正機構

信号の長さ n を大きくしたとき，$\mathbb{Z}_p^n/N$ の位数も大きくなり，R, R_f の対応リストも大きくなり，参照機能も込めて大きな記憶容量を食う．日本の電機会社が，電子計算機の各社第 1 号機の設計・製造に取りかかっていた 1960 年前後には，記憶装置として磁気ドラムや磁気コアメモリが使われ，記憶容量は貴重な資源であった．そこで提案されているのが，特別な形の f を選んで，エラーベクトル a を復号化ベクトル $c=f(a)=f(y)$ からできるだけ簡単に計算する方法である．

まず，素数 p を大きくとって，$p>n$ と仮定する．そして，f に対応する行列 T として，

$$T=\begin{pmatrix} 1 & 1 & 1 & \cdots & \cdots & 1 \\ 1 & 2 & 3 & \cdots & \cdots & n \\ \vdots & \vdots & \vdots & \vdots & \vdots & \vdots \\ 1 & 2^{\ell-1} & 3^{\ell-1} & \cdots & \cdots & n^{\ell-1} \\ 0 & 0 & 0 & \cdots & \cdots & 0 \\ \vdots & \vdots & \vdots & \vdots & \vdots & \vdots \\ 0 & 0 & 0 & \cdots & \cdots & 0 \end{pmatrix} \qquad (\ell=d-1=2e<n)$$

をとる．すると，$\operatorname{rank} T=\ell$ で，さらに，T の列ベクトルはどの ℓ 個をとっても互いに 1 次独立である (Vandermonde の行列式を使え)．したがって，$N=f^{-1}(0)$ は $(n\ d)$ 部分空間である．この f に対して，復号化ベクトル $c=f(a)$ から，

(1)　$\|a\|=|\mathrm{supp}(a)|\leq e$ の仮定の下に，$k=\|a\|$ を求める，ついで

(2)　$\mathrm{supp}(a)$ の各元を求め，最後に

(3)　$a={}^t(a_1,a_2,\cdots,a_n)$ 自身を求める，

という手順で訂正する機構を作る．

(1)　復号化ベクトル c を

$$c={}^t(c_0,c_1,\cdots,c_{n-1})={}^t(c_0,c_1,\cdots,c_{\ell-1},0,\cdots,0)$$

とおくと，$c_q=\sum_{i\in I_n} i^q a_i\ (q<\ell)$ である．次の行列式を考える $(2m\leq n)$：

$$\det H_m, \quad H_m=\begin{pmatrix} c_0 & c_1 & c_2 & \cdots & c_{m-1} \\ c_1 & c_2 & c_3 & \cdots & c_m \\ \vdots & \vdots & \vdots & \vdots & \vdots \\ c_{m-1} & c_m & c_{m+1} & \cdots & c_{2m-1} \end{pmatrix}. \tag{1.53}$$

ここに，上の c_q の表示を代入して，各列とも，$a_1, a_2, \cdots, a_n$ の和に従って展開する．第 $1, 2, \cdots, m$ 列からそれぞれ $a_{i_1}, a_{i_2}, \cdots, a_{i_m}$ の項を拾えば，

$$\sum_{i_1, i_2, \cdots, i_m} a_{i_1} a_{i_2} \cdots a_{i_m} \cdot \begin{vmatrix} i_1^{\,0} & i_2^{\,1} & i_3^{\,2} & \cdots & i_m^{\,m-1} \\ i_1^{\,1} & i_2^{\,2} & i_3^{\,3} & \cdots & i_m^{\,m} \\ \vdots & \vdots & \vdots & \vdots & \vdots \\ i_1^{\,m-1} & i_2^{\,m} & i_3^{\,m+1} & \cdots & i_m^{\,2m-2} \end{vmatrix},$$

ここに，$i_1, i_2, \cdots, i_m$ は I_n を走る．上の行列式は，ヴァンデルモンドの行列式に帰着させて，

$$i_2 i_3^{\,2} \cdots i_m^{\,m-1} \cdot \Delta(i_1, i_2, \cdots, i_m), \quad \Delta(i_1, i_2, \cdots, i_m) := \prod_{1 \le s < r \le m} (i_r - i_s),$$

と計算される．$k = \|a\|$ とし，$\mathrm{supp}(a)$ を $n_1 < n_2 < \cdots < n_k$ とすれば，

$$\begin{cases} \det H_m = 0 & (m > k \text{ のとき}), \\ \det H_k = a_{n_1} a_{n_2} \cdots a_{n_k} \cdot \Delta(n_1, n_2, \cdots, n_k)^2 \neq 0, \end{cases} \tag{1.54}$$

となる．かくて，$\det H_m$ を m に従って順次計算すれば，$k = \|a\|$ が求まる．

(2)　$A := \mathrm{supp}(a)$ の元 $n_1, n_2, \cdots, n_k$, を求めるには，λ に関する次の k 次方程式を解けば，k 個の解がちょうど A を与える：

$$\begin{vmatrix} c_0 & c_1 & c_2 & \cdots & c_{k-1} & 1 \\ c_1 & c_2 & c_3 & \cdots & c_k & \lambda \\ \vdots & \vdots & \vdots & \vdots & \vdots & \\ c_{k-1} & c_k & c_{k+1} & \cdots & c_{2k-2} & \lambda^{k-1} \\ c_k & c_{k+1} & c_{k+2} & \cdots & c_{2k-1} & \lambda^k \end{vmatrix} = 0. \tag{1.55}$$

実際，行列式の第 $k+1$ 列を簡単化することによって，これを書き換えると

$$\begin{vmatrix} c_0\lambda - c_1 & c_1\lambda - c_2 & c_2\lambda - c_3 & \cdots & c_{k-1}\lambda - c_k \\ c_1\lambda - c_2 & c_2\lambda - c_3 & c_3\lambda - c_4 & \cdots & c_k\lambda - c_{k+1} \\ \vdots & \vdots & \vdots & \vdots & \vdots \\ c_{k-1}\lambda - c_k & c_k\lambda - c_{k+1} & c_{k+1}\lambda - c_{k+2} & \cdots & c_{2k-2}\lambda - c_{2k-1} \end{vmatrix} = 0$$

となる．そこで，この左辺に，$c_q\lambda - c_{q+1} = \sum_{i\in A}(i^q\lambda - i^{q+1})a_i = (\lambda - i)i^q a_i$ を代入して，$\det H_m$ の展開のときと同様に考えれば，

$$\text{上式左辺} \;=\; \prod_{i\in A}(\lambda - i)\times a_{n_1}a_{n_2}\cdots a_{n_k}\Delta(n_1, n_2, \cdots, n_k)^2.$$

計算機では，(1.55) を第 $k+1$ 列で展開した式の λ に，$1, 2, \cdots, n$ を順次代入して解を求めるのが簡単であろう．

(3)　$A = \mathrm{supp}(a) = \{n_1, n_2, \cdots, n_k\}$ が分かったので，$f(a) = c$ を a_i $(i \in A)$ の方程式としてみれば，$z_r = a_{n_r}$ とおいて，

$$\begin{cases} z_1 + z_2 + \cdots\cdots\cdots + z_k = c_0, \\ n_1 z_1 + n_2 z_2 + \cdots\cdots + n_k z_k = c_1, \\ \quad\vdots \qquad \vdots \qquad \vdots \qquad \vdots \qquad \vdots \\ n_1^{k-1}z_1 + n_2^{k-1}z_2 + \cdots + n_k^{k-1}z_k = c_{k-1}. \end{cases} \tag{1.56}$$

これを解いて，エラーベクトル a が得られる．これにより，始めの信号 $x = a - y$ が，受信した信号 y から回復される．

注意 1.1. 行列 H_m はハンケル行列とよばれる．有本氏によれば,「実は，1960 年の夏に考えついたこの誤り訂正符号は本質的には RS (リードソロモン) 符号と同等であった．そして復号化のアルゴリズムは後に Peterson のアルゴリズム (1960 年 12 月発表) と同等であった．もちろん，それは後に知ったことなので，$\cdots$ 」また，ここに現れた RS 符号や復号化アルゴリズムは，戸田方程式のソリトン解と関係することが最近分かってきた，とのことである (応用数理学会誌『応用数理』12 巻 1 号 (2002)，応用数理の遊歩道 (28), pp.72–74).

■第2章■

群の作用と群の線形表現

第 1 章での準備の後，いよいよ群の表現論に向かって船出しよう．はじめに，**2.1** 節では，群 G がある対象 X に作用しているとき，それは，X 上の関数の空間への作用に自然にもち上げられて，G の線形表現を惹《ひ》き起こすことを見る．ここでの関数は複素数値である場合から一般化されて，G が線形に働くベクトル空間の値をとってもよい (変換公式 1 参照)．第 1 章からここまでの結果を踏まえて，**2.2** 節ではあらためて群の線形表現に関する基本的な定義などを与える．**2.3** 節ではそれを具体例を通して体得する．**2.4** 節では，群の表現論の研究において基本的な役割を果たすシュアの補題について述べる．**2.5** 節では，ヒルベルト空間に関する簡単な復習ののち，ユニタリ表現に関する基本的な事実を述べ，具体例 (変換公式 2 を含む) を与える．

2.1 群の作用を関数への作用に上げる

関数への作用

群 G が集合 X に作用しているとする．X 上の関数 f は比喩的に言えば，土台 X 上の森を表し，地点 x に高さ $f(x)$ の木が生えている状況を示す．地面が地震や地滑りによって動けば，その上にのっている木々も動いて森の形が変わる．この比喩は事態の一面を表すにすぎないが，感覚的にはよく分かる．

さて，こういうわけで，土台 X を $g \in G$ が，$X \ni x \to gx \in X$ と動かしているとき，X 上の関数はどう動かされるか？　図で考えると，地点 x にあった高さ $f(x)$ の木は地点 $y = gx$ に移っていったことになる．すると新しくできた

森の形 F では，$F(y) = f(x)$ となっている．したがって，$F(gx) = f(x)$ から次が分かる：

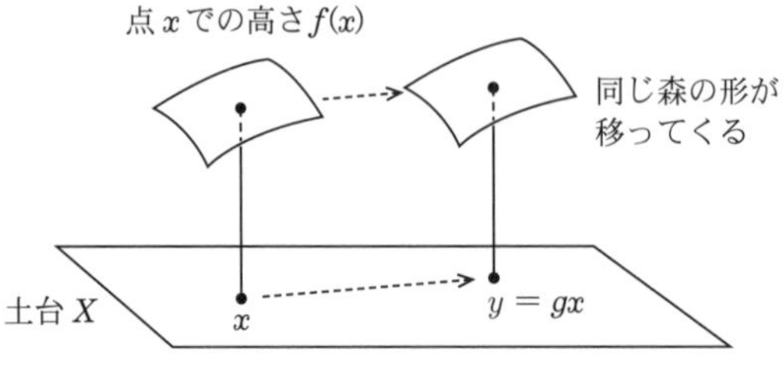

図 **2.1.** 関数への $g \in G$ の作用

$$f \xrightarrow{g} F, \quad F(x) = f(g^{-1}x) \quad (x \in X). \tag{2.1}$$

このとき，F を $R(g)f$ とおけば，それは g が関数 f に作用した結果である．そして，$R(e)f = f$, $R(gg')f = R(g)(R(g')f)$ $(g, g' \in G)$ となる．

ベクトル値関数への作用

V をベクトル空間とする．X 上の V-値関数 $\boldsymbol{f}$ があるとき，それの変換公式はどうなるか？

例として，球面 $X = S^2$ 上の接ベクトル場 $\boldsymbol{f}$ を考える．この場合，$V = \mathbb{R}^3$ の値をとる X 上の関数と思える．群 $SO(3)$ の作用を見てみよう．下の図 2.2 から分かるように，$u \in SO(3)$ によって土台の点 $x \in X$ は，ux に移るが，点 x での値 $\boldsymbol{v} = \boldsymbol{f}(x)$ は ux に移るときに u による変換を受けて，$\varpi_1(u)\boldsymbol{v} = \varpi_1(u)(\boldsymbol{f}(x))$ となる．ここに，ϖ_1 は回転群 $SO(3)$ の V 上の自然な表現 $\varpi_1(u)\boldsymbol{w} = u\boldsymbol{w}$ $(\boldsymbol{w} \in V)$ である．したがって，変換後のベクトル値関数 $\boldsymbol{F}$ を $T(u)\boldsymbol{f}$ と書くと，

$$\boldsymbol{f} \xrightarrow{u} T(u)\boldsymbol{f}, \quad (T(u)\boldsymbol{f})(x) = \varpi_1(u)(\boldsymbol{f}(u^{-1}x)) \quad (x \in X). \tag{2.2}$$

別の例として，空気の流れの中に球面 S^2 があってそれが回転する場合を考えよう．$u \in SO(3)$ をとる．球面 S^2 上の点 x における空気の流れは，その方向と速さをまとめて 3 次元ベクトル $\boldsymbol{v} = \boldsymbol{f}(x) \in W = \mathbb{R}^3$ で表される．この W の上には $G = SO(3)$ の恒等表現 $\mathbf{1}_G : G \ni u \to I_W$, が働いていると解釈するの

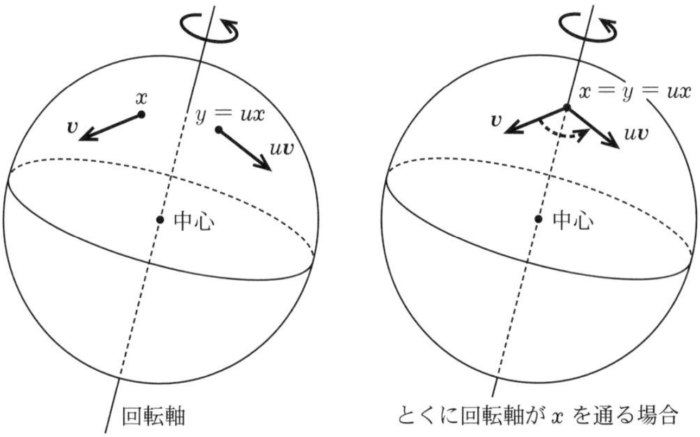

図 **2.2.** S^2 上の接ベクトル場への回転 u の作用

がよい．x が u によって変換されていった点 $y = ux$ における流れは，相変わらずもとのままの $\boldsymbol{v}' = \boldsymbol{f}(y)$ である．したがって，この場合には，変換された関数 $\boldsymbol{F} =: T_0(u)\boldsymbol{f}$ は，$\boldsymbol{F}(y) = \boldsymbol{v}' = \boldsymbol{f}(ux)$，ゆえに，$(T_0(u)\boldsymbol{f})(x) = \boldsymbol{f}(u^{-1}x)$ $(x \in S^2)$ を得る．

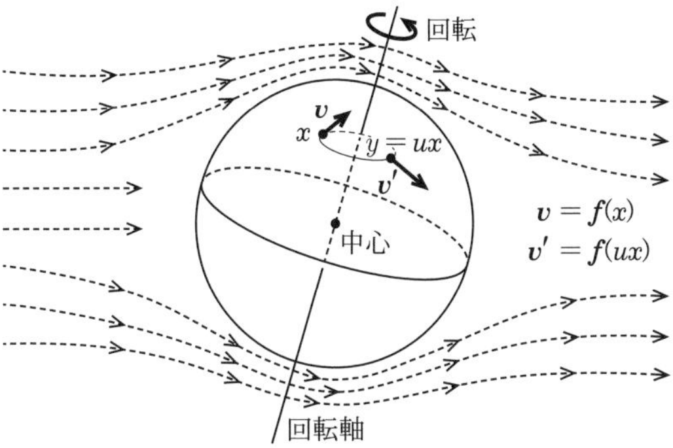

図 **2.3.** 空気の流れの中にある球面 S^2 の回転

関数の変換の一般公式

G が X に作用しているとする．さらに，ベクトル空間 V に G の表現 ϖ が働いているとする．このとき，X 上の V-値関数 $\boldsymbol{f}$ に対する $g \in G$ の作用 $T_\varpi(g)$ は，次の公式で与える：

$$\text{変換公式 } \mathbf{1}: \qquad (T_\varpi(g)\boldsymbol{f})(x) = \varpi(g)(\boldsymbol{f}(g^{-1}x)) \quad (x \in X). \tag{2.3}$$

この公式の実例としては，例えば，**4.4**, **5.5** 節の波動関数の変換公式を参照せよ．

問題 2.1. 上の変換公式について下式を証明せよ：

$$T_\varpi(e)\boldsymbol{f} = \boldsymbol{f},\ T_\varpi(gg')\boldsymbol{f} = T_\varpi(g)(T_\varpi(g'))\boldsymbol{f} \quad (g, g' \in G).$$

2.2 群の線形表現

前章では群の表現がどのように自然な形で立ち現れてくるかを，予告編として説明した．本章では群の線形表現の本編が始まる．なお，リー環 (あるいは，リー代数) の表現は，第 9 章以降の主題である．

まず前提になるいくつかの定義を，少々天下り的ではあるが，さっさと与えてしまおう．それらの定義の意味は，物理学，化学，その他への応用なども見ていくうちにおいおいに明らかになってくるであろう．

G を群とする．体 $\mathbb{K}$ を実数体 $\mathbb{R}$ または複素数体 $\mathbb{C}$ とする．V を体 $\mathbb{K}$ 上のベクトル空間とする．V が有限次元でないときには，一般には，位相の入った位相ベクトル空間を考える．V 上の (すなわち，$V \to V$ の) 連続な線形作用素の全体を $\mathcal{L}(V)$ と書く． $S \in \mathcal{L}(V)$ に対し，逆写像 S^{-1} が存在して，連続であるとき，$\mathcal{L}(V)$ の可逆元とよばれるが，その全体を $\mathcal{L}(V)^\times$ と書く．

群の線形表現に関する基本的な定義

定義 2.1. 群 G の V 上の**線形表現** (体 $\mathbb{K}$ 上の表現ともいう) とは，G から線形作用素の群 $\mathcal{L}(V)^\times$ への準同型である．すなわち，各 $g \in G$ に，$T(g) \in \mathcal{L}(V)^\times$ が対応して，

$$T(e) = I_V, \quad T(gg') = T(g)T(g') \ \ (g, g' \in G), \tag{2.4}$$

となるものである．体 $\mathbb{K}$ が $\mathbb{R}$ または $\mathbb{C}$ であるのに従って，T を**実表現**または**複素表現**とよぶ．特に体について言及がなければ，複素表現を考えている．

さらに，G が位相群であるときには，対応 $G \ni g \mapsto T(g) \in \mathcal{L}(V)^\times$ に連続性を要求する．その連続性には次の種類がある：

(I) 強連続性：V は位相ベクトル空間 (例えば，バナッハ空間，ヒルベルト空間) であって，任意の $v \in V$ に対して，写像 $G \ni g \mapsto T(g)v \in V$ が連続である；
(II) 弱連続性：任意の $v \in V, w \in V^*$ に対して，写像 $G \ni g \mapsto (T(g)v, w) \in \mathbb{K}$ が連続である．

ここに，V^* は V の**双対空間**とよばれ，V 上の連続線形汎関数 $w : V \to \mathbb{K}$ の全体のなすベクトル空間である．そして，$(v, w) := w(v), v \in V, w \in V^*$, は V と V^* との間の自然な対《つい》(pairing) を与える内積である．また，$(T(g)v, w)$ の形の G 上の関数を，表現 T の**行列要素**とよぶ．表現空間 V の次元をもって，表現 T の**次元**とする．

定義 2.2. 群 G の $\mathbb{K}$ 上の線形表現 (T, V) が与えられているとき，V の閉部分空間 V_1 が**不変である**とは，$T(g)V_1 \subset V_1 \quad (g \in G)$ ということである．表現 (T, V) が**既約である**とは，不変な閉部分空間が自明なもの (V と $\{\mathbf{0}\}$) に限るときである．

群 G の 1 次元表現は当然既約であるが，G の**指標**とよばれる．指標のうち有界なものは必然的にユニタリになる，すなわち，$|\chi(g)| \equiv 1$. G が可換なとき，連続なユニタリ指標の全体を $\widehat{G}$ と書き，G のポントリャーギン (L.S. Pontryagin) の**双対《そうつい》** (dual) とよぶ．これは積

$$(\chi_1\chi_2)(g) := \chi_1(g)\chi_2(g) \quad (\chi_1, \chi_2 \in \widehat{G},\ g \in G)$$

によってまた可換群になる．

定義 2.3. 群 G の $\mathbb{K}$ 上の 2 つの線形表現 $(T_j, V_j), j = 1, 2$, が与えられているとき，これらが**同値である**とは，V_1 と V_2 との同型を与える写像 $S : V_1 \to V_2$ があって，$ST_1(g) = T_2(g)S$, すなわち，$ST_1(g)S^{-1} = T_2(g) \quad (g \in G)$, となるときである．($S$ は全単射で，S, S^{-1} は共に連続)

定義 2.4. 群 G の $\mathbb{K}$ 上の 2 つの線形表現 $(T_j, V_j), j = 1, 2$, が与えられているとき，連続な線形写像 $S : V_1 \to V_2$ が**相関作用素** (intertwining operator) であるとは，S が表現作用素と可換，すなわち，$ST_1(g) = T_2(g)S \quad (g \in G)$ となるときである．T_1 から T_2 への相関作用素の全体は線形空間をなすが，それを $I(T_1, T_2)$ または $I(V_1, V_2)$ と書く．$T_1 = T_2$ のときには，これは $\mathbb{K}$ 上の多元環

をなす.

相関作用素 S は表現 T_1 と T_2 とを相互に関連づける. また, $I(T_1, T_1)$ は T_1 自身の表現としての構造を与える.

線形表現の意味

さて, いささか哲学めくが,

「群の実体とは, その半身は (1) その構造や性質, であり, 他の半身は (2) その作用 (作用されるものも込めて) の有り様《よう》, である.」

群 G の線形表現を調べることは, 群の構造や性質を明らかにすると同時に, 群の実体の半身である「群の作用」を「線形近似によって調べる」ということである.

また, これは, 作用される対象が「群作用によって表される対称性」をもっており, それを利用してこの対象を研究する, ことにもなる.

例えば, 有限群論は, 生まれ落ちたときからその表現論と一緒だった. そこでは, 群とその作用は一体不可分なものとして取り扱われる. しかしながら, 群が有限だからといってその表現が簡単に解明されるとは限らない. むしろその反対に結構難しい. しょっちゅうどこにでも顔を出す, 対称群 $\mathfrak{S}_n$ や交代群 $\mathfrak{A}_n$ の表現についても, 現在でも詳しく研究が続けられている.

注意 2.1. リー環 (またはリー代数) の表現に関する定義は, **3.7**, **4.5**, **4.8** 節での例を踏まえて, 一般には第 9 章 **9.1.1** で与えられている. リー群とリー環の対応については, **3.7**, **4.5**, **4.8**, **5.3**, **6.2** 節を見よ.

2.3 線形表現の例

例 2.1 (四面体群および $\mathfrak{A}_4 \subset \mathfrak{S}_4$ の線形表現)**.** 四面体群とその拡大 $G(T_4) \subset G'(T_4)$ を考えてみよう. これらは自然に $\mathfrak{A}_4 \subset \mathfrak{S}_4$ に同型である. **1.5** 節 (1.37) 式により行列表現 ϖ が得られているが, これは $V = \mathbb{C}^3$ 上の線形表現である. この表現 ϖ は, 実は実数体 $\mathbb{R}$ 上で定義され (すなわち, $\mathbb{R}^3$ 上で定義され) ており, 対称群 $\mathfrak{S}_4$ がどのように T_4 に作用するか, そして (それを通して) どのように E^3 に作用するかを, 分かりやすく表示している. 同型対応 $\rho' : G'(T_4) \to \mathfrak{S}_4$ を通して, ϖ を $\mathfrak{S}_4$ の表現と見たものを ϖ_0 と書く.

$$\rho'(a) = (2\ \ 3\ \ 4), \quad \rho'(b) = (1\ \ 2)(3\ \ 4), \quad \rho'(s) = (3\ \ 4),$$

であるから，$\mathfrak{S}_4$ の標準的な生成元 $s_1 = (1\ \ 2)$, $s_2 = (2\ \ 3)$, $s_3 = (3\ \ 4)$, について ϖ_0 を書くと (1.37) 式から次を得る：

$$\varpi_0(s_1) = \begin{pmatrix} \frac{1}{3} & 0 & \frac{2\sqrt{2}}{3} \\ 0 & 1 & 0 \\ \frac{2\sqrt{2}}{3} & 0 & -\frac{1}{3} \end{pmatrix}, \quad \varpi_0(s_2) = \begin{pmatrix} \frac{1}{2} & \frac{\sqrt{3}}{2} & 0 \\ \frac{\sqrt{3}}{2} & -\frac{1}{2} & 0 \\ 0 & 0 & 1 \end{pmatrix},$$
$$\varpi_0(s_3) = \begin{pmatrix} 1 & 0 & 0 \\ 0 & -1 & 0 \\ 0 & 0 & 1 \end{pmatrix}. \tag{2.5}$$

これは，既約表現である (問題 2.2 参照)．さらに，$\mathrm{sgn}(\sigma)$ を置換 σ の符号とすると，sgn は $\mathfrak{S}_4$ の 1 次元表現 (指標) である．他の指標は，自明なもの $\mathbf{1}_G : G \ni g \to 1$ に限る．3 次元表現 $\varpi_1(\sigma) := \mathrm{sgn}(\sigma)\varpi_0(\sigma)$ は $\mathrm{sgn} \otimes \varpi_0$ とも書かれるが，既約であり，その表現作用素は $\varpi_1(s_j) = -\varpi_0(s_j)\ \ (1 \leq j \leq 3)$ である．

対称群 $\mathfrak{S}_4$ の既約表現の同値類は 5 個あって，上の 4 個に，次で与えられる 2 次元表現 ϖ_2 を合わせると完全代表系となる：

$$\varpi_2(s_1) = \begin{pmatrix} \frac{1}{2} & \frac{\sqrt{3}}{2} \\ \frac{\sqrt{3}}{2} & -\frac{1}{2} \end{pmatrix}, \quad \varpi_2(s_2) = \begin{pmatrix} \frac{1}{2} & -\frac{\sqrt{3}}{2} \\ -\frac{\sqrt{3}}{2} & -\frac{1}{2} \end{pmatrix},$$
$$\varpi_2(s_3) = \varpi_2(s_1). \tag{2.6}$$

なお，この場合は，$\mathrm{sgn} \otimes \varpi_2$ はもとの ϖ_2 に同値である．これらの $\varpi_2(s_j)$ は 2 次元空間での原点を通るある直線での折り返し変換を表す (問題 2.5 参照)．

以上数え上げた 5 個の既約表現は，群 $\mathfrak{S}_4$ の「作用の仕方」を代表していることになる．

問題 2.2. 対称群 $\mathfrak{S}_4$ の表現 ϖ_0 が既約表現であることを示せ．
〔ヒント： あとで与えるシュアの補題 (定理 2.1) を用いるのが簡単である.〕

問題 2.3. 対称群 $\mathfrak{S}_4$ の 2 つの表現 ϖ_0, ϖ_1 は互いに同値ではないことを示せ．

〔ヒント： シュアの補題を用いよ.〕

問題 2.4. (2.6) 式で与えられた ϖ_2 が確かに対称群 $\mathfrak{S}_4$ の表現を与えることを示せ.

〔ヒント： (方法 1) $\mathfrak{S}_4$ から $\mathfrak{S}_3$ への自然な準同型を通して, $\mathfrak{S}_3$ の 2 次元表現を $\mathfrak{S}_4$ から見たものが ϖ_2 であることを示す ([平井 I, **11.4** 節] 参照).

(方法 2) $\varpi(s_j), j = 1, 2, 3,$ が (1.8)-(1.9) の基本関係式を満たすことを行列の計算によって示せばよい.〕

問題 2.5. (i) 2 次元空間において, 原点を通る直線 $y = kx$ (k は定数) に関する折り返し変換は下の (2.7) の行列 $s(k)$ で表されることを示せ.

(ii) 表現作用素 $\varpi_1(s_j), \varpi_2(s_\ell)$ は, 2 次元空間での原点を通るある直線に関する折り返し変換からきていることを示せ.

$$s(k) = \begin{pmatrix} \dfrac{-k^2+1}{k^2+1} & \dfrac{2k}{k^2+1} \\ \dfrac{2k}{k^2+1} & \dfrac{k^2-1}{k^2+1} \end{pmatrix}. \tag{2.7}$$

例 2.2 (ユークリッド運動群のユニタリ表現)**.** 先に **1.6** 節でヒルベルト空間 $\mathcal{H} = L_2(\mathbb{R}^3; dx)$ 上に回転群 $SO(3)$ の表現 R を与えたが, これをユークリッド運動群 $\mathcal{M}(E^3)$ の表現に拡げることができる. $g = (a, u) \in \mathcal{M}(E^3) = \mathbb{R}^3 \rtimes SO(3)$ とすると, $g{\cdot}x = ux + a$ であって, 測度 dx はこの変換によって不変, すなわち, $x' = g{\cdot}x$ とおくと, $dx' = dx$. また, $g^{-1}{\cdot}x = u^{-1}(x-a) = u^{-1}x - u^{-1}a$ であるから,

$$(R'(g)f)(x) := f(g^{-1}{\cdot}x) = f(u^{-1}x - u^{-1}a) \tag{2.8}$$

とおくと, 群 $\mathcal{M}(E^3)$ の表現 R' を得る. 表現作用素 $R'(g)$ はつねにユニタリであるから, R' はユニタリ表現である.

例 2.3 (3 次元回転群の表現)**.** 回転群 $SO(3)$ の表現 $(R, \mathcal{H})$, $\mathcal{H} = L_2(\mathbb{R}^3; dx)$ をもうすこし詳しく見てみよう. $x = {}^t(x_1, x_2, x_3)$ を極座標 (r, θ, φ) で表すと,

$$\begin{aligned} x_1 &= r \sin\theta \cos\varphi, \\ x_2 &= r \sin\theta \sin\varphi, \\ x_3 &= r \cos\theta, \end{aligned} \tag{2.9}$$
$$(0 \le r < \infty,\ 0 \le \theta \le \pi,\ -\pi \le \varphi < \pi).$$

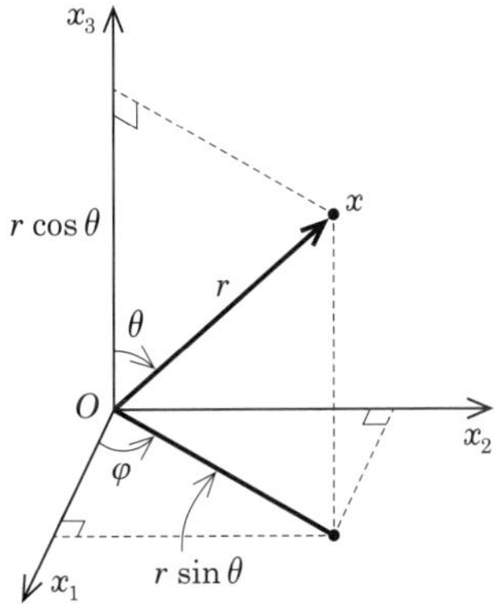

図 2.4. E^3 における極座標 (r,θ,φ)

このとき，$dx = dx_1dx_2dx_3 = r^2dr\,\sin\theta\,d\theta\,d\varphi$ となる．(θ,φ) は単位球面 S^2 の座標である．

点 $\omega \in S^2$ の座標を (θ,φ) とするとき，S^2 上の測度を，$d\mu_S(\omega) := \sin\theta\,d\theta\,d\varphi$ によって与える．すると，測度空間として，対応 $\Psi : \mathbb{R}^3 \ni x \mapsto (r,\omega) \in \mathbb{R}_+ \times S^2$ によって，

$$dx = r^2dr \times d\mu_S, \quad (\mathbb{R}^3, dx) \cong (\mathbb{R}_+, r^2dr) \times (S^2, d\mu_S), \tag{2.10}$$

と直積に分解できる．ここに，$\mathbb{R}_+ := \{\, r \in \mathbb{R}\,;\, 0 < r < \infty \,\}$.

測度空間としてのこの分解に即して，ヒルベルト空間のテンソル積分解ができる．実際，$\mathcal{H}_1 := L_2(\mathbb{R}_+; r^2dr)$，$\mathcal{H}_2 := L_2(S^2; d\mu_S)$ とおき，$F_j \in \mathcal{H}_j\ (j = 1,2)$ に対し，$f(x) = F_1(r)\,F_2(\omega)$ とおくと，

$$\begin{aligned} \|f\|^2 &= \iiint_{\mathbb{R}^3} |f(x)|^2\,dx \\ &= \int_{\mathbb{R}_+} |F_1(r)|^2\,r^2dr \;\times \int_{S^2} |F_2(\omega)|^2\,d\mu_S(\omega) \\ &= \|F_1\|^2 \cdot \|F_2\|^2 \end{aligned} \tag{2.11}$$

となる．この双線形写像 $(F_1,F_2) \mapsto f$ はヒルベルト空間 $\mathcal{H}_1, \mathcal{H}_2$ のテンソル積と $\mathcal{H}$ との同型を導く：$\mathcal{H}_1 \otimes \mathcal{H}_2 \cong \mathcal{H}$.

回転群の作用は，$\Psi(ux) = (r, u\omega)$ となって，S^2-成分にのみ働く．したがっ

て，測度の不変性 $dx' = dx,\ x' = ux$, から，S^2 上の μ_S の不変性 $d\mu_S(u\omega) = d\mu_S(\omega)$ を得る．$SO(3)$ の表現 R は次のテンソル積分解をもつ：

$$(R, L_2(\mathbb{R}^3; dx)) \cong (\mathcal{I}, L_2(\mathbb{R}_+\,;\ r^2dr)) \otimes (R'', L_2(S^2\,; d\mu_S)), \tag{2.12}$$

$$(R''(u)F_2)(\omega) = F_2(u^{-1}\omega) \quad (F_2 \in L_2(S^2;\ \mu_S), u \in SO(3), \omega \in S^2), \tag{2.13}$$

ここに，$\mathcal{I}$ は $SO(3) \ni u \mapsto I_{\mathcal{H}_1}$ となる自明表現を表す．したがって，このテンソル積の第 1 成分は，第 2 成分での表現 R'' の重複度を表している．

水素原子の分子軌道法 (**1.6** 節) に現れるのは実質的にこの表現 $(R'', L_2(S^2;\ \mu_S))$ であるから，またあとで R'' の既約表現への分解を論ずる (**3.5, 3.7** 節を見よ).

問題 2.6. 公式 (2.10) を証明せよ．　〔ヒント：変数変換のヤコビアンを計算せよ.〕

問題 2.7. E^3 の上の測度 dx が回転群 $SO(3)$ (あるいは $O(3)$) に関して不変であることから，球面 S^2 上の測度 $d\mu_S(\omega)$ も不変であることを示せ.

2.4　シュアの補題

線形表現を取り扱う際に基本的であるシュア (Issai Schur) の補題といわれる命題を示そう．これは表現の既約性，同値性などを調べるときに重要な働きをする．ここでは線形表現のことを単に表現とよぶ.

定理 2.1 (シュアの補題： 有限次元の場合).

(i)　群 G の 2 つの有限次元線形表現 (T_j, V_j) $(j = 1, 2)$ が共に既約ならば，0 でない任意の相関作用素は可逆である.

(ii)　複素数体上の有限次元表現 (T, V) が既約であるためには，すべての相関作用素がスカラー作用素になることが必要である.

証明. (i)　相関作用素 $S : V_1 \to V_2$ の核 $\mathrm{Ker}(S) \subset V_1$ および像 $\mathrm{Im}(S) \subset V_2$ は共に G-不変である．$S \neq 0$ に対しては，既約性から，$\mathrm{Ker}(S) = \{0\}$, $\mathrm{Im}(S) = V_2$. したがって，S は全単射である.

(ii)　相関作用素 S に対し，その固有値の 1 つを λ とする．作用素 $S' = S - \lambda I_V$ はまた相関作用素であって，$\mathrm{Ker}(S') \neq \{0\}$ である．したがって，$\mathrm{Ker}(S') = V$, すなわち，$S = \lambda I_V$. □

このシュアの補題は，位相ベクトル空間上の線形表現の場合にはいろいろな形に一般化される．この場合には，表現にも相関作用素にも連続性を要求する．ここでは，バナッハ空間，ヒルベルト空間の場合に述べるが，これらの空間に馴染みのない方は読み飛ばしてもらえばよい．(ヒルベルト空間の基本事項については，以下の **2.5.1** 参照.)

また，リー環の表現に対するシュアの補題とその応用については，**9.3** 節に述べられている．

(i′) 群 G のバナッハ空間 V_j $(j=1,2)$ 上の表現 (T_j,V_j) $(j=1,2)$ が共に既約ならば，任意の全射相関作用素は可逆である．

証明： 相関作用素 $S\neq 0$ に対し，$\mathrm{Ker}(S)$ は閉部分空間で G-不変であるから，$\mathrm{Ker}(S)=\{0\}$．よって，S^{-1} が存在するが，これは閉グラフ定理によって，連続である． □

(ii′) バナッハ空間上の表現 (T,V) の任意の相関作用素が必ず V の $\{0\}$ でないある有限次元の部分空間を不変にする，とする．このとき，T が既約であれば，すべての相関作用素がスカラー作用素になる．

(**使い方：** G を中心有限の半単純リー群，K をその極大コンパクト部分群とすると，G の表現 T を K への制限 $T|_K$ とともに考察する.)

(iii′) ヒルベルト空間上のユニタリ表現に対しては，すべての相関作用素がスカラー作用素になることが，既約であるための必要十分条件である (次節参照).

2.5 ユニタリ表現

一般に，群 G の線形表現 T に対して，その表現空間を $V(T)$ と書く．いま，$\mathcal{H}=V(T)$ が複素ヒルベルト空間であって，各表現作用素 $T(g), g\in G$, がユニタリであるとき，T を**ユニタリ表現**とよぶ．

2.5.1 ヒルベルト空間とその上の線形作用素

ここで，ヒルベルト空間の抽象的な定義や簡単な性質を思い出しておこう．

体 $\mathbb{K}$ を $\mathbb{R}$ (または $\mathbb{C}$) とし，V を $\mathbb{K}$ 上のベクトル空間とする．V 上の**対称な内積** (または**エルミート内積**) とは，写像 $V\times V\ni(v,w)\mapsto\langle v,w\rangle\in\mathbb{K}$ であっ

て，$v_1, v_2, v, w \in V$，$\alpha, \beta \in \mathbb{K}$ に対して，

$$\begin{aligned} &\langle \alpha v_1 + \beta v_2, w\rangle = \alpha\langle v_1, w\rangle + \beta\langle v_2, w\rangle, \\ &\langle v, w\rangle = \langle w, v\rangle \quad (\text{または，} \langle v, w\rangle = \overline{\langle w, v\rangle}\ ), \end{aligned} \tag{2.14}$$

を満たすものである．V が**前ヒルベルト空間**であるとは，V に対称 (またはエルミート) 内積があって，それが**正定値**であること，すなわち，

$$\langle v, v\rangle \geq 0\ (v \in V), \quad \text{かつ，} \quad \langle v, v\rangle = 0 \iff v = 0 \tag{2.15}$$

となることである．このとき，$v \in V$ のノルムとして，$\|v\| := \sqrt{\langle v, v\rangle}$ とおくと，**シュワルツの不等式**：$|\langle v, w\rangle| \leq \|v\|\,\|w\|$ が成り立つ．これから

$$\|v - w\| \leq \|v\| + \|w\| \quad (\text{三角不等式})$$

を得る．$v, w \in V$ に対し，$\mathrm{dist}(v, w) := \|v - w\|$ とおくと，これは距離の公理を満たす．V が距離空間として完備である (すなわち，すべてのコーシー列が収束する) とき，$\mathbb{K} = \mathbb{R}, \mathbb{C}$ に従って，**実**または**複素ヒルベルト空間**であるという．

記号を変えて，ヒルベルト空間を $\mathcal{H}$ と書く．2 つのベクトル $v, w \in \mathcal{H}$ が $\langle v, w\rangle = 0$ となっているとき，互いに**直交**しているという．直交するベクトルの系 $\{\, e_j\,;\, j \in J\,\}$ (J は添字集合) が**正規**であるとは，ベクトルの長さがすべて $\|e_j\| = 1$ のときである．$\{\, e_i\,;\, 1 \leq i \leq n\,\}$ を正規直交系とする．任意の $v \in \mathcal{H}$ に対して，$a_i = \langle v, e_i\rangle$ を係数とする 1 次結合 $\sum_{1\leq i\leq n} a_i e_i$ によって，v を近似すると，その誤差の評価は，

$$\Big\|v - \sum_{1\leq i\leq n} a_i e_i\Big\|^2 = \|v\|^2 - \sum_{1\leq i\leq n} |\langle v, e_i\rangle|^2 + \sum_{1\leq i\leq n} |a_i - \langle v, e_i\rangle|^2 \tag{2.16}$$

となる．これより，$\sum_{1\leq i\leq n} |\langle v, e_i\rangle|^2 \leq \|v\|^2$ (ベッセルの不等式) を得る．これから，1 つの正規直交系 $\mathcal{E} = \{\, e_j\,;\, j \in J\,\}$ に対して，$\langle v, e_j\rangle \neq 0$ となる $j \in J$ の集合は高々可算であることが分かる．$\mathcal{E}$ に対して，次の 3 つの性質を考える：

(1)　$\mathcal{E}$ は正規直交系として極大である；

(2)　任意の $v \in \mathcal{H}$ に対して，$v = \sum_{j\in J} \langle v, e_j\rangle e_j$；

(3)　任意の $v \in \mathcal{H}$ に対して，$\|v\|^2 = \sum_{j\in J} |\langle v, e_j\rangle|^2$ (パーセヴァルの等式).

ここで，(2), (3) における和は実質上は可算和である．この 3 つの性質は互いに同値であることが証明される．この性質をもつ正規直交系 $\mathcal{E}$ を $\mathcal{H}$ の**正規直交基底**といい，添字集合 J の濃度をもって $\mathcal{H}$ の**次元**とする．また，極大な正規直交系の存在はツォルンの補題を用いて示せる．可分な (すなわち，至るところ稠密な可算集合をもつ) ヒルベルト空間の次元は，たかだか可算無限である．

$\mathcal{H}$ の閉部分空間 $\mathcal{N}$ は距離空間として完備であるから，それ自身ヒルベルト空間である．$\mathcal{N}$ の正規直交基底 $\mathcal{E}^{\mathcal{N}} = \{e_k\,;\,k \in K\}$ を含む $\mathcal{H}$ の正規直交基底 $\mathcal{E} = \{e_j\,;\,j \in J\}(J \supset K)$ が存在する．$\mathcal{N}$ の**直交補空間**を $\mathcal{N}^{\perp} := \{v \in \mathcal{H}\,;\,\langle v, w\rangle = 0\ (\forall w \in \mathcal{N})\}$ と定義する．$\mathcal{E} \setminus \mathcal{E}^{\mathcal{N}}$ は，$\mathcal{N}^{\perp}$ の正規直交基底である．したがって，$\mathcal{N}^{\perp\perp} := (\mathcal{N}^{\perp})^{\perp} = \mathcal{N}$ であり，

$$\mathcal{H} = \mathcal{N} \oplus \mathcal{N}^{\perp}$$

と直交直和に分解する．この分解にそって，$v \in \mathcal{H}$ を

$$v = P_{\mathcal{N}}\,v\ +\ P_{\mathcal{N}^{\perp}}\,v \qquad (P_{\mathcal{N}}\,v \in \mathcal{N}, P_{\mathcal{N}^{\perp}}\,v \in \mathcal{N}^{\perp})$$

と表すとき，$\mathcal{N}$ の上への**直交射影** $P_{\mathcal{N}}$ は，$P_{\mathcal{N}}\,v = \sum_{k \in K} \langle v, e_k\rangle e_k$ によって与えられる．そして，$(P_{\mathcal{N}})^2 = P_{\mathcal{N}}$, $P_{\mathcal{N}^{\perp}} = I_{\mathcal{H}} - P_{\mathcal{N}}$, である．

連続線形汎関数.　$\mathcal{H}$ から $\mathbb{K}$ への線形写像を**線形汎関数**とよぶ．連続な線形汎関数全体 $\mathcal{H}^*$ は自然な和とスカラー倍によってまた $\mathbb{K}$ 上のベクトル空間になる．これを $\mathcal{H}$ の**双対**《そうつい》**空間**とよぶ．$\varphi \in \mathcal{H}^*$ に対して，ある $w_{\varphi} \in \mathcal{H}$ が存在して，$\varphi(v) = \langle v, w_{\varphi}\rangle$ となる (リースの定理)．実際，φ の核 $\mathcal{N} = \varphi^{-1}(\{\mathbf{0}\})$ は閉部分空間であり，その直交補空間は 1 次元で $\mathbb{K}w_0$, $\|w_0\| = 1$, となる．$w_{\varphi} = \varphi(w_0)\,w_0$ ととればよい．対応 $\mathcal{H}^* \ni \varphi \mapsto w_{\varphi} \in \mathcal{H}$ は共役線形な同型 (和を和に写し，$\lambda \in \mathbb{K}$ によるスカラー倍を $\overline{\lambda}$ 倍に写す) を与える．

連続線形作用素.　$\mathcal{H}_1, \mathcal{H}_2$ をヒルベルト空間とする．$\mathcal{H}_1$ から $\mathcal{H}_2$ への線形作用素を考えるときに，その定義域 $\mathcal{D}(T)$ は $\mathcal{H}_1$ の (閉とは限らぬ) 部分ベクトル空間である．いま，$\mathcal{D}(T) = \mathcal{H}_1$ の場合を考える．T が連続であるための必要十分条件は，T のノルム

$$\|T\| := \sup_{\|v\| \leq 1} \|Tv\| \quad (v \in \mathcal{H}_1)$$

が有限であること，である．この意味で T を**有界線形作用素**ともいう．T に対する共役作用素は $\mathcal{H}_2^* \to \mathcal{H}_1^*$ の作用素としては，$\varphi \mapsto \psi$, $\psi(v) := \varphi(Tv)$, として自然に定義される．これを，$\mathcal{H}_\ell^*$ と $\mathcal{H}_\ell$ との共役同型を通じて言い直すと，**共役作用素** $T^* : \mathcal{H}_2 \to \mathcal{H}_1$ は次のように定義される：

$$\langle Tv, w\rangle = \langle v, T^*w\rangle \quad (v \in \mathcal{H}_1, w \in \mathcal{H}_2), \tag{2.17}$$

ここに，左辺は $\mathcal{H}_2$ での内積，右辺は $\mathcal{H}_1$ での内積，を表す．有界線形作用素 T が**対称** (または**エルミート型**) であるとは，$T^* = T$ を意味する．U が，**ユニタリ**であるとは，等長：$\|Uv\| = \|v\|$ $(v \in \mathcal{H}_1)$, かつ，全射であること．これは，$U^* = U^{-1}$ と同値である．$P^2 = P$ を満たす作用素を**射影作用素**というが，P が対称であれば，それはある閉部分空間への直交射影である．

有限次元ヒルベルト空間. $\mathcal{H}$ に直交基底 $\{e_i\,;\, 1 \le i \le n\}$ をとる．写像

$$\mathcal{H} \ni v = \sum_{1 \le i \le n} x_i e_i \longmapsto (x_i)_{1 \le i \le n} \in \mathbb{K}^n$$

によって，$\mathbb{K}^n$ との同型対応をつけると，$w \to (y_i)_{1 \le i \le n}$ として，

$$\|v\| = \Bigl(\sum_{1 \le i \le n} |x_i|^2\Bigr)^{1/2}, \quad \langle v, w\rangle = \sum_{1 \le i \le n} x_i \overline{y_i},$$

となる．このとき，エルミート作用素にはエルミート行列が対応し，ユニタリ作用素にはユニタリ行列が対応する．

2.5.2 群のユニタリ表現

群のユニタリ表現に関する基本事項を挙げておこう．

定理 2.2. G のユニタリ表現 $(T, \mathcal{H})$ をとる．$\mathcal{H}$ の閉部分空間で G-不変なもの $\mathcal{N}$ があったとすると，その直交補空間 $\mathcal{N}^\perp$ はまた不変部分空間である．直交直和への分解 $\mathcal{H} = \mathcal{N} \oplus \mathcal{N}^\perp$ は表現 T の 2 つの部分表現への分解を与える．

証明. $v \in \mathcal{N}^\perp$ をとり，$v' = T(g)v$ とおく．$v' \in \mathcal{N}^\perp$ を示すには，$\langle v', w\rangle = 0$ $(w \in \mathcal{N})$ が分かればよい．ところで，$U = T(g)$ はユニタリだから，その共役作用素を U^* と書くと，$U^* = U^{-1}$. ゆえに，$T(g)^* = T(g)^{-1} = T(g^{-1})$. すると，

$$
\begin{aligned}
\langle v', w\rangle &= \langle T(g)v, w\rangle = \langle v, T(g)^* w\rangle \\
&= \langle v, T(g^{-1})w\rangle = 0 \quad (\because\ T(g^{-1})w \in \mathcal{N}).
\end{aligned}
$$
□

不変な閉部分空間 $\mathcal{N}$ への直交射影を $P = P_{\mathcal{N}}$ とすると，$T(g)P = PT(g)$ $(g \in G)$．よって，P は表現 T の相関作用素である．また，$Q := I_{\mathcal{H}} - P$ は直交補空間 $\mathcal{N}^{\perp}$ への直交射影であり，これも相関作用素である．

他方，ユニタリ表現 T に対して，相関作用素のなす多元環 $I(T,T)$ は弱閉であり，$*$-不変である．実際，$S \in I(T,T)$ に対し，$ST(g) = T(g)S$ の両辺の共役をとると，左辺では，$(ST(g))^* = T(g)^*S^* = T(g^{-1})S^*$，同じく右辺も計算すれば結局，$T(g^{-1})S^* = S^*T(g^{-1})$ を得る．よって，$S^* \in I(T,T)$．したがって，$I(T,T)$ はフォン・ノイマン (von Neumann) 環である．

その中に含まれる直交射影の集合 $IOP(T)$ は，作用素の強収束の意味で，次のように $I(T,T)$ を生成する．

定理 2.3. 群 G のユニタリ表現 $(T,\mathcal{H})$ をとる．$I(T,T)$ の中で，$IOP(T)$ が代数的に生成する部分環の (強収束に関する) 閉包は $I(T,T)$ 自身である．

証明の方針. $S \in I(T,T)$ をとると，S^* も相関作用素である．よって，

$$
A = \frac{1}{2}(S + S^*), \quad B = \frac{1}{2i}(S - S^*)
$$

は $I(T,T)$ に入る自己共役作用素であり，S はその線形結合である．

A のスペクトル分解を考えると，A は直交射影の積分 (重ね合わせ) で書ける．これは A がそれらの射影の 1 次結合の強収束極限であることを意味する．また，これらの射影は，$\{A\}$ の bicommutant $\{A\}'' := (\{A\}')'$ の元である．ここで，作用素の集合 $\mathcal{A}$ に対して，その**可換子環** (commutant) とは，

$$
\mathcal{A}' := \{\, C \in \mathcal{L}(\mathcal{H})\ ;\ CD = DC\ (\forall D \in \mathcal{A}) \,\}
$$

である．さて，$\{A\}' \supset \{\, T(g)\ ;\ g \in G \,\}$ であるから，両辺の可換子環をとれば，$\{A\}'' \subset I(T,T)$．また，B についても同様である．これで証明が完結する．

例 2.4 (不変または準不変測度の場合)**.** 測度空間 (X,μ) において，G が X に作用し，各 $g \in G$ に対し，$X \ni x \mapsto gx \in X$ が可測変換であるとする．この

とき，測度 μ の g による変換とは，$(g\mu)(D) := \mu(g^{-1}D)$ $(\forall D \in \mathfrak{B})$ と定義される．ここに，$\mathfrak{B}$ は可測集合族を表す．

測度 μ が**不変である**とは，$g\mu = \mu$ $(g \in G)$ となること．また，**準不変である**とは，$g\mu$ がつねに μ と同値であること．このときは，μ が σ **有限**であれば，いわゆるラドン-ニコディム (Radon-Nykodim) の微分

$$J(x,g) := \frac{d\mu'}{d\mu}(x) > 0, \quad \mu' := g\mu, \tag{2.18}$$

が μ-almost everywhere (ほとんど至るところ) の意味で存在する．この関数 J は次の 1-コサイクル条件を満たす：

$$J(x,gg') = J(x,g)\,J(g^{-1}x,g') \quad (x \in X,\ g,g' \in G). \tag{2.19}$$

一般に，複素数値の関数 $\alpha(x,g) \neq 0$ が

$$\alpha(x,gg') = \alpha(x,g)\,\alpha(g^{-1}x,g') \quad (x \in X,\ g,g' \in G) \tag{2.20}$$

を満たすとき，**1-コサイクル**という．$\rho \in \mathbb{R}$ に対し，

$$\alpha(x,g) := J(x,g)^{\frac{1}{2}+i\rho} \quad (i = \sqrt{-1})$$

とおけば，これは 1-コサイクルであり，$|\alpha(x,g)|^2 = J(x,g)$.

ヒルベルト空間 $\mathcal{H} = L_2(X;\mu)$ 上にパラメータ ρ をもつユニタリ表現の 1 系列が，次の公式によって定義できる：

変換公式 **2**： $(T_\alpha(g)f)(x) := \alpha(x,g)\,f(g^{-1}x) \quad (x \in X, f \in \mathcal{H}, g \in G)$. (2.21)

問題 2.8. (i) 次の等式を証明せよ：

$$T_\alpha(e) = I_{\mathcal{H}}, \quad T_\alpha(gg') = T_\alpha(g)T_\alpha(g') \quad (g,g' \in G).$$

(ii) $T_\alpha(g)$ がユニタリ作用素であることを示せ.

注意 2.2. G が位相群であるとき，連続性：$\|T_\alpha(g)f - f\| \to 0\,(g \to e)$, を示さねばならない．そのためには，$\alpha$ や (G,X) にさらに何らかの条件を科す必要がある.

例 2.5 (実数直線上のアファイン変換群)**.** $X = \mathbb{R}$ 上のアファイン変換とは，$g_{a,b} : x \mapsto ax + b$ ($a \neq 0$ と b は実定数) である．その全体は群をなす．これを

$ax+b$ 群とよび慣わしているが，簡単だが重要な例である．$x \in \mathbb{R}$ を縦ベクトル ${}^t(x,1)$ で表せば，$g_{a,b}$ は 2×2 の行列で表される：

$$m(a,b) = \begin{pmatrix} a & b \\ 0 & 1 \end{pmatrix}, \quad \begin{pmatrix} x' \\ 1 \end{pmatrix} = m(a,b)\begin{pmatrix} x \\ 1 \end{pmatrix}, \quad x' = g_{a,b}x. \tag{2.22}$$

$X=\mathbb{R}$ 上にルベーグ測度 dx をとった場合，$x'' = g_{a,b}^{-1}x = a^{-1}(x-b)$ として，$J(x,g_{a,b}) = \left|\dfrac{dx''}{dx}\right| = |a|^{-1}$. 1-コサイクル α をすこし一般化して，$L_2(\mathbb{R};dx)$ 上に実現される $ax+b$ 群 G のユニタリ表現は，$\varepsilon=0,1$; $\rho\in\mathbb{R}$, に対して，

$$(T_{\varepsilon,\rho}(g_{a,b})f)(x) = \mathrm{sgn}(a)^{\varepsilon}|a|^{-\frac{1}{2}+i\rho} f(a^{-1}(x-b)) \quad (x\in\mathbb{R},\ g_{a,b}\in G). \tag{2.23}$$

例 2.6 (実数直線上の分数変換群)**.**　$X=\mathbb{R}$ 上の分数変換とは，群 $SL(2,\mathbb{R})$ の元による変換：

$$h = \begin{pmatrix} a & b \\ c & d \end{pmatrix} \text{ に対して，} \quad \mathbb{R}\ni x \longmapsto h\cdot x = \frac{ax+b}{cx+d}, \tag{2.24}$$

のことである．分数の分母が 0 になる点もあり得るので，正確には，射影直線 $\widetilde{\mathbb{R}} := \mathbb{R}\cup\{\infty\}$ 上の変換である．変換群として忠実にするには，中心 $\{\pm E_2\}$ による商群 $SL(2,\mathbb{R})/\{\pm E_2\}$ をとればよい．

$g\in SL(2,\mathbb{R})$ に対して，g^{-1} を (2.24) の h にとれば，

$$J(x,g) = \frac{d(h\cdot x)}{dx} = |cx+d|^{-2}$$

であるから，パラメータ $\varepsilon=0,1$; $\rho\in\mathbb{R}$, に対して $SL(2,\mathbb{R})$ のユニタリ表現 $(T_{\varepsilon,\rho}, L_2(\mathbb{R};dx))$ が次のように与えられる：$g\in SL(2,\mathbb{R})$ に対し，$g^{-1} = \begin{pmatrix} a & b \\ c & d \end{pmatrix}$ とすれば，

$$(T_{\varepsilon,\rho}(g)f)(x) = \mathrm{sgn}(cx+d)^{\varepsilon}|cx+d|^{-1+i\rho} f\left(\frac{ax+b}{cx+d}\right) \quad (x\in\mathbb{R}). \tag{2.25}$$

これは，群 $SL(2,\mathbb{R})$ の**ユニタリ主系列表現**とよばれるユニタリ表現の系列で

あり，特別の $(\varepsilon, \rho) = (1, 0)$ の場合には，2 つの同値でない既約表現の直和になるが，それ以外ではすべて既約である．$T_{\varepsilon,\rho}$ と $T_{\varepsilon,-\rho}$ とは**ユニタリ同値** (ユニタリな相関作用素による同値) であるが，それ以外には同値関係はない．

このユニタリ表現は，群 $SL(2, \mathbb{R})$ の「関数への作用」の典型的モデルとしてここに現れてきている．簡単な群でもその「作用」は結構複雑である．この群作用を X 上の関数の空間にまで拡張すると，作用される対象 X の多くの情報を吸い上げてくるのである．

この群 $SL(2, \mathbb{R})$ は，3 次元ローレンツ群 $SO_0(2, 1)$ の 2 重の被覆群である．その被覆写像については，**5.4** 節を参照し，さらなるユニタリ表現等については，第 6 章を参照されたい．

注意 2.3. リー群 $SL(2, \mathbb{R})$ は $SU(1, 1)$ と同型である (**6.4** 参照)．対応するリー環の方に移れば，同型 $\mathfrak{sl}(2, \mathbb{R}) \cong \mathfrak{su}(1, 1)$ を得る．第 9 章 **9.2.2** では，リー環 $\mathfrak{su}(1, 1)$ の表現が論じられている．

問題 2.9. (2.24) 式による $h{\cdot}x$ の定義が，実際に群作用を与えることを示せ．

■第3章■

回転群の表現とその量子力学への応用

群の表現の応用については，第 1 章で有限群の，結晶学や化学への応用に触れ，情報処理への応用を示したが，ここでは，量子力学への応用を話の軸にして，回転群 $SO(3)$ の表現を詳しく調べる．

まず，素粒子に対するシュレーディンガーの方程式を導入し，その対称性の群について述べる．粒子およびポテンシャルが球対称であるときには，1 粒子の運動を規定するシュレーディンガー方程式は，回転群で不変である．したがって，粒子の状態を記述する波動関数の空間には，回転群が自然に働き，その表現を与える．

そこで，回転群 $SO(3)$ とそのリー環 $\mathfrak{so}(3)$ の表現について詳しく調べる．そして，歴史的に見て，最初の成功例である水素原子の場合について，計算してみる．

3.1　古典力学から量子力学へ (量子化)

ニュートン (I. Newton, 1642–1727) はその主著『自然哲学における数学的原理』(ラテン語のタイトルから“プリンキピア”と通称) において，運動の 3 法則および万有引力の法則をうち立てた．ニュートン力学は，天体の運動とか，普通の物体の運動を精度良く記述する．これを古典力学とよぼう．

その後，20 世紀初頭になって，分子，原子，原子核，素粒子などの微視的な対象の運動 (ミクロ現象) を取り扱うために，量子力学が創始された．その動機としては，まず 19 世紀末葉《まつよう》に，プランク (M. Plank, 1858–1947; ノーベル賞，1918)

は，熱力学を古典的立場から説明しようとして成功せず，結局，熱輻射においてはある大きさのエネルギーが単位となって放出されるというエネルギー量子仮説を唱え，新しい輻射公式を導いた (1900)．このエネルギー単位 h をプランク定数という．さらに，アインシュタインは，光量子仮説を提唱した (1905)．ボーア (N. Bohr, 1885–1962; ノーベル賞，1922) もプランクに倣《なら》って，エネルギーなどの物理量が連続な値をとり得ず，不連続な値だけをもち得ると考えて，原子の中で電子がとり得る状態の説明に成功した (1913～)．

量子力学は，1925 年にハイゼンベルグ (W.K. Heisenberg, 1901–1976; ノーベル賞，1932)，1926 年にシュレーディンガー (E. Schrödinger, 1887–1961; ノーベル賞，1933) により，それぞれ違った形に定式化され，後にそれが同値であると分かった．これを形から見れば,「古典力学の成果を基にして，いわゆる対応原理によってそれを書き換えていく」のである．そこには数学的厳密性の欠如や或る種の矛盾が存在するのであるが，それらを乗り越えて進もうとするのが物理学者の態度であり，その理論に対する数学的説明が後追いを強いられているという面もある．対応原理を簡単な場合に説明しよう．

1.　古典力学の場合：

まず，古典力学では，ある粒子の状態は，その位置 (一般座標 $q = (q_j)_{j=1}^f$) と速度 ($\dot{q} = (\dot{q}_j)_{j=1}^f$，$q$ の時間に関する導関数) とによって表される．運動エネルギー T および位置エネルギー U を $q, \dot{q}$ の関数として書く．このとき，U は q だけの関数になっている．

$$p_j := \frac{\partial L}{\partial \dot{q}_j} = \frac{\partial T}{\partial \dot{q}_j} \qquad (1 \le j \le f),$$
$$H := \sum_{1 \le j \le f} p_j \dot{q}_j - L, \qquad \text{ここに} \quad L = T - U,$$

とおく．p_j を q_j に共役な一般運動量，q_j, p_j を正準変数，という．H を**ハミルトン関数** とよび，$q = (q_j), p = (p_j)$ の関数と捉える．ハミルトン (W.R. Hamilton, 1805–65) による正準方程式 (canonical equations) は次の形に書かれる：

$$\frac{dq_j}{dt} = \frac{\partial H}{\partial p_j}, \quad \frac{dp_j}{dt} = -\frac{\partial H}{\partial q_j} \quad (1 \le j \le f). \tag{3.1}$$

物理量 $A = A(p, q)$ の時間的変化は，方程式 (3.1) によって，

$$\frac{dA}{dt} = (A, H) \tag{3.2}$$

と記述される．ここで (A, H) はポアッソン (S.D. Poisson) の**括弧式**とよばれ，次式で定義される：

$$(A, H) := \sum_{1 \leq j \leq f} \left(\frac{\partial A}{\partial q_j} \frac{\partial H}{\partial p_j} - \frac{\partial A}{\partial p_j} \frac{\partial H}{\partial q_j} \right).$$

2.　量子力学の場合：

さて，量子力学においては，ある粒子の状態は，ヒルベルト空間 $\mathcal{H}$ を適当に選ぶと，長さ 1 のベクトル $\psi \in \mathcal{H}, \|\psi\| = 1$, によって表される．物理量 $\widetilde{A}$ は，$\mathcal{H}$ 上の自己共役作用素であり，状態 ψ で $\widetilde{A}$ を観測したとき $\widetilde{A}$ の固有値のどれかが観測されるが，その値の期待値は $\langle \widetilde{A} \rangle := \langle \widetilde{A}\psi, \psi \rangle$ である．この主張はいわゆる「観測の公理」の一部である．量子力学には次の 2 つの (互いに同値な) 書き表し方がある．

シュレーディンガーの描像.　状態 $\psi = \psi(q, t)$ の時間変化は方程式

$$i\hbar \frac{\partial \psi}{\partial t} = \widetilde{H}\,\psi \tag{3.3}$$

で与えられる．ここに，$\hbar = h/2\pi$ であり，$\widetilde{H}$ は**ハミルトン作用素**とよばれる $\mathcal{H}$ 上の自己共役作用素 (エルミート作用素： $\widetilde{H}^* = \widetilde{H}$) である．したがって，物理量 $\widetilde{A}$ の ψ における期待値 $\langle \widetilde{A} \rangle$ の時間変化は，次で与えられる：

$$\begin{aligned} \frac{d\,\langle \widetilde{A} \rangle}{dt} &= \left\langle \widetilde{A}\frac{\partial\,\psi}{\partial t}, \psi \right\rangle + \left\langle \widetilde{A}\psi, \frac{\partial\,\psi}{\partial t} \right\rangle \\ &= \left\langle \widetilde{A} \cdot \frac{1}{i\hbar}\widetilde{H}\psi, \psi \right\rangle + \left\langle \widetilde{A}\psi, \frac{1}{i\hbar}\widetilde{H}\psi \right\rangle \\ &= \frac{i}{\hbar}\langle [\widetilde{H}, \widetilde{A}]\psi, \psi \rangle = \frac{i}{\hbar}\langle [\widetilde{H}, \widetilde{A}] \rangle, \end{aligned} \tag{3.4}$$

ここに，$[\widetilde{H}, \widetilde{A}] := \widetilde{H}\widetilde{A} - \widetilde{A}\widetilde{H}$ は $\widetilde{H}$ と $\widetilde{A}$ の**交換子積**とよばれる．

ハイゼンベルグの描像.　粒子の状態ベクトル ψ は時間変化せず，物理量 $\widetilde{A}$ が次の方程式 (ハイゼンベルグの運動方程式) に従って時間変化するとする：

$$\frac{d\,\widetilde{A}}{dt} = \frac{i}{\hbar}\,[\widetilde{H}, \widetilde{A}]. \tag{3.5}$$

この描像においても，物理量 $\widetilde{A}$ の ψ における期待値 $\langle\widetilde{A}\rangle$ の時間変化は，上と同じ方程式 (3.4) に従う．

古典力学から量子力学への移行において，ハミルトン作用素 $\widetilde{H}$ および物理量を表す $\widetilde{A}$ の具体的な形を決めるのに用いられる**対応原理**とは，「古典力学が $\hbar \to 0$ の極限で成り立つことを要求し，物理量の期待値の時間変化が 2 つの力学の下で同じ形式である」とするものである．この原理を実現するのに，まず，正準変数 q_j, p_j に対応する作用素として，次の正準交換関係を満たす自己共役作用素 P_j, Q_j $(1 \leq j \leq f)$ を一組選ぶ：

$$[P_j, Q_k] = i\hbar\delta_{jk}I_{\mathcal{H}} \quad (1 \leq j, k \leq f). \tag{3.6}$$

ここに，$I_{\mathcal{H}}$ は $\mathcal{H}$ 上の恒等作用素．そして，ハミルトン関数 H および物理量 A を正準変数 p, q で書いておいて，そこに $p_j \to P_j, q_j \to Q_j$ $(1 \leq j \leq f)$ の置き換えをしたものを，ハミルトン作用素 $\widetilde{H}$ および物理量の作用素 $\widetilde{A}$ にとる．この手続きを**量子化**というのである．

注意 3.1. $P_j, Q_k, I_{\mathcal{H}}$ の張るベクトル空間には括弧積によって，ある代数構造が入る．これはリー環 (またはリー代数) とよばれるものの一種であり，ハイゼンベルグ代数とよばれる．第 II 巻ではリー環の表現論を取り扱うが，とくに第 10 章においては，ハイゼンベルグ代数の表現をフォック表現といわれる形で実現し，それをより大きなリー環に拡張することによって，いろいろ利用している．

3.2　N 個の粒子の運動と対称性の群

古典力学における N 個の質点の運動方程式を思い出そう．i 番目の質点の質量を m_i，3 次元ユークリッド空間 $E^3 \cong \mathbb{R}^3$ の中での位置座標を $q^i = {}^t(q_1^i, q_2^i, q_3^i)$ (縦ベクトル) とする．運動エネルギーは，

$$T = \sum_{1 \leq i \leq N} \frac{1}{2} m_i |\dot{q}^i|^2 = \sum_{1 \leq i \leq N} \sum_{1 \leq k \leq 3} \frac{1}{2} m_i (\dot{q}_k^i)^2$$

であるから，q_k^i に共役な正準変数は $p_k^i = m_i \dot{q}_k^i$ (運動量成分) である．この場合のハミルトン関数は，次のように与えられる：

$$H = H(q,p) = \sum_{1\le i\le N}\ \sum_{1\le k\le 3} \frac{1}{2m_i}(p_k^i)^2 + U(q). \tag{3.7}$$

この方程式の量子化を与えよう．ヒルベルト空間 $\mathcal{H}$ としては，3 次元ユークリッド空間 E^3 の N 個の直積 $\Omega := (E^3)^N \cong \mathbb{R}^{3N}$ の上の測度

$$d\mu(q) := \prod_{1\le i\le N}\ \prod_{1\le k\le 3} dq_k^i$$

をとり，それに関する L_2 空間をとる，すなわち，$\mathcal{H} := L_2(\Omega; d\mu)$．この上の自己共役作用素で交換関係 (3.6) を満たすものとして，

$$Q_k^i = q_k^i \cdot, \qquad P_k^i = i\hbar\frac{\partial}{\partial q_k^i}\,, \tag{3.8}$$

をとる．ここに，$q_k^i\cdot$ は関数 q_k^i を掛ける掛け算作用素である．これらの作用素はいずれも $\mathcal{H}$ 上の非有界な作用素であるからその定義域をはっきり決めないといけないが，ここでは詳しい議論を避ける．ハミルトン作用素は

$$\begin{aligned}\widetilde{H} &= -\sum_{1\le i\le N}\ \sum_{1\le k\le 3} \frac{\hbar^2}{2m_i}\left(\frac{\partial}{\partial q_k^i}\right)^2 + U(q\cdot) \qquad (3.9)\\ &= -\sum_{1\le i\le N} \frac{\hbar^2}{2m_i}\Delta^{(i)} + U(q\cdot), \qquad \Delta^{(i)} := \sum_{1\le k\le 3}\left(\frac{\partial}{\partial q_k^i}\right)^2,\end{aligned}$$

となり，N 体の**シュレーディンガー作用素**とよばれる．ここに，$\Delta^{(i)}$ は i 番目のユークリッド空間上のいわゆるラプラス (P.S. Laplace, 1749–1827) の作用素である．また，$U(q\cdot)$ は関数 $U = U(q)$ を掛ける作用素 $U\cdot$ であると解される．

$\widetilde{H}$ の定義域 $\mathcal{D}(\widetilde{H})$ はもちろん位置エネルギー $U = U(q)$ にもよるが，ここでは U が次の条件を満たすとしよう： $U(q)$ は q に関して 2 回連続微分可能，すなわち，C^2 級で，2 階までの導関数を込めて有界である．このとき，

$$\mathcal{D}(\widetilde{H}) := \{\, f\,;\ C^2 \text{ 級で, 2 階までの導関数は } L_2(\Omega; d\mu) \text{ に入る}\,\} \tag{3.10}$$

とおくと，$\mathcal{D}(\widetilde{H})$ は急減少関数のなす空間

$$\mathcal{S}(\Omega) := \{\, f = f(q)\,;\ f \text{ は } C^\infty \text{ 級},\ \lim_{q\to\infty} a(q)f(q) = 0\ (\forall a(q):\ q \text{ の多項式})\,\}$$

を含む．そして $\mathcal{S}(\Omega)$ は $\mathcal{H} = L_2(\Omega; d\mu)$ で稠密である．実は，(3.9) の微分作用

素を $\mathcal{S}(\Omega)$ 上で考えたもの $(\widetilde{H}, \mathcal{S}(\Omega))$ の閉拡張が自己共役になる．この意味で $(\widetilde{H}, \mathcal{S}(\Omega))$ は**本質的に自己共役**であるといわれる ([Yosi, Chap.II] 参照).

時間を含むシュレーディンガー方程式

$$i\hbar\frac{\partial\psi}{\partial t} = \widetilde{H}\psi \tag{3.11}$$

の解 ψ は波動関数とよばれるが，時間 t への依存が指数型である

$$\psi(q,t) = \exp(-iEt/\hbar)f(q) \tag{3.11$'$}$$

の形のものを考える．ここで，$E \in \mathbb{R}$ はひとつの定数であり，$f \in \mathcal{D}(\widetilde{H})$ とする．このとき，$\|\psi\|$ や物理量 $\widetilde{A}$ の期待値 $\langle\widetilde{A}\rangle$ は時間によらず一定であるので，**定常状態**であるという．上の方程式は

$$\widetilde{H}f = Ef \tag{3.12}$$

となる．これを**時間を含まないシュレーディンガー方程式**とよぶ．作用素 $\widetilde{H}$ は系のエネルギーを表すので，固有関数 $f \neq 0$ が存在すれば，そのときの固有値 E は系のとり得るエネルギーの値を与える．

一般に，定義域 $\mathcal{D}(A) \subset \mathcal{H}$ をもつ，ヒルベルト空間 $\mathcal{H}$ 上の線形作用素 A に対して，方程式

$$Af = \lambda f \quad (\lambda \in \mathbb{C}, f \in \mathcal{D}(A)) \tag{3.13}$$

が 0 でない解 f をもつとき，その λ を**固有値**といい，f を**固有関数**という．固有値 λ に対する固有関数の全体

$$V(A;\lambda) := \{\, f \in \mathcal{D}(A)\ ;\ Af = \lambda f \,\} \tag{3.14}$$

は，**固有空間**とよばれ，$\mathcal{D}(A)$ の部分空間をなす．作用素 A が自己共役のときは，その固有値 (さらには連続固有値) と固有ベクトルを調べて，それらを積み重ねることによって A が再現できる ([Yosi, Chap.XI] 参照).

我々の $\widetilde{H}$ の場合には，目下は定義域を (3.10) で与えているので，対称ではあるが自己共役ではない．しかし，本質的に自己共役なので，固有値と固有空間を

調べれば，$\widetilde{H}$ が解析できる．その際，固有空間

$$V(\widetilde{H}\,;\lambda) = \{\, f \in \mathcal{S}(\Omega)\;;\; \widetilde{H}f = \lambda f \,\} \tag{3.15}$$

を調べるには，この物理系における対称性を利用すべきである．

その仕組みを説明しよう．$\mathcal{H}$ 上の可逆な線形作用素 C がハミルトン作用素 $\widetilde{H}$ を**不変にする**とは，$C\widetilde{H} = \widetilde{H}C$，すなわち，

$$C(\mathcal{D}(\widetilde{H})) = \mathcal{D}(\widetilde{H}), \qquad C\widetilde{H}f = \widetilde{H}Cf \quad (f \in \mathcal{D}(\widetilde{H})),$$

となることである．この C の全体 $G(\widetilde{H})$ は作用素の積に関して群をなす．この群は，N 粒子の系を支配するシュレーディンガー方程式を不変にするので，この物理系の**対称性の群**とよんでもよい．$\widetilde{H}$ の各固有空間はこの群 $G(\widetilde{H})$ によって不変である：

$$f \in V(\widetilde{H},\lambda) \implies Cf,\ C^{-1}f \in V(\widetilde{H},\lambda) \quad (\forall C \in G(\widetilde{H})).$$

実際，$\widetilde{H}(Cf) = C\widetilde{H}f = C(\lambda f) = \lambda(Cf)$.

$C_1, C_2 \in G(\widetilde{H})$ に対して，部分空間 $W = V(\widetilde{H},\lambda)$ への制限を考えると $(C_1C_2)|_W = C_1|_W \cdot C_2|_W$ となるので，次の重要な命題を得る．

命題 3.1. 部分空間 $V(\widetilde{H},\lambda)$ へ制限する対応 $G(\widetilde{H}) \ni C \mapsto C|_{V(\widetilde{H},\lambda)}$ は，群 $G(\widetilde{H})$ の $V(\widetilde{H},\lambda)$ 上の線形表現を与える．

この表現の既約分解，既約表現の次元や重複度，さらに既約表現の行列要素などは，当然のこととして，この物理系の重要なデータを与える．次節では，群 $G(\widetilde{H})$ の分かりやすい部分群を見つけて，もっと具体的に見ていこう．

3.3　N 粒子系の対称性の群とその表現

原子・分子レベルでの対称性の群は，**1.6** 節で例をとって調べたが，ここでは，微分方程式

$$\widetilde{H}f = \lambda f \quad (f \in \mathcal{D}(\widetilde{H})) \tag{3.16}$$

の対称性の群を調べるのである．

回転群とアファイン変換群

2 階の微分作用素 $\Delta^{(i)}$ の部分と，掛け算作用素 $M_U := U\cdot$ の部分とに分けて考える．i 番目のユークリッド空間 E^3 でのアファイン変換

$$q^i \longmapsto {q'}^i = Bq^i + b, \quad B = \begin{pmatrix} b_{11} & b_{12} & b_{13} \\ b_{21} & b_{22} & b_{23} \\ b_{31} & b_{32} & b_{33} \end{pmatrix}, \quad b = \begin{pmatrix} b_1 \\ b_2 \\ b_3 \end{pmatrix}, \tag{3.17}$$

を $g = g(b, B)$ と書く．それから引き起こされる $\mathcal{H} = L_2(\Omega; d\mu)$ の変換

$$(R(g)f)(q) := f(g^{-1}q) \quad (q \in \Omega)$$

は，微分方程式 (3.16) をどう変換させるかを調べよう．

まず，この式の両辺に $R(g)$ を作用させて，$R(g)\cdot\widetilde{H}f = \lambda R(g)f$, つぎに f を $R(g)^{-1}f$ で置き換えてみると，

$$R(g)\cdot\widetilde{H}\cdot R(g)^{-1}f = \lambda f$$

を得る．そこで，1 階微分作用素 $\partial_{ik} := \partial/\partial q^i_k$ の変換を見る．(3.17) を変数変換と見ると，$\partial'_{ik} := \partial/\partial {q'}^i_k$ との関係は，$\partial_{ik} = \sum_{1\le\ell\le3} \partial_{ik}{q'}^i_\ell \cdot \partial'_{i\ell} = \sum_{1\le\ell\le3} b_{\ell k}\,\partial'_{i\ell}$, であり，これを行列の演算を用いて書くと，

$$(\partial_{i1}, \partial_{i2}, \partial_{i3}) = (\partial'_{i1}, \partial'_{i2}, \partial'_{i3})B. \tag{3.18}$$

他方，1 階の微分作用素 ∂_{ik} の変換 $R(g)\cdot\partial_{ik}\cdot R(g)^{-1}$ を求めてみよう．$(R(g)^{-1}f)(q) = f(gq) = f(q')$ であるから，$R(g)^{-1}$ を f に作用させるということは，f の中の変数 q を q' に置き換えることになる (これは f における変数変換 $q \mapsto q'$ とは双対の作用である)．この $f(q')$ に $\partial_{ik} = \sum_{1\le\ell\le3} b_{\ell k}\,\partial'_{i\ell}$ を作用した後，$R(g)$ を作用すると，今度は q' を q にもどすわけだから結果としては f に $\sum_{1\le\ell\le3} b_{\ell k}\,\partial_{i\ell}$ を作用したことになる．したがって，次の変換公式 (3.19) を得る．

命題 3.2. (i)　1 階の微分作用素 $\partial_{ik} = \partial/\partial q^i_k$ は，$g = g(b, B)$ に対する $R(g)$

によって，次のように変換される：

$$(R(g)\cdot\partial_{ik}\cdot R(g)^{-1})_{1\le k\le 3}=(\partial_{i1},\partial_{i2},\partial_{i3})B, \tag{3.19}$$

ここに左辺は作用素を要素とする 1×3 型行列である．

(ii) 変数 q^i に関するラプラシアンの変換は次で与えられる：

$$R(g)\cdot\Delta^{(i)}\cdot R(g)^{-1}=(\partial_{i1},\partial_{i2},\partial_{i3})(B\,{}^tB)\,{}^t(\partial_{i1},\partial_{i2},\partial_{i3}). \tag{3.20}$$

また，掛け算作用素 $M_U=U\cdot$ の変換は，次で与えられる：

$$R(g)\cdot M_U\cdot R(g)^{-1}=M_{U'},\quad U'(q)=U(g^{-1}q)=(R(g)U)(q). \tag{3.21}$$

この命題の (ii) の証明は，問題 3.1 として読者に任せる．さて，3×3 型行列 B が $B\,{}^tB=E_3$ を満たすのは，$B\in O(3)$ のときなので，命題 3.1 により次の定理がほぼ得られる．定理後半の主張のユニタリ性の証明は問題 3.2 とする．

定理 3.3. i 番目のユークリッド空間上のアファイン変換 $g:q^i\to Bq^i+b$ が，$B\in O(3)$ かつ $U(gq)=U(q)$ を満たせば，微分作用素 $\widetilde{H}$ を不変にする：$R(g)\cdot\widetilde{H}\cdot R(g)^{-1}=\widetilde{H}$．そして固有方程式 (3.16) を不変にする．したがって，固有値 λ の固有空間

$$\mathcal{S}(\lambda):=\{\,f\in\mathcal{S}(\Omega)\,;\,\widetilde{H}f=\lambda f\,\}$$

は $R(g)$ で不変である．

とくに，U が (q^i 上の) 回転群 $SO(3)$ (または $O(3)$) で不変なときは，固有空間 $\mathcal{S}(\lambda)$ 上に，$B\mapsto R(B)$ によって，この群のユニタリ表現が与えられる．

問題 3.1. (i) 微分作用素の変換公式 (3.20) を証明せよ．

(ii) 掛け算作用素 M_U の変換公式 (3.21) を証明せよ．

問題 3.2. (i) $B=u\in O(3)$ として，変換 $q^i\mapsto uq^i$ によって，測度 $d\mu(q)$ は不変であることを示せ．

(ii) ヒルベルト空間 $\mathcal{H}$ 上の線形変換 $R(u)$ はユニタリであることを示せ．

3 次元座標 q^i, $q^{i'}$ の交換

添字 i,i' をもつ 2 つの粒子に対して，$m_i=m_{i'}$ とする．さらに，変数 q に

おける q^i と $q^{i'}$ との交換 $\sigma_{ii'}$ に関して，位置エネルギー $U(q)$ が不変であれば，微分作用素 $\widetilde{H}$ も不変になる，すなわち，$(S_{ii'}f)(q) := f(\sigma_{ii'}q)$ とおくと，

$$S_{ii'} \cdot \widetilde{H} \cdot (S_{ii'})^{-1} = \widetilde{H}.$$

したがって，固有空間 $\mathcal{H}(\lambda)$ も $S_{ii'}$ で不変である．この不変性を，(3.3) の波動関数 ψ の性質にどう反映させるかは物理学的な解釈による．例えば，$S_{ii'}\psi = \psi$ または $S_{ii'}\psi = -\psi$ はそれぞれに，ある物理学上の原理を表している．

3.4 中心力が働いている系の場合

水素の原子や分子の場合のように，1 個の粒子が中心力が働く場において運動しているときを，より詳しく調べてみよう．これはまず，水素原子の電子軌道の理論に，注目すべき成功をおさめた．

上の議論の $N = 1$ の場合を応用する．この物理系の対称性の群については，**1.6** 節において詳述した．1 粒子の静止質量を m_0，その座標 $q = {}^t(q_1, q_2, q_3)$ と運動量 $p = {}^t(p_1, p_2, p_3) = {}^t(m_0\dot{q}_1, m_0\dot{q}_2, m_0\dot{q}_3)$ を用いると，

$$\widetilde{H} = -\frac{\hbar^2}{2m_0}\Delta + U(q)\cdot$$

水素原子の場合に進む前に，ここでは，中心力が働いている場合の一般論を述べる．すなわち，位置エネルギー $U(q)$ に対して，q に関する回転群 $SO(3)$ で不変であると仮定する．このとき，U は，$r := |q| = ({q_1}^2 + {q_2}^2 + {q_3}^2)^{1/2}$ のみの関数である．これを $V(r)$ と書く．

回転群 $SO(3)$ の表現としては，例 2.3 で与えたものと本質的に同一であり，単にそこでの変数 x が q に変わっているだけの差しかない．3 次元ユークリッド空間における極座標表示 (r, θ, φ), $r \geq 0$, $0 \leq \theta \leq \pi$, $-\pi \leq \varphi < \pi$,

$$q_1 = r\sin\theta\cos\varphi, \quad q_2 = r\sin\theta\sin\varphi, \quad q_3 = r\cos\theta, \tag{3.22}$$

をとる．この変数に関して，ラプラシアンを書く．

補題 3.4 (ラプラシアンの極座標表示と回転不変性)**.**

(i)
$$\Delta = \left(\frac{\partial}{\partial q_1}\right)^2 + \left(\frac{\partial}{\partial q_2}\right)^2 + \left(\frac{\partial}{\partial q_3}\right)^2 = \frac{1}{r^2}\frac{\partial}{\partial r}\left(r^2\frac{\partial}{\partial r}\right) + \frac{1}{r^2}\Delta_S, \quad (3.23)$$
$$\Delta_S = \frac{1}{\sin\theta}\frac{\partial}{\partial\theta}\left(\sin\theta\frac{\partial}{\partial\theta}\right) + \frac{1}{\sin^2\theta}\frac{\partial^2}{\partial\varphi^2}. \quad (3.24)$$

(ii)　Δ_S は単位球面 $S^2 \subset E^3$ の上の回転群 $SO(3)$ で (さらに $O(3)$ で) 不変な微分作用素である．すなわち，$F(\omega), \omega \in S^2$, を球面上の微分可能な関数とし，例 2.3 に倣って，$(R''(u)F)(\omega) := F(u^{-1}\omega), u \in O(3)$, とすると，

$$R''(u) \cdot \Delta_S \cdot R''(u)^{-1} = \Delta_S \quad (u \in O(3)).$$

証明.　(i)　極座標の変数変換の定義を用いて

$$\frac{\partial}{\partial r} = \frac{\partial q_1}{\partial r}\frac{\partial}{\partial q_1} + \frac{\partial q_2}{\partial r}\frac{\partial}{\partial q_2} + \frac{\partial q_3}{\partial r}\frac{\partial}{\partial q_3}$$

を書き換えて，

$$B := r\frac{\partial}{\partial r} = q_1\frac{\partial}{\partial q_1} + q_2\frac{\partial}{\partial q_2} + q_3\frac{\partial}{\partial q_3}$$

を得る．同様にして，

$$C := r\sin\theta\frac{\partial}{\partial\theta} = q_3\left(q_1\frac{\partial}{\partial q_1} + q_2\frac{\partial}{\partial q_2}\right) - ({q_1}^2 + {q_2}^2)\frac{\partial}{\partial q_3},$$
$$D := \frac{\partial}{\partial\varphi} = -q_2\frac{\partial}{\partial q_1} + q_1\frac{\partial}{\partial q_2},$$

を得る．他方，$r^2 = {q_1}^2 + {q_2}^2 + {q_3}^2$, $r^2\sin^2\theta = {q_1}^2 + {q_2}^2$,

$$(3.23)\ \text{の右辺} = \frac{1}{r^2}(B^2 + B) + \frac{1}{r^2 \cdot r^2\sin^2\theta}C^2 + \frac{1}{r^2\sin^2\theta}D^2$$

であるから，これに上の B, C, D の表示を代入して計算すればよい．

(ii)　例 2.3 におけると同様に，$f(q) = F_1(r)F_2(\omega), r \geq 0, \omega \in S^2$, と変数分離型の関数 f に Δ の表示 (3.23) を作用させてみればよい．　□

注意 3.2. 公式 (3.23) を発見的に証明するには，Δ が，リーマン空間と見た 3 次元ユークリッド空間 E^3 のラプラス - ベルトラミ作用素であるから，それに関する (微分幾

何における) 一般公式を援用すればよい．この公式を [Helg, p.92] から引用しておく．n 次元多様体 M の局所座標 $x=(x_1,x_2,\cdots,x_n)$ に関して，M のリーマン計量が $ds^2=\sum_{1\leqslant i,j\leqslant n} g_{ij}\,dx_i\,dx_j$ $(g_{ij}=g_{ij}(x), g_{ij}=g_{ji})$ と表されているとし，行列 (g_{ij}) の逆行列を $(g^{k\ell})$, その行列式を $\overline{g}$ と書く．M 上の (局所的) 等距離変換に関して不変な作用素である**ラプラス-ベルトラミ作用素** Δ は，次の公式で与えられる：

$$\Delta=\frac{1}{\sqrt{\overline{g}}}\sum_k \frac{\partial}{\partial x_k}\left(\sum_i g^{ik}\sqrt{\overline{g}}\,\frac{\partial}{\partial x_i}\right). \tag{3.25}$$

問題 3.3. 上の補題の主張 (i), (ii) の証明を完結せよ．

問題 3.4. 単位球面 S^2 上の局所座標 $(\theta,\varphi), 0<\theta<\pi, -\pi<\varphi<\pi$, はある大円の半分を切り取った開部分集合 U 上での座標になっている．この開集合を適当に回転したもの U' をとれば，U, U' で S^2 を被覆できることを示せ．(**注意**：U' 上の局所座標を U 上のそれから誘導すれば C^∞ 級可微分多様体 S^2 のひとつの局所座標系を得る.)

ラプラシアン Δ の表示式 (3.23) を見ればすぐ思いつくように，方程式

$$\widetilde{H}f=\lambda f,\qquad \widetilde{H}=-\frac{\hbar^2}{2m_0}\Delta+V(r)\cdot\,, \tag{3.26}$$

の一般解を求めるのに，まず，変数分離型の解 $f(q)=F_1(r)F_2(\omega), r\geq 0, \omega\in S^2$, を具体的に求めて，一般の解はその 1 次結合として表すことを目指す．

(3.23) を適用して方程式 (3.26) を書き換えれば次のようになる：$\kappa=\hbar^2/2m_0$ とおくと，

$$\frac{\left[-\kappa\left(\frac{1}{r^2}\frac{d}{dr}\left(r^2\frac{d}{dr}\right)\right)+V(r)-\lambda\right]F_1(r)}{\kappa\frac{1}{r^2}F_1(r)}=\frac{(\Delta_S F_2)(\omega)}{F_2(\omega)}.$$

すると，この式の両辺は変数 ω にも r にもよらない定数になるので，これを ν とおくと，次の 2 つの方程式に分かれる．1 つは**動径方程式**とよばれる

$$\left[-\kappa\left(\frac{1}{r^2}\frac{d}{dr}\left(r^2\frac{d}{dr}\right)+\frac{\nu}{r^2}\right)+V(r)-\lambda\right]F_1(r)=0\quad(r>0) \tag{3.27}$$

であり，もう 1 つは球面 S^2 の上のラプラシアンの固有値問題の方程式

$$(\Delta_S F_2)(\omega)=\nu F_2(\omega)\quad(\omega\in S^2) \tag{3.28}$$

である．この Δ_S の固有値問題は，回転群 $SO(3)$ の表現との関連において，次節，次々節で詳しく述べるが，固有値は $\nu_\ell = -\ell(\ell+1),\ \ell = 0,1,2,\cdots$，で与えられる．

ここでは，動径方程式を考えよう．$F_1(r) = r^{-1}v(r)$ とおけば，v に関する方程式は次のようになる：

$$v'' + \left(\frac{\nu_\ell}{r^2} + \frac{-V(r)+\lambda}{\kappa}\right)v = 0. \tag{3.29}$$

v を動径関数とよぶ．Δ_S の固有値 ν_ℓ の固有関数の 1 つ $Y(\omega)$ をとって，$f(q) = r^{-1}v(r)Y(\omega)$ とおくとき，それが $L_2(E^3; d\mu(q))$ に入れば，そのときの λ が，シュレーディンガー作用素 $\widetilde{H}$ の固有値を与える．(実は，我々は $\widetilde{H}$ の定義域を (3.10) にとっているのでもう少しチェックが必要である.) f の L_2–ノルムを計算するには，例 2.3 における測度の分解を使う．

E^3 上の座標 $q = {}^t(q_1, q_2, q_3)$ を $q = r\,\omega,\ r \geq 0,\ \omega \in S^2$ と表す．さらに，(3.22) の極座標 (r,θ,φ)，$r \geq 0,\ 0 \leq \theta \leq \pi,\ -\pi \leq \varphi < \pi$，を導入し，$\omega \in S^2$ の座標として，(θ,φ) をとる．ルベーグ測度は次のように分解される：

$$d\mu(q) = dq_1dq_2dq_3 = r^2dr\,d\mu_S(\omega), \quad d\mu_S(\omega) = \sin\theta\,d\theta\,d\varphi. \tag{3.30}$$

固有関数 Y は当然微分可能な関数なので，$Y \in \mathcal{H}_S := L^2(S^2; d\mu_S)$．そして，

$$\|f\|^2 = \|v\|^2 \cdot \|Y\|^2_{\mathcal{H}_S}, \quad \|v\|^2 := \int_0^\infty |v(r)|^2dr,$$

であるから，条件 $\|v\|^2 < \infty$ が，$f \in L_2(E^3; d\mu(q))$ となるための必要十分条件である．

3.5　球面調和関数と回転群 $SO(3)$ の準正則表現

この節と次節で，球面 S^2 の上のラプラシアン Δ_S の固有値問題

$$(\Delta_S F_2)(\omega) = \nu F_2(\omega) \quad (\omega \in S^2). \tag{3.31}$$

を詳しく調べよう．微分作用素 Δ_S は回転群 $SO(3)$ (さらに $O(3)$) に関して不変なので，固有空間 $V(\Delta_S,\nu)$ にはこれらの群の表現が誘導される．

結果として，これは，例 2.3 で与えた回転群 $G = SO(3)$ の無限次元ユニタリ表現 $(R'', \mathcal{H}_S)$, $\mathcal{H}_S = L_2(S^2; d\mu_S)$, の既約表現への分解 (**既約分解**) を与える．現在では，既約分解の証明の仕方はいろいろあるが，我々が取り扱うのは，空間全体のラプラシアン Δ との関連を利用するものである．

説明 3.1. S^2 の 1 点 $q^{(0)} = {}^t(1,0,0)$ をとると，その固定部分群 $H = \{\, u \in SO(3)\,;\, uq^{(0)} = q^{(0)} \,\}$ は，$H = \left\{ \begin{pmatrix} 1 & 0 \\ 0 & w \end{pmatrix} ; w \in SO(2) \right\} \cong SO(2)$ であり，自然な対応 $G \ni u \mapsto q = uq^{(0)} \in S^2$ によって，均質空間 G/H と S^2 は同型となる．実際，この対応は全射であり，かつ，

$$uq^{(0)} = u'q^{(0)} \iff u^{-1}u' \in H \iff uH = u'H.$$

そして，表現 $(R'', \mathcal{H}_S)$ は誘導表現 $(\mathrm{Ind}_H^G \mathbf{1}_H, L_2(G/H; d\mu_{G/H}))$ と同値になる．ここに，$\mathbf{1}_H$ は H の自明な表現，$d\mu_{G/H}$ は G/H 上の G-不変測度，を表す．この意味で表現 R'' は G の**準正則表現**とよばれる．

既約分解の結果を先に定理 3.5 として述べておこう．証明は次節 **3.6** と次々節 **3.7** で与える．主張 (ii) の直和分解の証明は **3.7** にある．S^2 上の微分作用素 Δ_S の定義域として S^2 上の 2 回連続微分可能 (C^2 級) 関数の全体 $\mathcal{H}'_S := C^2(S^2)$ をとる．作用素 $(\Delta_S, \mathcal{H}'_S)$ は対称作用素である (問題 3.6)，すなわち，

$$\langle \Delta_S f_1, f_2 \rangle = \langle f_1, \Delta_S f_2 \rangle \quad (f_1, f_2 \in \mathcal{H}'_S). \tag{3.32}$$

これは，$(\Delta_S)^* \supset \Delta_S$ とも書ける．そして Δ_S の閉包は，$\mathcal{H}_S$ 上の自己共役作用素である ([Yosi, Chap.II], 参照)．変域 $0 \le \theta \le \pi$ に対して，$t = \cos\theta$ を θ に換えて新しい変数に採用すれば，

$$\frac{1}{\sin\theta}\frac{\partial}{\partial\theta} = -\frac{\partial}{\partial t}, \qquad \sin\theta\,\frac{\partial}{\partial\theta} = -(1-t^2)\,\frac{\partial}{\partial t},$$

$$\therefore \quad \Delta_S = \frac{\partial}{\partial t}\left((1-t^2)\,\frac{\partial}{\partial t}\right) + \frac{1}{1-t^2}\,\frac{\partial^2}{\partial\varphi^2}. \tag{3.33}$$

定理 3.5 (回転群の準正則表現の既約分解)**.**

(i) 作用素 $(\Delta_S, \mathcal{H}'_S)$ の固有値は，$\nu_\ell := -\ell(\ell+1), \ell = 0, 1, 2, \cdots,$ であり，

その固有空間 $V(\Delta_S;\nu_\ell)$ は $(2\ell+1)$ 次元であって，球面調和関数よりなる次の正規直交系によって張られる：

$$Y_{\ell m}(\theta,\varphi)=c_{\ell m}P_\ell^m(\cos\theta)\,e^{im\varphi}, \tag{3.34}$$
$$m=-\ell,-\ell+1,\cdots,\ell-1,\ell;$$

ここに，
$$c_{\ell m}=(-1)^m\sqrt{\frac{(2\ell+1)\cdot(\ell-m)!}{4\pi\cdot(\ell+m)!}}, \tag{3.35}$$
$$P_\ell^m(t)=\frac{1}{2^\ell\ell!}(1-t^2)^{\frac{m}{2}}\frac{d^{\ell+m}(t^2-1)^\ell}{dt^{\ell+m}}. \tag{3.36}$$

(ii) 回転群 $SO(3)$ のユニタリ表現 $(R'',\mathcal{H}_S)$ は固有空間 $V(\Delta_S;\nu_\ell)$ 上に既約表現 π_ℓ を誘導する（π_ℓ を**最高ウェイト** ℓ の既約表現とよぶ）．そして，R'' はこれらの既約表現の直和になっている：

$$R''=\sum_{\ell\ge 0}^{\oplus}\pi_\ell,\qquad \mathcal{H}_S=\sum_{\ell\ge 0}^{\oplus}V(\Delta_S;\nu_\ell). \tag{3.37}$$

ここで，既約表現 $(\pi_\ell,V(\Delta_S;\nu_\ell))$ の直和については，注意 3.3 を参照せよ．

上に現れた P_ℓ^m のうち，$m=0$ のもの $P_\ell(t):=P_\ell^0(t)$ はルジャンドル (A.M. Legendre, 1752–1833) の多項式，$m\neq 0$ のものはルジャンドルの陪《ばい》関数とよばれる特殊関数であり，次の 2 階変数係数線形微分方程式の解である：

$$\left\{\frac{d}{dt}\left((1-t^2)\frac{d}{dt}\right)+\left(\ell(\ell+1)-\frac{m^2}{1-t^2}\right)\right\}P=0. \tag{3.38}$$

注意 3.3（直和について）．ヒルベルト空間 $\mathcal{H}$ の閉部分空間の族 $\mathcal{H}_n, n=1,2,\cdots,$ があって，$\mathcal{H}_n\perp\mathcal{H}_m\ (n\neq m)$ を満たすとする．無限和

$$f=\sum_{1\le n<\infty}f_n,\quad f_n\in\mathcal{H}_n\ (n=1,2,\cdots), \tag{3.39}$$

は，条件：$\|f\|^2=\sum_{1\le n<\infty}\|f_n\|^2<\infty$, が満たされるとき，かつそのときに限り収束する．このように，和として得られる f の全体を，$\sum_{1\le n<\infty}^{\oplus}\mathcal{H}_n$ と書くと，これは，$\mathcal{H}_n$ の**直和**とよばれる部分ヒルベルト空間をなす．$\mathcal{H}=\sum_{1\le n<\infty}^{\oplus}\mathcal{H}_n$ となっている場合を考える．$\mathcal{H}$ 上の有界線形作用素 T が各 $\mathcal{H}_n$ を不変にするとする：$T(\mathcal{H}_n)\subset\mathcal{H}_n$．このとき，$T$

の制限 $T_n := T|_{\mathcal{H}_n}$ は $\mathcal{H}_n$ 上の有界線形作用素である．そして，(3.39) の f に対して，

$$Tf = \sum_{1 \le n < \infty} T_n f_n \tag{3.40}$$

となる．このとき，$T = \sum_{1 \le n < \infty}^{\oplus} T_n$ と書く．群 G の表現 $(\varpi, \mathcal{H})$ に対して，各 $\mathcal{H}_n$ が不変部分空間であれば，ϖ は $\mathcal{H}_n$ 上に部分表現 ϖ_n を誘導し，任意の $g \in G$ に対して，$\varpi(g) = \sum_{1 \le n < \infty}^{\oplus} \varpi_n(g)$ となる．このとき，表現 ϖ は ϖ_n たちの**直和**であるといい，$\varpi = \sum_{1 \le n < \infty}^{\oplus} \varpi_n$ と書く．

問題 3.5. ラプラシアン Δ をヒルベルト空間 $\mathcal{H} = L_2(E^3; d\mu(q))$ 上で考える．その定義域を，急減少関数の空間 $\mathcal{S}(E^3)$ にとる．このとき，線形作用素 $(\Delta, \mathcal{S}(E^3))$ は，対称作用素であることを証明せよ． 〔ヒント： この作用素の対称性を示すには，$\mathcal{H}$ 上の内積を，$\langle F_1, F_2 \rangle := \int_{E^3} F_1(q)\, \overline{F_2(q)}\, d\mu(q)$ とするとき，

$$\langle \Delta F_1, F_2 \rangle = \langle F_1, \Delta F_2 \rangle \quad (F_1, F_2 \in \mathcal{S}(E^3))$$

を示せばよい．それには部分積分を用いればよい.〕

問題 3.6. ヒルベルト空間 $\mathcal{H}_S = L_2(S^2; d\mu_S)$ 上の線形作用素 $(\Delta_S, \mathcal{H}'_S)$ は対称作用素であることを証明せよ．ここに，$\mathcal{H}'_S = C^2(S^2)$ である． 〔ヒント： 関係式 (3.32) を示せばよい．そのために，例えば，作用素 $(\Delta, \mathcal{S}(E^3))$ の対称性を利用することもできる．それには，$q \in E^3$ に対する極座標 $(r, \omega), 0 \le r \le \infty, \omega \in S^2$, を用いて微分作用素 Δ を補題 3.4 (i) の形に書き，$F_j, j = 1, 2$, として，$F_j(q) = h_j(r) f_j(\omega)$ の形に書かれる関数を代入する．ここに，$h_j \in C_c^2(\mathbb{R}_+)$ は，$\mathbb{R}_+ := \{ r \in \mathbb{R}\, ;\, r > 0 \}$ 上の台がコンパクトな 2 回連続微分可能関数である.〕

3.6 体球関数・球面調和関数と回転群の表現

3.6.1 体球関数・球面調和関数と回転群

3 次元ユークリッド空間 E^3 での座標を，後との関係を考慮して，ここでは $x = {}^t(x_1, x_2, x_3)$ と書く．x_1, x_2, x_3 に関する複素係数の多項式の全体を $\mathcal{P}[x]$ と書くと，その上には，$(R(g)f)(x) := f(g^{-1}x)$ $(f \in \mathcal{P}[x])$ によって，群 $SO(3)$ が働く．その群作用と微分作用素としてのラプラシアン $\Delta = \sum_{1 \le i \le 3} (\partial/\partial x_i)^2$ と

は可換である (命題 3.2(ii)).

$$\text{(ラプラスの方程式)} \qquad \Delta f = 0 \tag{3.41}$$

の解 $f(x)$ で x_1, x_2, x_3 に関して ℓ 次同次関数になるものを ℓ 次の**体球関数** (または**調和多項式**) とよぶ. その全体 $\mathbb{P}_\ell$ はベクトル空間をなす. f を極座標 (r, θ, φ) で書くと, $r^\ell Y_\ell(\theta, \varphi)$ となる. 球面上の関数 Y_ℓ を**球面調和関数**とよぶ.

補題 3.4 (i) の Δ の表示式を使うと, Y_ℓ は球面 S^2 上の関数で Δ_S の固有値 $\nu_\ell = -\ell(\ell+1)$ の固有関数であることが分かる：

$$\Delta_S Y_\ell = -\ell(\ell+1) Y_\ell\,. \tag{3.42}$$

この固有関数全体のなす空間 $V(\Delta_S, \nu_\ell)$ は, 写像

$$\mathcal{K}\ :\ \mathbb{P}_\ell \ni f \longmapsto f|_{S^2} = Y_\ell \in V(\Delta_S, \nu_\ell) \tag{3.43}$$

によって, $\mathbb{P}_\ell$ と同型であることがのちに分かる (定理 3.14).

定理 3.6. $\ell = 0, 1, 2, \cdots$ とする. ℓ 次体球関数の空間 $\mathbb{P}_\ell$ は, $(2\ell+1)$ 次元であって, $(R(g)f)(x) = f(g^{-1}x)$ $(g \in SO(3)\,, f \in \mathbb{P}_\ell)$ によって回転群 $SO(3)$ の既約表現を与える.

証明を進めるにあたって, 回転 $g \in SO(3)$ のオイラー (L. Euler) 角表示を与えておく. まず, $i \neq j$ として, (x_i, x_j) 平面の角度 ψ の 2 次元的回転を表す行列 $r_{ij}(\psi)$ を与えると,

$$r_{12}(\psi) = \begin{pmatrix} \cos\psi & -\sin\psi & 0 \\ \sin\psi & \cos\psi & 0 \\ 0 & 0 & 1 \end{pmatrix}, \quad r_{23}(\psi) = \begin{pmatrix} 1 & 0 & 0 \\ 0 & \cos\psi & -\sin\psi \\ 0 & \sin\psi & \cos\psi \end{pmatrix},$$

$$r_{31}(\psi) = r_{13}(-\psi) = \begin{pmatrix} \cos\psi & 0 & \sin\psi \\ 0 & 1 & 0 \\ -\sin\psi & 0 & \cos\psi \end{pmatrix}, \tag{3.44}$$

となる. これらはいずれも, $r_{ij}(\psi_1)\, r_{ij}(\psi_2) = r_{ij}(\psi_1 + \psi_2)$ $(\psi_1, \psi_2 \in \mathbb{R})$ を満たす. 加群の $\mathbb{R}$ から $SO(3)$ への準同型写像を**一径数部分群**とよぶが, これら

はその典型的な例である．写像 $\mathbb{R} \to SO(3)$ として表すときには，$r_{ij}(\psi)$ の変数 ψ を消した形で単に r_{ij} と書くことが多い．

命題 3.7 (回転の‘オイラー角’).

(i)　回転を与える $g \in SO(3)$ は次の積の形に表せる：

$$g = r_{12}(\varphi)\, r_{23}(\theta)\, r_{12}(\varphi') \quad (0 \leq \varphi, \varphi' < 2\pi,\ 0 \leq \theta \leq \pi). \tag{3.45}$$

ここで，g に対するパラメータ $(\varphi, \theta, \varphi')$ は上に与えた領域の内部においては一意的である．

(ii)　$x^{(1)} = {}^t(1,0,0)$, $x^{(2)} = {}^t(0,1,0)$, $x^{(3)} = {}^t(0,0,1)$ に対し，$y^{(i)} = gx^{(i)}$ とおくと，

$$\begin{aligned} y^{(1)} &= {}^t(*, *, \sin\theta\,\sin\varphi'), \\ y^{(2)} &= {}^t(*, *, \sin\theta\,\cos\varphi'), \\ y^{(3)} &= {}^t(\sin\varphi\,\sin\theta, -\cos\varphi\,\sin\theta, \cos\theta) \end{aligned}$$

となり，$\sin\theta \neq 0$ の場合，これらから，$(\varphi, \theta, \varphi')$ が決定できる．
(注：一般に言われているオイラー角 (φ, θ, ψ) は，$g = r_{21}(\psi) r_{13}(\theta) r_{21}(\varphi) = r_{12}(-\psi) r_{31}(-\theta) r_{12}(-\varphi)$ によって決まる.)

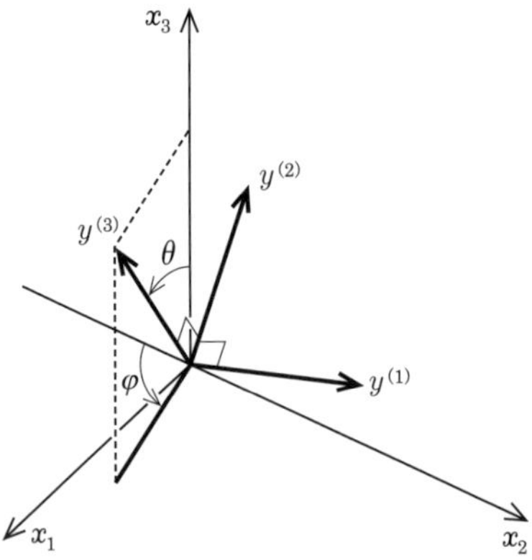

図 **3.1.**　‘オイラー角’の図：　$y^{(i)} = gx^{(i)}$ $(1 \leq i \leq 3)$

命題 3.8.　$g \in G = SO(3)$ の‘オイラー角’表示を上のように，$g =$

$r_{12}(\varphi)\,r_{23}(\theta)\,r_{12}(\varphi')$ $(0 \le \varphi, \varphi' < 2\pi,\ 0 \le \theta \le \pi)$ とすると，コンパクト群 G 上の正規化されたハール (A. Haar) 測度 $d\mu_G$ は次のように与えられる：

$$d\mu_G(g) = \frac{1}{8\pi^2}\,\sin\theta\,d\varphi\,d\theta\,d\varphi'\,. \tag{3.46}$$

問題 3.7. 命題 3.7 を証明せよ．　〔ヒント：参考文献 [平井, I, 第 7 章] を見よ.〕

問題 3.8. 命題 3.8 を証明せよ．　〔ヒント：参考文献 [平井, II, 第 21 章] を見よ.〕

さてここで，変数 x_1, x_2, x_3 から次の新変数 y_+, y_-, x_3 に移る：

$$y_+ := \frac{1}{2}(x_1 + i\,x_2) = \frac{r}{2}\,\sin\theta\,e^{i\varphi} \quad (i = \sqrt{-1}),$$
$$y_- := \frac{1}{2}(x_1 - i\,x_2) = \frac{r}{2}\,\sin\theta\,e^{-i\varphi}.$$

すると，$x_1 = y_+ + y_-$, $x_2 = i^{-1}(y_+ - y_-)$, である．新しい 1 階の微分作用素を

$$\frac{\partial}{\partial y_+} := \frac{\partial}{\partial x_1} - i\,\frac{\partial}{\partial x_2}, \quad \frac{\partial}{\partial y_-} := \frac{\partial}{\partial x_1} + i\,\frac{\partial}{\partial x_2},$$

とおくと，次を得る：

$$\frac{\partial}{\partial x_1} = \frac{1}{2}\left(\frac{\partial}{\partial y_+} + \frac{\partial}{\partial y_-}\right), \quad \frac{\partial}{\partial x_2} = \frac{i}{2}\left(\frac{\partial}{\partial y_+} - \frac{\partial}{\partial y_-}\right); \tag{3.47}$$

$$\frac{\partial}{\partial y_+}\,y_+ = 1, \quad \frac{\partial}{\partial y_+}\,y_- = 0; \quad \frac{\partial}{\partial y_-}\,y_+ = 0, \quad \frac{\partial}{\partial y_-}\,y_- = 1; \tag{3.48}$$

$$\Delta = \frac{\partial}{\partial y_+}\frac{\partial}{\partial y_-} + \left(\frac{\partial}{\partial x_3}\right)^2. \tag{3.49}$$

$\mathbb{P}_\ell$ の基底を求めるために，まず，x_1, x_2, x_3 の ℓ 次同次多項式の空間の基底を

$$Q^\ell_{a,b}(x) := \frac{y_+^{\,a}\,y_-^{\,b}\,x_3^{\,\ell-a-b}}{a!\,b!\,(\ell-a-b)!} \qquad (a \ge 0,\ b \ge 0,\ 0 \le a+b \le \ell)$$

によって与える．上の Δ の表示を使うと，

$$\Delta\,Q^\ell_{a,b} \;=\; Q^{\ell-2}_{a-1,b-1} \;+\; Q^{\ell-2}_{a,b}$$

を得る．ただし右辺で，$a-1<0$, $b-1<0$ あるいは $\ell-2<0$ があれば，それに対応する項は 0 とする．そこで，$Q \in \mathbb{P}_\ell$ を，この基底を使って，$Q =$

$\sum_{a,b} A^\ell_{a,b} Q^\ell_{a,b}$ $(A^\ell_{a,b} \in \mathbb{C})$ と書くと，

$$\begin{aligned}\Delta Q &= \sum_{a,b} A^\ell_{a,b} \left(Q^{\ell-2}_{a-1,b-1} + Q^{\ell-2}_{a,b}\right) \\ &= \sum_{a,b} \left(A^\ell_{a+1,b+1} + A^\ell_{a,b}\right) Q^{\ell-2}_{a,b} \ = \ 0,\end{aligned}$$

ただし，最右辺における a, b は，$a \geq 0$, $b \geq 0$, $0 \leq a + b \leq \ell - 2$ を動く．したがって，$A^\ell_{a+1,b+1} = -A^\ell_{a,b}$ を得る．そこで，$a - b = m$ とおくと，その変域は $-\ell \leq m \leq \ell$ であって，

$$c_m \ := \ (-1)^a A^\ell_{a,a-m} \qquad (m \vee 0 \leq a \leq \left[\frac{\ell+m}{2}\right])$$

は a によらない．ここに，$m \vee 0 = \max\{m, 0\}$，また，$[\,\cdot\,]$ はガウス記号．したがって，次の結論を得た．

命題 3.9. 空間 $\mathbb{P}_\ell$ の基底として次の関数系がとれる：

$$\begin{aligned}F^\ell_m(x) :&= c_m \sum_{m \vee 0 \leq a \leq \left[\frac{\ell+m}{2}\right]} (-1)^a Q^\ell_{a,a-m}(x) \\ &= c_m \sum_a \frac{(-1)^a y_+^{\,a}\, y_-^{\,a-m}\, x_3^{\,\ell+m-2a}}{a!\,(a-m)!\,(\ell+m-2a)!},\end{aligned}$$

ここに，$-\ell \leq m \leq \ell$ である．したがって，$\dim \mathbb{P}_\ell = 2\ell + 1$.

ここで極座標に移ると，

$$F^\ell_m(x) = c_m\, r^\ell\, \mathcal{Y}^\ell_m(\theta, \varphi), \quad \mathcal{Y}^\ell_m(\theta, \varphi) = e^{mi\varphi} \mathcal{Z}^\ell_m(\cos\theta),$$

$$\mathcal{Z}^\ell_m(\cos\theta) = \sum_{m \vee 0 \leq a \leq \left[\frac{\ell+m}{2}\right]} \frac{(-1)^a (\sin\theta)^{2a-m} (\cos\theta)^{\,\ell+m-2a}}{2^{2a-m}\, a!\,(a-m)!\,(\ell+m-2a)!}.$$

いま，$\Delta F^\ell_m = 0$ であるから，Δ を極座標で書けば，次を得る：

$$(\Delta_S + \ell(\ell+1))\mathcal{Y}^\ell_m(\theta, \varphi) \ = \ 0.$$

よって，$\mathcal{Z}^\ell_m(t)$, $t = \cos\theta$, $-1 < t < 1$, はルジャンドルの陪微分方程式 (3.38) を満たす．他方，この方程式は 2 階なので，解空間は 2 次元だが，そのうち $(1 -$

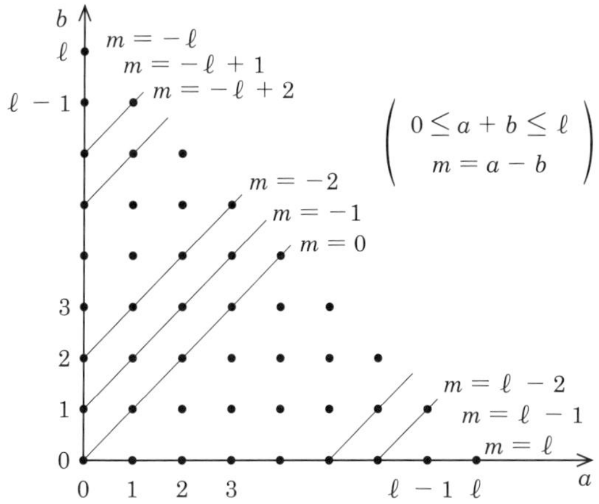

図 3.2. $Q^{\ell}_{a,b}$ に対する格子点 (a,b) の関連図

$t^2)$ を除いて，$t=\pm 1$ に特異点をもたないものは，1 次元であり，それはルジャンドルの陪関数 $P^m_\ell(t)$ (定理 3.5) の定数倍である [公式，§28, p.109]．その定数を決めるのは，ひとつには，$\|c_m\,\mathcal{Y}^\ell_m\|_{\mathcal{H}_S}=1$，$\mathcal{H}_S=L_2(S^2;d\mu_S)$，である．さらには，回転群 $SO(3)$ の表現作用素ができるだけ標準的になるようにすることである．

3.6.2　$\mathbb{P}_\ell$ 上の表現と $V(\Delta_S,\nu_\ell)$ 上の表現 π_ℓ

さて表現作用素 $R(g)|_{\mathbb{P}_\ell}$ を調べてみよう．極座標 (r,θ,φ) において，r には回転群は働かないので，同型写像 $\mathcal{K}:\mathbb{P}_\ell\to V(\Delta_S,\nu_\ell)\subset\mathcal{H}_S$ によって，固有空間 $V(\Delta_S,\nu_\ell)$ 上の作用素 $R''(g)$ を調べることにもなっている．

まず，一径数部分群 r_{12} を考えよう．$x\in E^3$ が極座標 (r,θ,φ) を持つとする．S^2 の北極点 $x^{(3)}={}^t(0,0,1)$ を基準にして表すと，

$$x=r_{12}(\varphi)r_{31}(\theta)x^{(3)} \tag{3.50}$$

と書ける．したがって，$R(r_{12}(\psi))f(x)=f(r_{12}(\psi)^{-1}x)$ においては，$r_{12}(\psi)^{-1}x$ $=r_{12}(-\psi+\varphi)r_{31}(\theta)x^{(3)}$ であるから，その極座標は，$(r,\theta,-\psi+\varphi)$ である．よって，$R(r_{12}(\psi))$ の下では，

$$y_+\ \to\ e^{-i\psi}y_+\,,\quad y_-\ \to\ e^{i\psi}y_-\,,\quad x_3\ \to\ x_3\,.$$

ゆえに，$m = a - b$ とおけば，$Q^{\ell}_{a,b}(x) \to e^{-mi\psi}Q^{\ell}_{a,b}(x)$，したがって，$F^{\ell}_{m} \to e^{-mi\psi}F^{\ell}_{m}$ となるから，$R(r_{12}(\psi))$ は $\mathbb{P}_{\ell}$ の基底 $e_{-\ell}, e_{-\ell+1}, \cdots, e_{\ell}$ (ただし，$e_m := F^{\ell}_{m}$) に関して次の対角行列で表される：

$$\mathrm{diag}(e^{\ell i\psi}, e^{(\ell-1)i\psi}, \cdots, e^{i\psi}, 1, e^{-i\psi}, \cdots, e^{-(\ell-1)i\psi}, e^{-\ell i\psi}) \tag{3.51}$$

ここで現れる一径数部分群 r_{12} の 1 次元指標 $\chi_m(r_{12}(\psi)) := e^{mi\psi}$ の m を r_{12} に関する**ウェイト**とよぶ．m の大小で順序を付ければ，**最高ウェイト**は ℓ である．

補題 3.10. 表現 $R(g)|_{\mathbb{P}_{\ell}}$ の一径数部分群 r_{12} に関するウェイト m は，$-\ell \leq m \leq \ell$ で，その重複度は 1 である．

基底 $\{e_m\ ;\ -\ell \leq m \leq \ell\}$ に関して，r_{12} の作用は非常に分かりやすい．しかし，他の一径数部分群 r_{23}, r_{31} に対する作用を表す $(2\ell+1)$ 次の正方行列は簡単な形には書けない．そこで節をあらためてこれを論じよう．

問題 3.9. 行列 $r_{12}(\psi), r_{23}(\psi)$ の表示 (3.44) を用いて，計算によって (3.50) を示せ．

◆閑話休題 4 ◆

松本零士の漫画「銀河鉄道 999《スリーナイン》」では，主人公の鉄郎《てつろう》とメーテルが列車に乗って旅をする途中にいろいろの星を訪れるが，そのうちのひとつに「空洞惑星バレラー」がある．星の外郭《がいかく》球面のみが残り，中が空洞になっていて人々はこの球殻の内側を地面として住んでいる．球殻にあいた穴に落ちると外の宇宙空間に飛び出してしまう．2 人の言葉を借りれば，鉄郎「この惑星はまるでカボチャのようだよ !! 皮に穴のあいたカボチャのようだよ.」，メーテル「空中牧場のある空洞惑星バレラーは常識では考えられない妙な世界だわ.」，鉄「中へ入ったら上だか下だかわけのわからないおかしな星だなあ，ここは.」，メ「ところどころ外皮に穴があいていて，外部の空間から出入りできるけど …」，メ「中へはいると重力はなぜか外へ向かって働くの …　なぜだか誰にも分からない.」，メ「大きなボールの内側に立っていると思えばいいわ.」

もしこれがニュートンの発見した万有引力の支配する宇宙だったらどうだろうか？ニュートン自身が答えを出している．彼の書いた ‘プリンキピア’Book I, II, III (第 3 版, 1726) の最新英訳 [Newt] から原文 (ラテン語) の英訳を引用してみよう．ある球面上に一様な密度で物質が分布していると仮定する．Book I, Section 12 より，

Proposition 70, Theorem 30. *If toward each of the separate points of a*

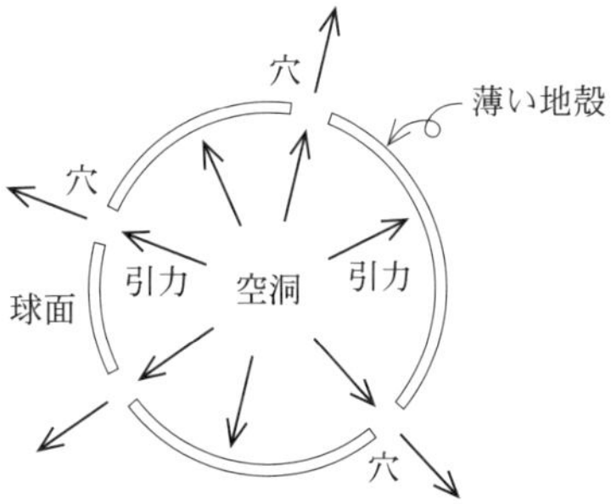

図 **3.3a.** 空洞惑星バレラー

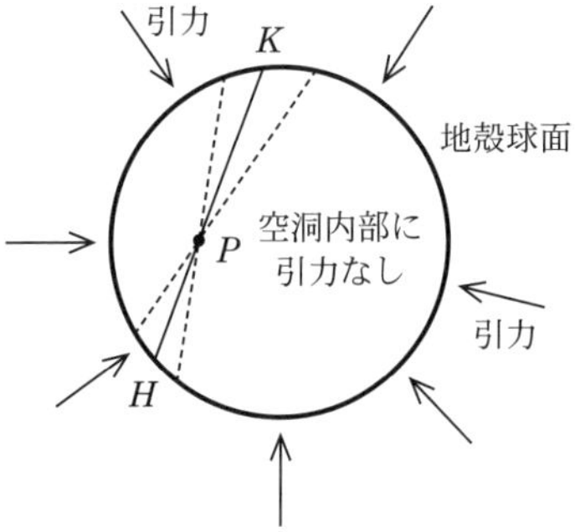

図 **3.3b.** 万有引力支配の宇宙

spherical surface there tend equal centripetal forces decreasing as the squares of the distances from the point, I say that a corpuscle placed inside the surface will not be attracted by these forces in any direction.

Proposition 71, Theorem 31. *With the same conditions being supposed in prop.70, I say that a corpuscle placed outside the surface is attracted to the center of the sphere by a force inversely proportional to the square of its distance from that same center.*

これらの証明は，現代ならば積分を使うわけだが，ニュートンは幾何学的に証明している．(**内部の点 P の場合のヒント**：図 3.3b の点 P に微小体 (corpuscle) があったとして，P を通る任意の直線 HK の周りに P を結節点とする錐を考えて，その底部である球面との切り口の面積の比を見ると，それは距離 $\overline{PH}, \overline{PK}$ の自乗の比に近い.)

したがって，球面 S 上に一様に分布した物質の作る重力場のポテンシャル $V(x)$ は，

$$V(x) = \text{定数}\ (x \text{ は } S \text{ の内部の点}), \qquad V(x) = -c_0\frac{m_S}{r}\ (x \text{ は } S \text{ の外部の点}),$$

ここに，$c_0 > 0$ は物理定数，m_S は S 上の物質の全質量，$r = |x|$ は x と S の中心 (原点にとる) との距離である．万有引力が作り出すポテンシャルを**ニュートンポテンシャル**という．それは，特異点を除いて，方程式 $\Delta V(x) = 0$ を満たす．

3.7 群 $SO(3)$ に対するリー環 $\mathfrak{so}(3)$ と $\mathbb{P}_\ell$ における作用

3.7.1 リー環 $\mathfrak{so}(3)$ とその表現

一径数部分群 $r_{23}(\psi), r_{31}(\psi)$ の作用を，基底 $\{e_m\,;\ -\ell \leq m \leq \ell\}$ に関して書こうとするとなかなか一筋縄ではいかない．そこで，ここでは，この作用の無

限小形 (infinitesimal form) といわれるものを使う．これは，微分形とよんでもよいが，$\psi = 0$ における微分を取り扱うものである．

まず，一径数部分群 $r_{ij}(\psi)$ の**無限小生成元**として，この行列の $\psi = 0$ における微分係数

$$X_{ij} := \left. \frac{d}{d\psi} r_{ij}(\psi) \right|_{\psi=0} \quad (\text{行列の各成分を微分する})$$

を求めると，$X_{ij} = -E_{ij} + E_{ji}$，ここに，$E_{ij}$ は (i, j) 要素のみが 1 で他の要素は全部 0 である行列単位である：

$$X_{12} = \begin{pmatrix} 0 & -1 & 0 \\ 1 & 0 & 0 \\ 0 & 0 & 0 \end{pmatrix}, \quad X_{23} = \begin{pmatrix} 0 & 0 & 0 \\ 0 & 0 & -1 \\ 0 & 1 & 0 \end{pmatrix}, \quad X_{31} = \begin{pmatrix} 0 & 0 & 1 \\ 0 & 0 & 0 \\ -1 & 0 & 0 \end{pmatrix}.$$

一径数部分群 r_{12}, r_{23}, r_{31} が $SO(3)$ を生成することに対応して，この 3 元の張る実ベクトル空間

$$\mathfrak{so}(3) := \{\, X \in M(3, \mathbb{R})\,;\, X = \lambda_1 X_{12} + \lambda_2 X_{23} + \lambda_3 X_{31}\ ;\ \lambda_i \in \mathbb{R} \,\} \tag{3.52}$$

を，群 $SO(3)$ に対する**リー環** (または**リー代数**) であるという (一般の定義については，**8.1** 節参照)．リー環には，代数的構造として，双線形な括《かっ》弧《こ》積《せき》

$$[X, Y] := XY - YX \quad (X, Y \in \mathfrak{so}(3))$$

が導入される．$X_{ij} \in \mathfrak{so}(3)$ 相互の括弧積は，$[E_{ij}, E_{pq}] = \delta_{jp} E_{iq} - \delta_{qi} E_{pj}$ であるから，

$$[X_{ij}, X_{pq}] = -\delta_{jp} X_{iq} + \delta_{jq} X_{ip} + \delta_{ip} X_{jq} - \delta_{iq} X_{jp}\,, \tag{3.53}$$

ここで，$X_{ij} = -X_{ji}$, $X_{pp} = 0$. したがって，

$$[X_{12}, X_{23}] = X_{31}\,, \quad [X_{23}, X_{31}] = X_{12}\,, \quad [X_{31}, X_{12}] = X_{23}\,. \tag{3.54}$$

ゆえに，$H_1 = iX_{23}, H_2 = iX_{31}, H_3 = iX_{12} \in \mathfrak{so}(3, \mathbb{C}) := \mathfrak{so}(3) + i\,\mathfrak{so}(3)$, とおくと，

$$[H_1, H_2] = iH_3\,, \quad [H_2, H_3] = iH_1\,, \quad [H_3, H_1] = iH_2\,. \tag{3.55}$$

一般に，体 $\mathbb{K}$ 上の n 次正方行列の全体 $M(n,\mathbb{K})$ に括弧積 $[X,Y]=XY-YX$ を導入した ($\mathbb{K}$ 上の) リー環を $\mathfrak{gl}(n,\mathbb{K})$ と書く．その部分リー環として $\mathfrak{sl}(n,\mathbb{K}):=\{X\in\mathfrak{gl}(n,\mathbb{K});\mathrm{tr}(X)=0\}$ がある (**7.2** 参照)．また，$\mathfrak{so}(3)$ は $\mathfrak{sl}(3,\mathbb{R})$ の部分リー環である．リー環については次章でもっと詳しく説明するので少々お待ちあれ．

ここでは，$SO(3)$ の $\mathcal{P}[x]$ 上の表現 $R(g)$ の無限小形を次のように定義する：

$$X_{ij}=\frac{d}{d\psi}r_{ij}(\psi)\Big|_{\psi=0}\longmapsto R(X_{ij})f(x):=\left(\frac{d}{d\psi}R(r_{ij}(\psi))f(x)\right)\Big|_{\psi=0}$$

そこで右辺の微分作用素を計算しよう．$\dfrac{d}{d\psi}R(r_{ij}(\psi))f(x)=\dfrac{d}{d\psi}f(x')$, $x'=r_{ij}(\psi)^{-1}x$ であるから，(3.44) を用いて,「合成関数の微分」の公式で求めると，$\partial/\partial x_j$ を ∂_{x_j} と書いて，次を得る：

$$\begin{aligned}&R(X_{12})=x_2\partial_{x_1}-x_1\partial_{x_2},\\&R(X_{23})=x_3\partial_{x_2}-x_2\partial_{x_3},\quad R(X_{31})=x_1\partial_{x_3}-x_3\partial_{x_1}.\end{aligned}\tag{3.56}$$

(これらの微分作用素の物理的な意味については，**5.4** 節の量子力学における軌道角運動量の作用素 (5.53) を参照せよ．)

一般論によれば，上のように定義すれば，群 $SO(3)$ の表現 $R(g)$ から自然にリー環 $\mathfrak{so}(3)$ の表現 $R(X)$ が得られる．**リー環の表現**とは，実線形な写像であって，かつ括弧積が保存されるということ：

$$\begin{aligned}&R(\lambda X+\mu Y)=\lambda R(X)+\mu R(Y),\\&R([X,Y])=[R(X),R(Y)]\qquad(\lambda,\mu\in\mathbb{R},\ X,Y\in\mathfrak{so}(3)),\end{aligned}$$

を意味する (**4.2.1** および **9.1** 参照)．我々の場合に，上に計算した $R(X_{ij})$ が確かに括弧積 (3.53) を保存していることを直接の計算で確かめてみるのは面白い演習問題であろう．

実数体 $\mathbb{R}$ 上のリー環 $\mathfrak{so}(3)$ の係数を複素数体 $\mathbb{C}$ に拡大して，複素リー環 $\mathfrak{so}(3,\mathbb{C})$ を作ると，表現も自然に拡張される．$H=iX_{12}$, $Y_+:=-X_{31}+iX_{23}$, $Y_-:=X_{31}+iX_{23}$, とおけば，関係式

$$[H,Y_+]=Y_+,\quad [H,Y_-]=-Y_-,\quad [Y_+,Y_-]=2H,\tag{3.57}$$

を満たす．(注： 第 II 巻 **7.2.2** におけるリー環 $\mathfrak{sl}(2,\mathbb{C})$ の標準トリプル (X_+, H, X_-) の括弧積 (7.25) と比較すると，ここでの $(Y_+, 2H, Y_-)$ が同じ括弧積を持つので，リー環の同型 $\mathfrak{so}(3,\mathbb{C}) \cong \mathfrak{sl}(2,\mathbb{C})$ が具体的に分かる.)

さて，$R(Y_\pm)$ を変数 y_+, y_- を用いて書き直すと，

$$R(Y_+) = x_3\partial_{y_-} - 2y_+\partial_{x_3}, \quad R(Y_-) = -x_3\partial_{y_+} + 2y_-\partial_{x_3},$$

となる．したがって，この作用素を多項式 $Q^\ell_{a,b}$ に作用すると，

$$\begin{aligned} R(Y_+)Q^\ell_{a,b} &= (\ell+1-a-b)Q^\ell_{a,b-1} - 2(a+1)Q^\ell_{a+1,b}, \\ R(Y_-)Q^\ell_{a,b} &= -(\ell+1-a-b)Q^\ell_{a-1,b} + 2(b+1)Q^\ell_{a,b+1}, \end{aligned}$$

となる．ここで，右辺の $Q^\ell_{a',b'}$ で添数の条件 $0 \le a', 0 \le b', a'+b' \le \ell$ を満たさないものは 0 とする．$m = a - b$ として，基底の元 $e_m = F^\ell_m(x) = c_m \sum_{m\vee 0\le a\le \left[\frac{\ell+m}{2}\right]} (-1)^a Q^\ell_{a,a-m}(x)$ への作用を計算すると，

$$\begin{aligned} R(Y_+)e_m &= d_{m+1}e_{m+1}, \quad d_{m+1} := \frac{c_m}{c_{m+1}}(\ell+1+m) \\ R(Y_-)e_m &= d'_m e_{m-1}, \quad d'_m := \frac{c_m}{c_{m-1}}(\ell+1-m). \end{aligned} \tag{3.58}$$

基底 $\{e_m \,;\, -\ell \le m \le \ell\}$ はウェイト m で番号を付けてあるが，$R(Y_+)$ はそのウェイトを 1 だけ上げるので，これを **昇《しょう》演算子**という．$R(Y_-)$ はウェイトを 1 だけ下げるので**降《こう》演算子**という．これらを $(2\ell+1)$ 次の正方行列で表すと，$R(Y_+)$ では，対角線よりひとつ下の対角部分に d_m, $-\ell+1 \le m \le \ell$, が並んでおり，$R(Y_+)$ では，対角線のひとつ上の対角部分に d'_m, $-\ell+1 \le m \le \ell$, が並んでいる．

$\mathcal{K}(\mathbb{P}_\ell) = V(\Delta_S, \nu_\ell) \subset \mathcal{H}_S$ 上の $SO(3)$ の表現 π_ℓ は，ユニタリだから，作用素として，$R(g)^* = R(g)^{-1} = R(g^{-1}), g \in SO(3)$. 一径数部分群 $g(t) = r_{ij}(t)$ に対して，$t = 0$ で $R(g(t))$ を微分して無限小形に移ると， $X = X_{ij} \in \mathfrak{so}(3)$ に対して，$R(X)^* = -R(X)$ である．いま，$c_m > 0$ を調整して，e_m の長さを 1 にすると，正規直交基底を得る．そのときの行列表示を求めよう．その行列表示では，$R(X)$ は反エルミート行列．したがって，$R(Y_+)^* = R(Y_-)$，よって，$d_m = d'_m$ $(-\ell \le m \le \ell)$. ゆえに，$(c_m/c_{m+1})^2 = (\ell-m)/(\ell+1+m)$. これ

から，定数倍を除いて，c_m が決まり，$d_m = \sqrt{(\ell+1-m)(\ell+m)}$ を得る．かくて，

$$R(Y_+) = \begin{pmatrix} 0 & 0 & 0 & & & & \\ d_\ell & 0 & 0 & \ddots & & & \\ 0 & d_{\ell-1} & 0 & \ddots & & & \\ 0 & \ddots & \ddots & \ddots & & & \\ & & & & & & \\ & & & \ddots & d_{-\ell+2} & 0 & 0 \\ & & & & 0 & d_{-\ell+1} & 0 \end{pmatrix},$$

$$R(Y_-) = \begin{pmatrix} 0 & d_\ell & 0 & 0 & & & \\ 0 & 0 & d_{\ell-1} & 0 & \ddots & & \\ 0 & 0 & \ddots & \ddots & \ddots & & \\ & & & & & & \\ & & & & \ddots & d_{-\ell+2} & 0 \\ & & & & \ddots & 0 & d_{-\ell+1} \\ & & & & & 0 & 0 \end{pmatrix}.$$

図 3.4. 正規直交基底に関する行列 $R(Y_+)$, $R(Y_-)$ の形

リー環 $\mathfrak{so}(3)$ の有限次元の表現が**既約**であるとは，$\{0\}$ と全空間以外には不変部分空間が無いことを意味する．

命題 3.11. $(2\ell+1)$ 次元空間 $\mathbb{P}_\ell$ はリー環 $\mathfrak{so}(3)$ の表現 $R(X)$ のもとで既約である．この既約表現 π_ℓ は，その最高ウェイト ℓ で特徴づけられる．そして，表現空間に適当な正規直交基底 $\{e_m\,; -\ell \le m \le \ell\}$ をとれば，次の形に表される： $d_m = d^\ell_m = \sqrt{(\ell+1-m)(\ell+m)}$ とおくと，

$$\pi_\ell(H)e_m = me_m\,,\quad \pi_\ell(Y_+)e_m = d_{m+1}e_{m+1}\,,\quad \pi_\ell(Y_-)e_m = d_m e_{m-1}\,. \tag{3.59}$$

上の行列表示 (3.59) を π_ℓ の**標準形**といい，そのときの基底を**標準基底**とよぶ．

注意 3.4. 第 II 巻，定理 9.17 の $\mathfrak{sl}(2,\mathbb{C}) \cong \mathfrak{so}(3,\mathbb{C})$ の既約表現 $\boldsymbol{F}_{2\ell+1}$ はこのリー環相互の同型を通じて，π_ℓ に対応する．

命題 3.11 の証明. リー環 $\mathfrak{so}(3,\mathbb{C})$ の表現として既約であることと同値であるから，$R(H), R(Y_\pm)$ の下《もと》で既約であることを示せばよい．ウェイトベクトル e_m への作用を考えれば，昇降演算子 $R(Y_\pm)$ を使って証明できる． □

定理 3.6 の証明. 上の命題はリー環 $\mathfrak{so}(3,\mathbb{C})$ の表現 π_ℓ の既約性を主張しているが，これはもとはと言えば，群 $SO(3)$ の表現の微分形であるから，その表現 $R(g)|_{\mathbb{P}_\ell}$ の既約性を意味する． □

注意 3.5. 空間 $\mathcal{P}[x]$ 上の作用素 $\Delta' := R(X_{12})^2 + R(X_{23})^2 + R(X_{31})^2 = R(Y_+)R(Y_-) + R(H)^2 + R(H)$ を考える (**4.5** 節，注意 4.4 参照)．すると，部分空間 $\mathbb{P}_\ell$ の上では，スカラー倍 $-\ell(\ell+1)\cdot$ に等しい：

$$\Delta' f \;=\; -\ell(\ell+1)f \quad (f \in \mathbb{P}_\ell) \qquad (\ell = 0, 1, 2, \cdots). \tag{3.60}$$

これは，(3.58) 式から簡単な計算で分かる．他方，作用素 Δ' の固有値 $-\ell(\ell+1)$ はすべて相異なるので，上の固有方程式を (3.41) を満たす調和多項式の空間の上で考えれば，既約部分空間 $\mathbb{P}_\ell$ を決定する．ここで，非常に先走ったことをコメントすると，この固有方程式を多項式全体の空間 $\mathcal{P}[x]$ の上で考えれば，その解空間は，$\mathbb{P}_\ell \otimes$ ($\mathfrak{su}(1,1)$ の離散系列の表現 D_ℓ の表現空間) となるはず，である (注意 11.7 参照)．

基底ベクトルの正規化 (定数 c_m の決定)

(3.43) の同型 $\mathcal{K} : f \mapsto f|_{S^2}$ によって，$\mathcal{H}_S = L_2(S^2; d\mu_S)$ の上に移ったとして，係数 $c_m > 0$ を調整して，$e_m|_{S^2}$ の長さを 1 に正規化する．$\mathcal{K}(\mathbb{P}_\ell) \subset V(\Delta_S, \nu_\ell)$ の上に R から導かれた既約ユニタリ表現 π_ℓ はこの基底に関してユニタリ行列で表される．先述のように，

$$\left(\frac{c_m}{c_{m+1}}\right)^2 = \frac{\ell - m}{\ell + 1 + m} \qquad \therefore\ (c_m)^2 = \frac{(\ell+m)!\,(\ell-m)!}{(2\ell)!}\,(c_\ell)^2.$$

他方，$F^\ell_\ell(x) = c_\ell(-1)^\ell\, Q^\ell_{\ell,0}(x) = c_\ell(-r/2)^\ell(\ell!)^{-1}(\sin\theta)^\ell e^{\ell i\varphi}$，$d\mu_S(\omega) = \sin\theta\, d\theta\, d\varphi$ により，

$$1 = \|F^\ell_\ell\|^2 = \frac{(c_\ell)^2 \cdot 2\pi}{2^{2\ell}(\ell!)^2} \int_0^\pi (\sin\theta)^{2\ell} \sin\theta\, d\theta = \frac{(c_\ell)^2 \cdot 4\pi}{(2\ell+1)!}.$$

$$\text{ゆえに,}\quad c_\ell = \sqrt{\frac{(2\ell+1)!}{4\pi}},\quad c_m = \sqrt{\frac{2\ell+1}{4\pi}\cdot(\ell+m)!\,(\ell-m)!}.$$

これにより，$\mathcal{K}(F_\ell^\ell) = F_\ell^\ell|_{S^2}$ が定理 3.5 の $Y_{\ell\ell}$ に等しいことが分かる．さらに，$\mathcal{K}(F_m^\ell) = Y_{\ell m}$ となることが示される．この等式は，ルジャンドルの陪関数 P_ℓ^m のひとつの表示式を与えている [公式，§32, p.131].

3.7.2 完備性 (定理 3.5(ii)) および同型 $\mathbb{P}_\ell \cong V(\Delta_S, \nu_\ell)$

完備性 (定理 3.5(ii)) の証明. ヒルベルト空間 $\mathcal{H}_S$ において，固有空間 $V(\Delta_S, \nu_\ell)$, $\ell = 0, 1, 2, \cdots$, は互いに直交しているが，それらの直交直和が全空間になることを示そう．それには次の定理 3.12 が示されればよい．実際，この定理により，$\mathcal{K}(\mathbb{P}_\ell) \subset V(\Delta_S, \nu_\ell)$ の代数和は連続関数の空間 $C(S^2)$ で稠密である．したがって，$\mathcal{H}_S$ で稠密である．これにより，すべての $V(\Delta_S, \nu_\ell)$ に直交する部分空間は $\{0\}$ しかないことが分かる．これで完備性の証明が完了した． □

定理 3.12. E^3 での体球関数 (調和関数) の S^2 への制限全体，すなわち，$\mathcal{K}(\mathbb{P}_\ell), \ell \geq 0$, の代数的直和は，$S^2$ 上の連続関数の空間 $C(S^2)$ において (一様位相に関して) 稠密である．

証明. 調和関数に関する基本的な結果を援用する．

補題 3.13 (ポアッソン積分). E^3 の原点 O を中心とする半径 ρ の球面 $S(\rho)$ の上の任意の連続関数 f に対して，$S(\rho)$ の内部 $D(\rho)$ で調和で閉球 $D(\rho) \cup S(\rho)$ で連続な関数 F で $F|_{S(\rho)} = f$ となるものが一意的に存在する．それは次の積分公式で与えられる：

$$F(P) = \frac{\rho^2 - \overline{OP}^2}{4\pi\rho} \int_{S(\rho)} \frac{f(Q)}{\overline{PQ}^3}\, d\mu(Q) \quad (Q \in D(\rho)) \tag{3.61}$$

ここに，$d\mu$ は $S(\rho)$ の面積要素 ([井上，定理 36] 参照).

S^2 上の任意の連続関数 f をとる．$\rho > 1$ に対して，$f^\rho(\rho\omega) := f(\omega)$ とおいて $S(\rho)$ 上の連続関数 f^ρ を作り，上の公式 (3.61) によって，内部 $D(\rho)$ で調和な関数 F^ρ に拡張する．$\rho \to 1+0$ のとき，$F^\rho|_{S^2}$ は f を一様に近似する．

調和関数の性質として,「$D(\rho)$ で調和な関数 F を冪級数に展開して同次項に

まとめると，その級数は $D(\rho)$ で絶対かつ広義一様に収束する」[井上，3.12]．このとき，各同次項は体球関数であり，この級数は $D(\rho')$, $\rho' < \rho$, で一様収束する．F の代わりに上の F^ρ を考えると，$F^\rho|_{S^2}$ は体球関数よりなる級数の S^2 への制限によって一様近似される． □

また，定理 3.12 を用いて，次の同型定理が得られる．

定理 3.14. $SO(3)$ の表現について，写像 $\mathcal{K}f = f|_{S^2}$ は，$\mathbb{P}_\ell$ を $V(\Delta_S, \nu_\ell)$ の上に同型に写す $(\ell = 0, 1, 2, \cdots)$.

問題 3.10. 3 次の実正方行列の全体を $\mathfrak{gl}(3, \mathbb{R})$ と書いて，群 $GL(3, \mathbb{R})$ のリー環であるという．$\mathfrak{so}(3)$ は，$\mathfrak{gl}(3, \mathbb{R})$ の反対称行列全体よりなる部分リー環であることを示せ．

〔ヒント： 部分リー環であることは，上の括弧積に関して $\mathfrak{so}(3)$ が閉じていること，すなわち，$X, Y \in \mathfrak{so}(3) \Longrightarrow [X, Y] \in \mathfrak{so}(3)$ を示せばよい．〕

問題 3.11. (i) 微分作用素 $R(X_{ij})$ の公式 (3.56) を証明せよ．

(ii) この R が交換関係 (3.53) を保存していることを証明せよ．

問題 3.12. 命題 3.11 の証明を丁寧に書き下して見よ．

◆閑話休題 5 ◆

リー環は，またリー代数ともよばれる．この 2 つの名前は現在は両立していて，時と場合によってどちらを使ってもよい．歴史的にはリー環という名前が先行している．日本数学会編集の数学辞典では，その第 1 版 (1954) ではリー環，第 2 版 (1968) 以降ではリー代数，が採用されている．

数学者個々人でも，あまり意識せずに両者を使う人が多い．その受け取り方はさまざまである．例えば，ある人によれば「リー代数を道具に使う立場の場合は『リー環』，リー代数そのものをテーマの中心に据える場合はやはり『リー代数』といった使い方がされているような印象を個人的には持っています」とのこと．

ところで，本書では 2 人の共著者がそれぞれの第 1 稿で自然に使った用語を無理に統一せずに完成稿までそのまま残しておいたので，第 I 巻ではリー環，第 II 巻ではリー代数，としてある．読者の御寛恕を乞いたい．

数学の術語は，英仏独露などの外国語でも歴史的に変遷している．それは，作用素環でも，ring of operators ⇒ operator algebra, と移り変わっているが，日本語では (元祖 J. von Neumann の用語に従って) 現在でも「作用素環」のままである．また，関数環 (function algebra) では,「関数代数」という日本語が音韻的にも全くこなれない言葉なので，術語として採用される望みは無いだろう．

3.8　水素原子の電子の軌道

1 個の水素原子をとると，それは陽子 1 個よりなる原子核の回りに電子 1 個が回転している．その電子軌道の理論にとりかかろう．この物理系の対称性の群は，回転群 $SO(3)$ で表される．陽子の中心に原点をとり，電子の静止質量を m_e，その座標を $x = {}^t(x_1, x_2, x_3)$ とする．ここにはクーロン (Coulomb) ポテンシャル $V(r) = -e^2/r$ $(r = |x|)$ が存在している．e は電気素量を表す．時間を含むシュレーディンガー方程式 (3.11) の定常解 $\psi(x,t) = e^{-iEt/\hbar}\psi(x)$ を考えると，波動関数 $\psi(x)$ に対するシュレーディンガー方程式は，

$$\widetilde{H}\psi = E\,\psi, \quad \widetilde{H} = -\frac{\hbar^2}{2m_e}\Delta - \frac{e^2}{r}, \tag{3.62}$$

である．極座標 (r, θ, φ) に関して変数分離型の解 $\psi(x) = u(r)Y(\theta, \varphi)$ を求めると，**3.4〜3.5** 節における議論によって，

$$\Delta_S Y(\theta,\varphi) = -\ell(\ell+1)Y(\theta,\varphi) \qquad (\ell = 0, 1, 2, \cdots) \tag{3.63}$$

$$\left[\frac{1}{r^2}\frac{d}{dr}\left(r^2\frac{d}{dr}\right) - \frac{\ell(\ell+1)}{r^2} + \frac{2}{a_0 r} + \frac{2E}{a_0 e^2}\right]u(r) \ = \ 0, \tag{3.64}$$

ここに，$a_0 = \hbar^2/m_e e^2$ はボーア (Bohr) 半径とよばれ，電子軌道の存在確率が最も高い軌道半径である．

$u(r) = r^{-1}v(r)$ とおいて，動径方程式を書き直すと，

$$v'' + \left(-\frac{\ell(\ell+1)}{r^2} + \frac{2}{a_0 r} + \frac{2E}{a_0 e^2}\right)v = 0 \quad (r > 0). \tag{3.65}$$

動径関数 v に対して，(3.34)〜(3.36) で与えた，Δ_S の固有値 $-\ell(\ell+1)$ の固有関数 $Y_{\ell m}(\theta,\varphi)$，$-\ell \leq m \leq \ell$，をとって，$\psi(x) = r^{-1}v(r)Y_{\ell m}(\theta,\varphi)$ とおくとき，それが $L_2(E^3; d\mu(x))$ に入れば，そのときの E が，シュレーディンガー作用素 $\widetilde{H}$ の固有値 (系のエネルギー) を与える．波動関数 $\psi(x)$ が方位量子数 $\ell = 0, 1, 2, 3, \cdots$ の角関数 $Y_{\ell m}(\theta,\varphi)$ をもつとき，それの表す水素原子のスペクトルを分光学の名前で S 波，P 波，D 波，F 波，$\cdots$ とよぶ．$\mathcal{H}_S = L^2(S^2; d\mu_S)$ とおけば，$\|Y_{\ell m}\|^2_{\mathcal{H}_S} = 1$ であるから，$\|\psi\|^2 = \|v\|^2 \cdot \|Y_{\ell m}\|^2_{\mathcal{H}_S} = \|v\|^2 = \displaystyle\int_0^\infty |v(r)|^2\,dr$ である．したがって，問題となるのは，動径方程式の解

$v(r)$ の $r \to +0, r \to +\infty$ の漸近挙動である.

$r = 0, +\infty$ は線形常微分方程式 (3.64) の確定特異点と言われるもので，解は $0 < r < +\infty$ において

$$u(r) = r^N \sum_{i=0}^{\infty} b_i r^i \quad (b_0 \neq 0)$$

の形に展開できる．この冪級数 ($N \geq 0$ のとき) またはローラン (Laurent) 級数 ($N < 0$ のとき) は項別微分できるから，方程式に代入して，最低次 $(N-2)$ 次の係数を調べると，

$$b_0 N(N+1) - b_0 \ell(\ell+1) = 0 \qquad \therefore\ N = \ell \text{ または } -\ell - 1,$$

となる．前者の場合が，$r = 0$ の近くで L_2 になり，$\|v\| < \infty$ の要求に適合する．

$r = \infty$ の近くの状況も同時に知るために，$v(r)$ に関する方程式

$$v'' + \left(A + \frac{2B}{r} - \frac{\ell(\ell+1)}{r^2}\right) v = 0, \qquad A = \frac{2E}{a_0 e^2},\ B = \frac{1}{a_0}, \tag{3.66}$$

を使う．量子力学の古典 [朝永 1] の §42 および付録 IX で述べられているように，確定特異点型線形微分方程式の理論によって，$A > 0$ の場合は，$\|v\| < \infty$ の要求に適合しないことが分かる．そこで $A < 0$ の場合を考える．変数を $s = 2\sqrt{-A}\,r$ に変換し，$v(r) = e^{-s/2} w(s)$ とおくと，方程式 (3.66) は下のようになる：

$$w'' - w' + \left(\frac{C}{s} - \frac{\ell(\ell+1)}{s^2}\right) w \ = \ 0, \qquad C = \frac{e}{\sqrt{-2a_0 E}}. \tag{3.67}$$

そこであらためて，$w(s) = s^M \sum_{i=0}^{\infty} c_i s^i$ $(c_0 \neq 0)$ と展開して，項別微分を使えば，次の漸化式が得られる：

$$\begin{aligned} M(M-1)c_0 - \ell(\ell+1)c_0 \ &= \ 0, \\ ((M+i+1)(M+i) - \ell(\ell+1))c_{i+1} \ &= \ (M+i-C)c_i \quad (i \geq 0). \end{aligned}$$

この第 1 式から，$M = \ell + 1, -\ell$ を得て，$M = \ell + 1$ を採用し，第 2 式から，

$$c_i = c_0 \cdot \frac{1}{i!} \prod_{k=1}^{i} \frac{k+\ell-C}{k+2\ell+1} \tag{3.68}$$

を得る．(条件 $\|v\| < \infty$ のためだけならば，$\ell = 0$ の場合には，$M = -\ell = 0$ を採用する選択肢もありそうだが，実はこれはない．) さて，どれかの $k \geq 1$ に対して分子の $k+\ell-C=0$ となる場合は，$w(s)$ は多項式になる．そうでないときは，c_i を評価すれば，$s \to +\infty$ のとき，$w(s)$ は，任意に小さい $\varepsilon > 0$ に対して，ある $K > 0$ が存在して，$Ke^{(1-\varepsilon)s}$ を超えて増大する．したがって，$C = k+\ell\,(=n$ とおく$)$ の場合だけが残る．この場合の固有値 (エネルギー) E は，

$$E = E_{(n)} = -\frac{e^2}{2a_0 n^2}, \quad n = \ell+1, \ell+2, \cdots, \tag{3.69}$$

である．このとき $s = 2\sqrt{-A}\,r = (2/na_0)r$ であり，$w(s)$ はラゲール (Laguerre) 多項式を使って書ける．実際，$w(s) = s^{\ell+1}\,y(s)$ とおくと，方程式 (3.67) は次になる：

$$s\,y'' + (2\ell+2-s)\,y' + (n-\ell-1)\,y \;=\; 0. \tag{3.70}$$

ここで，我々に必要な結果を，公式集 [公式，§26] から引用しよう．n, α を非負整数とする．次の公式で与えられる 1 変数多項式を**ラゲール多項式**という．

$$\begin{aligned} L_n^{(\alpha)}(x) \;&:=\; \frac{e^x\,x^{-\alpha}}{n!}\,\frac{d^n}{dx^n}(e^{-x}\,x^{n+\alpha}) \\ &= \sum_{k=0}^{n} \begin{pmatrix} n+\alpha \\ n-k \end{pmatrix} \frac{(-x)^k}{k!}. \end{aligned} \tag{3.71}$$

補題 3.15. (i) $y(x) = L_n^{(\alpha)}(x)$ は次のラゲールの微分方程式の解である：

$$xy'' + (\alpha+1-x)y' + ny \;=\; 0. \tag{3.72}$$

(ii) ラゲール多項式は次の直交関係を満たす：

$$\int_0^\infty e^{-x}x^\alpha\,L_m^{(\alpha)}(x)L_n^{(\alpha)}(x)\,dx = \begin{cases} 0 & (m \neq n) \\ (n+\alpha)!/n! & (m = n) \end{cases} \tag{3.73}$$

さて，方程式 (3.72) の多項式解は定数倍を除いて一意的であることが分かる

から，方程式 (3.70) の解として，$y(s) = d_{n\ell}\, L^{(2\ell+1)}_{n-\ell-1}(s)$,

$$L^{(2\ell+1)}_{n-\ell-1}(s) \;=\; \sum_{k=0}^{n-\ell-1} \begin{pmatrix} n+\ell \\ n-\ell-1-k \end{pmatrix} \frac{(-s)^k}{k!}, \tag{3.74}$$

となる．したがって，$\widetilde{H}$ の固有値 $E = E_{(n)}$ に対応する動径方程式 (3.65) の解は，

$$v_{n\ell}(r) = d_{n\ell}\, e^{-s/2}\, s^{\ell+1}\, L^{(2\ell+1)}_{n-\ell-1}(s), \quad s = \frac{2r}{na_0}\;;\; n = \ell+1, \ell+2, \cdots, \tag{3.75}$$

で与えられる．我々は，正規化条件 $\|v\| = 1$ を満たすように定数 $d_{n\ell}$ を決定し，**直交関係**，すなわち，相異なる固有値 E に対する固有関数 $\psi(x) = u(r)Y_{\ell m}(\theta, \varphi) \in L_2(E^3; d\mu(x))$ は直交する，を検証しよう．そのために，積分

$$I_{n,n'} := \int_0^\infty u_{n\ell}(r)\, u_{n'\ell}(r)\, r^2\, dr$$

を計算して $I_{n,n}$ を求め，また，$I_{n,n'} = 0\ (n \neq n')$ を示す．それには，積分

$$I'_{n,n'} := \int_0^\infty e^{-s/2}\, s^{\ell+1} L^{(2\ell+1)}_{n-\ell-1}(s) \cdot e^{-s'/2}\, (s')^{\ell+1}\, L^{(2\ell+1)}_{n'-\ell-1}(s')\, dr$$

$$\text{ただし} \quad s = (2/na_0)r,\ s' = (2/n'a_0)r,$$

を求めればよい．まず，$I'_{n,n}$ の計算では，$s' = s$ である．そこで，一方の $L^{(2\ell+1)}_{n-\ell-1}(s)$ には (3.71) 式を使い，もう一方の $L^{(2\ell+1)}_{n-\ell-1}(s)$ には (3.74) を代入して $ds = (2/na_0)dr$ に関する部分積分を $(n-\ell-1)$ 回繰り返すことによって，

$$I'_{n,n} = \frac{(n+\ell)!}{(n-\ell-1)!} \cdot 2n$$

が得られる．他方，直交関係 $I'_{n,n'} = 0\ (n \neq n')$ は，$s \neq s'$ なので，部分積分の方法では簡単には計算できない．そこで，これを示すには，ヒルベルト空間 $L_2(\mathbb{R}_+; dr)$ における「形式的に自己共役な」微分作用素

$$\frac{d^2}{dr^2} + \left(-\frac{\ell(\ell+1)}{r^2} + \frac{2}{a_0 r}\right)$$

の固有値問題を考える．そして「各固有値は実数であって，相異なる固有値に対

する固有関数は直交する」ことを具体的に書き下すと，$I'_{n,n'} = 0\ (n \neq n')$ が得られる (ラゲール関数の性質を使う必要がある).

さて，$1 = \|v\|^2 = (d_{n\ell})^2 I'_{n,n}\, na_0/2$ より，定数 $d_{n\ell}$ は次のようにとれる：

$$d_{n\ell} \;=\; \sqrt{\frac{(n-\ell-1)!}{(n+\ell)!\,n^2\,a_0}}. \tag{3.76}$$

定理 3.16. 水素原子に対するシュレーディンガー方程式 (3.62) の定常解 $\psi(x,t) = e^{-iEt/\hbar}\psi(x)$ に対する固有値 $E \neq 0$ は，(3.69) の $E_{(n)} = -e^2/(2a_0 n^2), n = 1, 2, 3, \cdots$，によって与えられる．$E = E_{(n)}$ に対する固有関数 $\psi(x)$ は，

$$\begin{aligned} \psi(x) \;&=\; d_{n\ell}\, r^{-1} e^{s/2} s^{\ell+1}\, L^{(2\ell+1)}_{n-\ell-1}(s)\cdot Y_{\ell m}(\theta,\varphi), \quad s = (2/na_0)r\,; \\ &\qquad\qquad 0 \le \ell \le n-1, \quad -\ell \le m \le \ell, \end{aligned} \tag{3.77}$$

で与えられる．したがって，固有値 $E_{(n)}$ の重複度は n^2 である．

注意 3.6. シュレーディンガー作用素は対称であるから，一般論によって，その固有値は実数であり，そして，相異なる固有値に対応する固有関数は互いに直交する．また，上の補題 3.15 (ii) を書き直して，類似の積分の値

$$J_{n,n'} := \int_0^\infty e^{-s}\, s^{2\ell+1}\, L^{(2\ell+1)}_{n-\ell-1}(s) L^{(2\ell+1)}_{n'-\ell-1}(s)\, ds \;=\; \delta_{n,n'}\,\frac{(n+\ell)!}{(n-\ell-1)!}$$

を考えると，こちらも見事に直交関係を満たしている．[朝永 1] には，直交関係は主張されてはいるが，具体的な計算は示されていない．

注意 3.7. ラゲール多項式に対する記号は，物理書 [朝永 1] や数学辞典 [数学] の項目 **436** 量子力学，などでは，数学書での記号と異なっていて紛らわしいので注意を要する．

問題提起 3.1. 方程式 (3.66) において，$A = 0$，すなわち，エネルギー $E = 0$ の場合の解 $v(r)$ の $r \to +0, r \to +\infty$ の漸近挙動を調べて，有界条件 $\|v\| < +\infty$ を調べること．これは，物理学的な意味は別として，シュレーディンガー作用素 $\widetilde{H}$ のスペクトル分解を求めるためには必要である．

いとぐち： 方程式 (3.65) において，$s = 2Br = 2r/a_0$ とおくと，$w(s) = v(r)$ につき

$$s^2 w'' + (s - \ell(\ell+1))w \;=\; 0$$

を得る．その冪級数解を求めると，$w(s) = s^{\ell+1}\, y(s)$ として

$$s\,y'' + 2(\ell+1)\,y' + y \;=\; 0, \tag{3.78}$$

$$y(s) \;=\; \sum_{i=0}^{\infty} \frac{(-s)^i}{(i+2\ell+1)!\; i!}. \tag{3.79}$$

そこで，問題は次の積分の収束である：　$\displaystyle\int_0^{\infty} s^{2\ell+2}\,|y(s)|^2\,ds < \infty$?

収束すれば，それは固有値 $E=0$ に対する固有関数 $\psi(x) \in L_2(E^3; d\mu(x))$ を与える．さらには，固有値 $E \neq 0$ に対する固有関数との直交関係も検証してみたい．

◆閑話休題 6 ◆

クーロン (C.A. Coulomb, 1736–1806) は 1785–1787 に，電気，磁気に関するクーロンの法則を実験的に確立した．それは，電気力ならば，「2 個の点電荷の間には，引力または斥力が，万有引力の場合と同様に，電荷の積に比例し，かつ，距離の自乗に反比例する強さで 2 点を結ぶ方向に働く」ということである．上で取り扱ったクーロンポテンシャルは，この逆自乗法則に基づいている．電磁気力によるポテンシャルは，先の閑話休題 4 で述べたニュートンポテンシャルと同様の性質をもっている．とくに，特異点を除けば，空間のラプラシアン Δ の零解，すなわち，調和関数である．

電荷・磁荷や質量が，ある広がりをもって分布している場合のポテンシャルを研究するのが，(古典的な) ポテンシャル論である．これは，調和関数論における境界値問題にも密接に関連している．例えば，コンパクトな境界 S をもつ領域 D 上に与えられた境界値をとる D 内の調和関数を求める問題をディリクレ (Dirichlet) 問題といい，D が有界のときには内部問題，非有界のときには外部問題という．後者は，質量が S 上に分布している単一層ニュートンポテンシャルの場合などに対応する．このように，現代のポテンシャル論と調和関数論とは密接不可分につながっている．

ちなみに，補題 3.13 は球面 S^2 に対するディリクレの内部問題の解を与えている．

■第4章■

$SO(3)$, $SU(2)$およびそのリー環の表現

コンパクト群 G の既約ユニタリ表現 π は有限次元であって，$L_2(G)$ 上の右正則表現 R_G の中にその次元 $\dim\pi$ の重複度をもって現れる．これはペーター-ワイル (Peter - Weyl) の定理とよばれるが，一般論として弱い意味での既約表現の分類を与えるものであり，その証明もそれほど難しくはない．

しかし，個別具体論となると話は別であって，取り扱う群の個性が強烈に現れる．この章では，一般論を避けて，回転群 $SO(3)$ およびその普遍被覆群であるユニタリ群 $SU(2)$ の表現について詳しく述べよう．そこには，量子力学との深い関係があると同時に，一般のコンパクト群に対する表現論の各種の問題の萌芽が現れているからである．

リー群 $SO(3), SU(2)$ とリー環 $\mathfrak{so}(3), \mathfrak{su}(2)$ との対応，リー環の普遍展開環を微分作用素で表現することなどなどを，一般論ではなくて，実践 (実戦？) を通じて体得することを目指す．具体的な計算では，その梗概《こうがい》を示した部分では読者自身で追跡できるように工夫してあるので，詳しい計算を実行されたい．実力が着くこと請け合いである．

4.1　パウリのスピン行列とパウリ方程式

この章では，**3.6～3.8** に従って，空間 E^3 の座標を $x = {}^t(x_1, x_2, x_3)$ と書くが，この節だけでは，物理学との関係を述べるので，物理学の記号に合わせて，$\boldsymbol{x} = {}^t(x, y, z)$ と書く．

電子の角運動量や磁気能率の研究から，1925～26 年には「電子は，単なる質

点ではなくて自転している」ことが結論され，そのスピン角運動量 (s_x, s_y, s_z) の各成分の大きさが $\hbar$ を単位として $\dfrac{1}{2}$ と $-\dfrac{1}{2}$ の 2 種類に限られることが分かった (作用素 s_z の固有値は $\pm\dfrac{1}{2}$ である)．パウリ (W. Pauli, 1900–58; ノーベル賞, 1945) は，従前の波動関数 $\psi(\boldsymbol{x}, t)$ は，$\psi(\boldsymbol{x}, t; s_z)$ で表されるべきだとして，$\psi(\boldsymbol{x}, t; \dfrac{1}{2}), \psi(\boldsymbol{x}, t; -\dfrac{1}{2})$ の 2 つの関数の組によって，これを 2 次元のベクトルの値をとる関数として捉えた [Paul]．縦ベクトルで書くと，

$$\boldsymbol{\psi}(\boldsymbol{x}, t) = \begin{pmatrix} \psi_+(\boldsymbol{x}, t) \\ \psi_-(\boldsymbol{x}, t) \end{pmatrix}, \quad \psi_\pm(\boldsymbol{x}, t) := \psi\left(\boldsymbol{x}, t; \pm\frac{1}{2}\right) \text{ (複号同順)}, \tag{4.1}$$

となる．そしてパウリは，スピン角運動量 (s_x, s_y, s_z) に対して，関係式

$$[s_x, s_y] = is_z, \quad [s_y, s_z] = is_x, \quad [s_z, s_x] = is_y, \tag{4.2}$$

を満たすべきだとした．ただし，$[A, B] = AB - BA$．そこで，**パウリ行列**とよばれる 2×2 型行列

$$\sigma_x = \begin{pmatrix} 0 & 1 \\ 1 & 0 \end{pmatrix}, \quad \sigma_y = \begin{pmatrix} 0 & -i \\ i & 0 \end{pmatrix}, \quad \sigma_z = \begin{pmatrix} 1 & 0 \\ 0 & -1 \end{pmatrix}, \tag{4.3}$$

を導入し，$s_x = \dfrac{1}{2}\sigma_x$, $s_y = \dfrac{1}{2}\sigma_y$, $s_z = \dfrac{1}{2}\sigma_z$, とおいて，行列とベクトルの積として，$\boldsymbol{\psi}(\boldsymbol{x}, t)$ (の値の空間) に働かせた．時間 t を隠して書くと，

$$s_x(\boldsymbol{\psi}(\boldsymbol{x})) = \begin{pmatrix} \frac{1}{2}\psi_-(\boldsymbol{x}) \\ \frac{1}{2}\psi_+(\boldsymbol{x}) \end{pmatrix}, \quad s_y(\boldsymbol{\psi}(\boldsymbol{x})) = \begin{pmatrix} -\frac{i}{2}\psi_-(\boldsymbol{x}) \\ \frac{i}{2}\psi_+(\boldsymbol{x}) \end{pmatrix},$$

$$s_z(\boldsymbol{\psi}(\boldsymbol{x})) = \begin{pmatrix} \frac{1}{2}\psi_+(\boldsymbol{x}) \\ -\frac{1}{2}\psi_-(\boldsymbol{x}) \end{pmatrix}.$$

そして，パウリは，スピンを考慮しなかったときのシュレーディンガー方程式 (3.3) のハミルトニアン $\widetilde{H}$ に，スピンのエネルギー H_1 を加え，さらにゼーマン効果を扱うために外磁場と電子間の相互作用のハミルトニアン H_2 を加えて，新しいハミルトニアン $\widetilde{H} + H_1 + H_2$ を作り，$\boldsymbol{\psi}$ の各成分がこのハミルトニアンに

対する (3.3) 型の方程式 (**パウリ方程式**とよぶ) を満たすことを要求した．定常解 $\boldsymbol{\psi}(\boldsymbol{x},t)=\exp(-iEt/\hbar)\,\boldsymbol{\psi}(\boldsymbol{x})$ に対しては，

$$(\widetilde{H}+H_1+H_2-E)\boldsymbol{\psi} \;=\; 0 \tag{4.4}$$

となる．この方程式が x,y,z 軸回りの回転に対して不変 (もしくは，共変) であるためには，すなわち，うまく同じ形に変換されるためには，ベクトル値関数 $\boldsymbol{\psi}(\boldsymbol{x})$ がどのように変換されるべきかを調べた．波動関数が 2 成分関数であることになったので，シュレーディンガー方程式における固有値 $E_{(n)}$ に対する重複度 (固有関数の空間の次元) は，パウリ方程式においては 2 倍に増えることになった．これらの波動関数の重複の仕方についての「微細構造公式」も，実験と並んで理論的に研究された．

次節では，このスピンを含む波動関数の変換の理論を，回転群 $SO(3)$ の 2 重被覆である普遍被覆群 $SU(2)$ およびそのリー環 $\mathfrak{su}(2)$ の表現論を用いて述べてみよう．

注意 4.1. 群の表現論と量子力学との関連についての初期の成書としては，次のものが挙《あ》げられる (発行年は初版)：

H. Weyl, *Gruppentheorie und Quantenmechanik*, 1928, S. Hirzel, Leipzig (英訳本：*The Theory of Groups and Quantum Mechanics*, Dover, 1950).

E.P. Wigner, *Gruppentheorie und ihre Anwendung auf die Quantenmechanik der Atomspektren*, 1931 (英語増訂版：*Group Theory and its Application to the Quantum Mechanics of Atomic Spectra*, Academic Press, 1959; 和訳本，吉岡書店，1971).

4.2 特殊ユニタリ群 $SU(2)$ とそのリー環 $\mathfrak{su}(2)$

4.2.1 $SU(2)$ と $\mathfrak{su}(2)$

2 次のユニタリ群 $U(2)$ と特殊ユニタリ群 $SU(2)$ は，

$$\begin{aligned} U(2) &:= \{\, u \in GL(2,\mathbb{C}) \;;\; uu^* = u^*u = E_2 \}, \\ SU(2) &:= \{\, u \in U(2) \;;\; \det u = 1 \,\}, \end{aligned} \tag{4.5}$$

で定義される．$SU(2)$ の任意の元 u は，

$$u = \begin{pmatrix} a & b \\ -\bar{b} & \bar{a} \end{pmatrix}, \quad a, b \in \mathbb{C},\ a\,\bar{a} + b\,\bar{b} = |a|^2 + |b|^2 = 1, \tag{4.6}$$

と書ける．すぐあとで詳しく述べるが，$SU(2)$ のリー環は，

$$\mathfrak{su}(2) := \{X\,;\, 2\text{ 次の複素行列},\ X^* = -X\ (\text{反エルミート型}),\ \mathrm{tr}\,X = 0\} \tag{4.7}$$

で与えられる．ここに，$\mathrm{tr}\,X$ は行列 X の対角要素の和で，**トレース** (trace) とよばれる．$\mathfrak{su}(2)$ は実数体 $\mathbb{R}$ 上の 3 次元ベクトル空間であって，括弧積 $[X, Y] := XY - YX$ に関して閉じている．

パウリ行列 $\sigma_x, \sigma_y, \sigma_z$ は，そのトレースは零 ($\mathrm{tr}X = 0$) で，エルミート型 ($X^* = X$) である．そこで，$-is_x = -\frac{i}{2}\sigma_x$, $-is_y = -\frac{i}{2}\sigma_y$, $-is_z = -\frac{i}{2}\sigma_z$ ($i = \sqrt{-1}$), をとって，

$$X_1 = \begin{pmatrix} 0 & -\frac{i}{2} \\ -\frac{i}{2} & 0 \end{pmatrix}, \quad X_2 = \begin{pmatrix} 0 & -\frac{1}{2} \\ \frac{1}{2} & 0 \end{pmatrix}, \quad X_3 = \begin{pmatrix} -\frac{i}{2} & 0 \\ 0 & \frac{i}{2} \end{pmatrix}, \tag{4.8}$$

とおくと，これは，ベクトル空間としての $\mathfrak{su}(2)$ の基底を与える．そして，関係式

$$[X_1, X_2] = X_3, \quad [X_2, X_3] = X_1, \quad [X_3, X_1] = X_2, \tag{4.9}$$

を満たす．これは，実リー環 $\mathfrak{su}(2)$ の構造を完全に決定する．

リー環 $\mathfrak{g} = \mathfrak{su}(2)$ のベクトル空間 V 上への**表現**とは，$\mathfrak{g}$ から V 上の線形写像全体 $\mathcal{L}(V)$ への実線形写像 Φ であって，括弧積を保存する，すなわち，

$$\Phi([X, Y]) = [\Phi(X), \Phi(Y)] \quad (X, Y \in \mathfrak{g})$$

を満たすもののことである (**9.1** 節参照)．ここでは，特に断わらなければ，V は複素数体 $\mathbb{C}$ 上のものをとる．V として数ベクトル空間 $\mathbb{C}^n$ をとり，V 上の線形写像を標準基底に関する行列で表示すると，$\Phi(X)$ は $n \times n$ 型行列で表される．この場合には，Φ を n 次の**行列表現**という．

リー環 $\mathfrak{g} = \mathfrak{su}(2)$ の 2 次元の行列表現として，自然なものとして，$\Phi_0(X) = X$ ($X \in \mathfrak{g}$) が存在する．これを $\mathfrak{g}$ の**自然表現**とよぶ．パウリ行列が 2 成分の波

動関数 $\boldsymbol{\psi}(\boldsymbol{x})$ に作用するのは，$\boldsymbol{\psi}$ の点 $\boldsymbol{x}$ での値の空間 $\mathbb{C}^2$ に $\mathfrak{su}(2)$ の表現 Φ_0 に従って作用しているのである．パウリ行列自体は，リー環 $\mathfrak{g} = \mathfrak{su}(2)$ に属していないが，その複素化 $\mathfrak{g}_{\mathbb{C}} := \mathfrak{g} \otimes_{\mathbb{R}} \mathbb{C}$ に入り，表現 Φ_0 は $\mathbb{C}$ 上線形に $\mathfrak{g}$ から $\mathfrak{g}_{\mathbb{C}}$ に拡張できる．$\mathfrak{g}_{\mathbb{C}}$ は自然に $\mathfrak{sl}(2, \mathbb{C})$ に同型であることを注意しておこう．

問題 4.1. V を体 $\mathbb{K}$ 上のベクトル空間とする．

(i) V 上の線形写像全体 $\mathcal{L}(\mathcal{V})$ は $\mathbb{K}$ 上のベクトル空間をなすことを示せ．

(ii) $\mathcal{L}(\mathcal{V})$ は括弧積 $[X, Y] := XY - YX$ に関して閉じていることを示せ．

(iii) 括弧積は，次のヤコービ (C.G.J. Jacobi) の恒等式を満たすことを示せ：

$$[X, [Y, Z]] + [Y, [Z, X]] + [Z, [X, Y]] = 0.$$

(以上によって，$\mathcal{L}(\mathcal{V})$ は体 $\mathbb{K}$ 上のリー環になることが示された．それを $\mathfrak{gl}(V)$ と書く．)

4.2.2 $\mathfrak{su}(2)$ から $SU(2)$ への指数写像

体 $\mathbb{K}$ 上の $n \times n$ 型行列の全体は $\mathbb{K}$ 上 n^2 次元のベクトル空間をなすが，それを $M(n, \mathbb{K})$ と書く．$\mathbb{K} = \mathbb{R}$ または $\mathbb{C}$ のときに，$X \in M(n, \mathbb{K})$ に対して，

$$e^X = \exp(X) := \sum_{k=0}^{\infty} \frac{X^k}{k!} = E_n + X + \frac{X^2}{2!} + \frac{X^3}{3!} + \cdots \tag{4.10}$$

によって**指数写像**を定義する．ただし，行列を要素とするこの無限和の収束は，各 (i, j) 要素の収束を意味する．

補題 4.1. (i) e^X を定義する上の無限和は絶対広義一様に収束する．

(ii) $X, Y \in M(n, \mathbb{K})$ が互いに可換 ($XY = YX$) であれば，$e^{X+Y} = e^X e^Y$．

(iii) $(e^X)^{-1} = e^{-X}$．

(iv) $(e^X)^* = e^{X^*}$, $e^{gXg^{-1}} = g\, e^X g^{-1} \quad (X \in M(n, \mathbb{K}),\ g \in GL(n, \mathbb{K}))$．

(v) $\det(e^X) = \exp(\operatorname{tr} X)$．

証明. (i) ベクトル空間 $M(n, \mathbb{K})$ にノルムを入れて，不等式

$$\|XY\| \leq \|X\| \, \|Y\| \quad (X, Y \in M(n, \mathbb{K})) \tag{4.11}$$

を満たすようにすると，右辺の部分和のノルムの評価は $\sum_{k=0}^{\infty} (\|X\|)^k / k! = e^{\|X\|} < \infty$ によって果たされる．これは，数列の絶対収束の話と同様である．このノル

ムの具体例については，下の問題 4.2 を参照せよ.

(ii) e^X, e^Y を定義するそれぞれの無限和を項別に掛けて X, Y の可換性を使って整理すると，実数 x, y に対して等式 $e^{x+y} = e^x\, e^y$ を証明するときと形式的には全く同じ冪級数の等式を得る：

$$\left(\sum_{k=0}^{\infty} \frac{X^k}{k!}\right)\left(\sum_{\ell=0}^{\infty} \frac{Y^\ell}{\ell!}\right) = \sum_{q=0}^{\infty} \frac{(X+Y)^q}{q!}.$$

ノルムによる収束の評価は実数の場合と全く同じにできるので，この冪級数の組み替えの演算が正しいことが分かる.

(iii) X と $Y = -X$ とは可換であるから，$e^X\, e^{-X} = e^{X+(-X)} = e^{0_n} = E_n$ である．ここに，0_n は n 次の零行列を表す.

(iv)，(v) の証明は問題として掲《かか》げて読者に任そう (問題 4.4, 4.5). □

リー環 $\mathfrak{su}(2)$ の元 X に対しては，$u = e^X \in SU(2)$ である．実際，$u^* = e^{X^*} = e^{-X} = u^{-1}$ であるから，$u \in U(2)$．さらに，$\det u = \exp(\operatorname{tr} X) = e^0 = 1$ だから，$u \in SU(2)$.

具体的に計算してみれば，$X = 2\varphi X_1 \in \mathfrak{su}(2) \subset M(2, \mathbb{C}), \varphi \in \mathbb{R}$, に対しては,

$$X^{2k} = \begin{pmatrix} (-1)^k \varphi^{2k} & 0 \\ 0 & (-1)^k \varphi^{2k} \end{pmatrix},$$
$$X^{2k+1} = \begin{pmatrix} 0 & (-1)^k i\varphi^{2k+1} \\ (-1)^k i\varphi^{2k+1} & 0 \end{pmatrix},$$

であるから，無限和 (4.10) の (1, 1), (1, 2) 要素はそれぞれ次のように収束する：

$$1 + 0 + \frac{(-1)\varphi^2}{2!} + 0 + \frac{(-1)^2\varphi^4}{4!} + 0 + \cdots = \sum_{p=0}^{\infty} \frac{(-1)^p \varphi^{2p}}{(2p)!} = \cos\varphi,$$
$$0 + (i\varphi) + 0 + \frac{(-1)i\varphi^3}{3!} + 0 + \cdots = \sum_{p=0}^{\infty} \frac{(-1)^p i\varphi^{2p+1}}{(2p+1)!} = i\sin\varphi.$$

他の (2, 1), (2, 2) 要素についても同様に計算して，次の結果を得る：

$$e^{2\varphi X_1} = \exp(2\varphi X_1) = \begin{pmatrix} \cos\varphi & -i\sin\varphi \\ -i\sin\varphi & \cos\varphi \end{pmatrix}.$$

同じように計算して，X_2, X_3 についても次を得る：

$$e^{2\varphi X_2} = \begin{pmatrix} \cos\varphi & -\sin\varphi \\ \sin\varphi & \cos\varphi \end{pmatrix}, \quad e^{2\varphi X_3} = \begin{pmatrix} e^{-i\varphi} & 0 \\ 0 & e^{i\varphi} \end{pmatrix}.$$

問題 4.2. $X = (x_{ij})_{1 \leq i,j \leq n} \in M(n, \mathbb{K})$ に対して，ノルムを，$\|X\|^2 = \sum_{1 \leq i,j \leq n} |x_{ij}|^2$ によって定義する．このノルムに対して，不等式 (4.11) が成立することを示せ．

問題 4.3. 行列の指数写像 $e^{2\varphi X_2}, e^{2\varphi X_3}$ に関する上の結果を証明せよ．

問題 4.4. (i) 補題 4.1(iv) の等式 $\exp(gXg^{-1}) = g\,\exp(X)\,g^{-1}$ を証明せよ．

(ii) 任意の $u \in U(2)$ に対して，ある $g \in U(2)$ が存在して，$u' = gug^{-1}$ が対角行列になることを示せ．

(iii) 任意の対角行列 $u \in U(2)$ に対して，ある対角行列 X が存在して $u = e^X$ と書けることを示せ．そして，指数写像 exp が，$\mathfrak{su}(2)$ から $SU(2)$ の上への写像であることを示せ．(**注意**：一般に，指数写像の像については，話は簡単ではない．)

問題 4.5. 補題 4.1(v) を次の順序で証明せよ．

(i) 任意の $X \in M(n, \mathbb{C})$ に対して，ある $g \in GL(n, \mathbb{C})$ が存在して，$Y = gXg^{-1}$ が上《うえ》三角行列になる．そして，$\operatorname{tr} Y = \operatorname{tr} X$.

(ii) 上三角行列 $Y \in M(n, \mathbb{C})$ の対角要素を，$\lambda_1, \lambda_2, \cdots, \lambda_n$ とする．行列 e^Y は上三角行列であって，その対角要素は，$e^{\lambda_1}, e^{\lambda_2}, \cdots, e^{\lambda_n}$ である．そして，$\det e^Y = \exp(\operatorname{tr} Y)$.

(iii) 任意の $X \in M(n, \mathbb{C})$ に対して，$\det e^X = \exp(\operatorname{tr} X)$.

4.2.3 $SU(2)$ から $\mathfrak{su}(2)$ への対数写像

群 $GL(n, \mathbb{K})$ の単位元 $e = E_n$ の近傍の元 g に対して，

$$\log g := \sum_{k=1}^{\infty} \frac{(-1)^{k-1}(g-e)^k}{k} \tag{4.12}$$

とおく．右辺の無限和のノルムを計算すると，$\sum_{k=0}^{\infty} \|g-e\|^k$ によって評価される．したがって，右辺の無限和は $\|g-e\| < 1$ において広義一様に絶対収束する．その証明は，複素数 z に対する対数関数 $\log z$ の $z=1$ を中心とする冪級数展開

$$\log z = \log\left(1 + (z-1)\right) = \sum_{k=1}^{\infty} \frac{(-1)^{k-1}(z-1)^k}{k}$$

が $|z-1|<1$ において広義一様に絶対収束することの証明と同様である.

補題 4.2.
$$(\log g)^* = \log(g^*),$$
$$\log g^{-1} = -\log g \qquad (\|g-e\|<1,\ \|g^{-1}-e\|<1),$$
$$\mathrm{tr}(\log g) = \log(\det g) \quad (\|g-e\|<1).$$

補題 4.3. 写像 $\exp, \log$ については次の関係式が成り立つ：

$$\exp(\log g) = g \quad (g \in GL(n,\mathbb{K}),\ \|g-e\|<1); \tag{4.13}$$
$$\log(\exp X) = X \quad (X \in M(n,\mathbb{K}),\ \|X\|<\log 2). \tag{4.14}$$

問題 4.6. 補題 4.2 を証明せよ.〔ヒント： 第 3 式については，問題 4.5 参照.〕

問題 4.7. 補題 4.3 の (4.13) 式および (4.14) 式を証明せよ.

さて，対数写像 $\log$ を $SU(2)$ 上で考える．$g \in SU(2), \|g-e\|<1$, に対して，$X = \log g$ は $\mathfrak{su}(2)$ の元である．実際，$X^* = \log g^* = \log g^{-1} = -X$, $\mathrm{tr}\, X = \log(\det g) = \log 1 = 0$. 群 $SU(2)$ とそのリー環 $\mathfrak{su}(2)$ の関係を図示すると，

$$SU(2) \ni g \quad \underset{\exp}{\overset{\log}{\rightleftarrows}} \quad X \in \mathfrak{su}(2) \tag{4.15}$$

4.3 $SU(2)$ から $SO(3)$ への被覆写像と同型 $\mathfrak{su}(2) \cong \mathfrak{so}(3)$

4.3.1 $SU(2)$ から $SO(3)$ への被覆写像

$M(2,\mathbb{C})$ の実部分空間 $\mathcal{Y} := \{\, Y \in M(2,\mathbb{C})\ ;\ Y^* = Y,\ \mathrm{tr}\, Y = 0 \,\}$ の上に群 $SU(2)$ が，次のように作用する： $u \in SU(2)$ に対して，

$$\mathcal{Y} \ni Y \longmapsto D'(u)Y := uYu^* \in \mathcal{Y}.$$

$\mathcal{Y}$ は実 3 次元であるが，そこに座標をパウリ行列を使った対応

$$\phi : \mathcal{Y} \ni Y = \begin{pmatrix} x_3 & x_1 - ix_2 \\ x_1 + ix_2 & -x_3 \end{pmatrix} = \sum_{j=1}^{3} x_j \sigma_j \ \longmapsto\ x = \begin{pmatrix} x_1 \\ x_2 \\ x_3 \end{pmatrix} \in \mathbb{R}^3$$

によって導入する (**5.4.1** のローレンツ群の被覆写像を参照). ϕ で写すと，$\phi(D'(u)Y) = D(u)\phi(Y) = D(u)x$ によって，$\mathbb{R}^3$ 上の線形可逆写像 $D(u)$ が現れる.

ここで，$\det Y = -(x_1^2 + x_2^2 + x_3^2)$ であり，$\det(uYu^*) = \det Y$ であるから，$\mathbb{R}^3$ 上の線形変換 $D(u)$ は内積 $\langle x, x \rangle := x_1^2 + x_2^2 + x_3^2$ を不変にする．したがって，$D'(u) \in O(3)$ である．他方，$SU(2)$ は連結であるから，D によるその像は $O(3)$ の単位元を含む連結成分 $SO(3)$ に含まれる．さらに，$SU(2)$ の一径数部分群 $e^{\varphi X_j}, j = 1, 2, 3,$ とそれらを D で写したものを，それぞれ上下に並べてみると，

$$\begin{pmatrix} \cos\varphi/2 & -i\sin\varphi/2 \\ -i\sin\varphi/2 & \cos\varphi/2 \end{pmatrix}, \begin{pmatrix} \cos\varphi/2 & -\sin\varphi/2 \\ \sin\varphi/2 & \cos\varphi/2 \end{pmatrix}, \begin{pmatrix} e^{-i\varphi/2} & 0 \\ 0 & e^{i\varphi/2} \end{pmatrix}$$
$$\begin{pmatrix} 1 & 0 & 0 \\ 0 & \cos\varphi & -\sin\varphi \\ 0 & \sin\varphi & \cos\varphi \end{pmatrix}, \begin{pmatrix} \cos\varphi & 0 & \sin\varphi \\ 0 & 1 & 0 \\ -\sin\varphi & 0 & \cos\varphi \end{pmatrix}, \begin{pmatrix} \cos\varphi & -\sin\varphi & 0 \\ \sin\varphi & \cos\varphi & 0 \\ 0 & 0 & 1 \end{pmatrix},$$

となる．下は **3.6** 節 (3.44) の回転 $r_{23}(\varphi), r_{31}(\varphi), r_{12}(\varphi)$, である，すなわち，$x_1$ 軸，x_2 軸，x_3 軸回りの角 φ の 2 次元的回転を表す．回転群 $SO(3)$ はこれらの一径数部分群によって生成されるので，準同型 D の像は $SO(3)$ 全体である．

また，D の核を求めると，$uYu^* = Y$ $(Y \in \mathcal{Y})$ より，$u^* = u^{-1}$ だから，$uY = Yu$, よって u はスカラー行列となり，$\det u = 1$ であるから，$u = \pm E_2$ となる．かくて，次の定理が示された．

定理 4.4. 上で与えた準同型 D は $SU(2)$ から $SO(3)$ の上への局所同型であり，その核は $\{\pm E_2\}$ である．

ここで，D が**局所同型**であるとは，$SU(2)$ と $SO(3)$ それぞれの単位元の近傍 U_1, U_2 が存在して，D が U_1 から U_2 の上への同相写像であって，かつ，

$$u, u', uu' \in U_1 \implies D(u)D(u') = D(uu')$$

を満たし，D^{-1} もまた同様の条件を満たすことである．局所同型を与える D をリー群 $SO(3)$ に対する**被覆写像**とよぶ．被覆群 $SU(2)$ は多様体としては，対応

$$SU(2) \ni \begin{pmatrix} a & b \\ -\bar{b} & \bar{a} \end{pmatrix} \longmapsto (a, b) \in S^3 := \{ (z_1, z_2) \in \mathbb{C}^2 \,;\, |z_1|^2 + |z_2|^2 = 1 \}$$

によって 3 次元球面と同相であるから，単連結である．したがって，さらなる

$SU(2)$ の被覆群は存在せず，$SU(2)$ は $SO(3)$ の**普遍被覆群**である，と言われる．

注意 4.2. ここでは，遠慮しながらも (リー環という用語に引きずられて)，リー群という用語を使ったが，詳しく取り扱う余裕がないので，定義だけ述べておこう．線形群 $GL(n,\mathbb{K})$ の (通常の位相での) 閉部分群を**線形リー群**とよぶ ($\mathbb{K}=\mathbb{R}$, $\mathbb{C}$)．この章では，分かりやすさを旨《むね》として，一般論を避けて，$SU(2), SO(3)$ に対する個別の具体論を述べているが，一般論を勉強したい人は然るべきテキスト (例えば，[山内]，[佐武]) を参照してください．

問題 4.8. 群 $SU(2)$ の一般の元 $u=\begin{pmatrix} a & b \\ -\bar{b} & \bar{a} \end{pmatrix}$ に対して，3×3 型行列 $D(u)\in SO(3)$ を，a,b を用いて書き下せ．

問題 4.9. 群 $G=SU(2)$ のリー環 $\mathfrak{g}=\mathfrak{su}(2)$ の上には，**随伴表現** (adjoint representation) とよばれる G の線形表現が次のように与えられる：$\mathrm{Ad}(u)X := uXu^{-1}$ ($u\in G, X\in\mathfrak{g}$)．このとき，$\mathrm{Ad}(u), u=e^{\varphi X_j}, j=1,2,3,$ を $\mathfrak{g}$ の基底 $\{X_1,X_2,X_3\}$ に関して行列表示して，上の $D(u)$ と比較せよ．(結果として，随伴表現 Ad も $SU(2)\to SO(3)$ の普遍被覆を与える.)

4.3.2 リー環の同型 $\mathfrak{su}(2)\cong\mathfrak{so}(3)$

$M(n,\mathbb{K})$ は，数ベクトル空間 $\mathbb{K}^n$ 上の線形写像全体と同一視されるから，問題 4.1 によって，自然にリー環の構造が入るが，それを $\mathfrak{gl}(n,\mathbb{K})$ と書く．これは，一般線形群 $GL(n,\mathbb{K})$ のリー環である ($\mathbb{K}=\mathbb{R},\mathbb{C}$ の差異についてはいまは触れない)．

リー群 $SU(2)$ のリー環 $\mathfrak{su}(2)$ は前節で与えたが，$\mathfrak{gl}(2,\mathbb{C})$ の実の部分リー環である．リー群 $SO(3)$ のリー環 $\mathfrak{so}(3)\subset\mathfrak{gl}(3,\mathbb{R})$ は **3.7** 節で導入された．リー群の準同型 D に対応して，D の微分 (differential) ともいうべき，リー環の準同型 dD が自然に導かれる．D が局所同型であるから，dD は環同型となる．実際，まず，dD の定義は，次のように与える．$X\in\mathfrak{su}(2)$ に対して，それの生成する $SU(2)$ の一径数部分群 e^{tX}, $t\in\mathbb{R}$, をとる，そして，

$$(dD)(X) := \frac{d}{dt}(D(e^{tX}))\Big|_{t=0} = \left(\frac{d}{dt}\right)_0 (D(e^{tX}))$$

とおく．ここに，$(d/dt)_0$ は点 $t=0$ における導関数の値をとる作用素である．$D(e^{tX})$ は $SO(3)$ の一径数部分群であるから，それの生成元として，$Z=(dD)(X)$ が得られる，したがって，$D(e^{tX})=e^{tZ}$ となっている．そこで，$dD(X)$ に対応する $dD'(X)$ を具体的に計算してみよう．$(d/dt)_0e^{tX}=X$ を用いると，

$$\begin{aligned} dD'(X)Y &= (d/dt)_0(D'(e^{tX})Y) = (d/dt)_0(e^{tX}\,Y\,e^{-tX}) \\ &= (d/dt)_0e^{tX}\cdot Y + Y\cdot(d/dt)_0e^{-tX} = XY - YX \quad (Y\in\mathcal{Y}) \end{aligned}$$

となる．これを用いて，$X_1=is_x, X_2=is_y, X_3=is_z\in\mathfrak{su}(2)$ に対して計算すると，dD による像はそれぞれ X_{23}, X_{31}, X_{12} である．その検算として，**4.3.1** で与えた $D(e^{\varphi X_j})$ の具体形を φ で微分してみても同じ結果が得られる．かくて，

$$dD(X_1)=X_{23}\,,\quad dD(X_2)=X_{31}\,,\quad dD(X_3)=X_{12}\,. \tag{4.16}$$

4.4　パウリ方程式に対する $SU(2)$ 共変性

先の **4.1** 節におけるパウリの波動関数 $\boldsymbol{\psi}(\boldsymbol{x})={}^t(\psi_+(\boldsymbol{x}),\psi_-(\boldsymbol{x}))$ の値《あたい》の空間 $V=\mathbb{C}^2$ には，実リー環 $\mathfrak{g}=\mathfrak{su}(2)$ が働いている．その作用の仕方は，ちょうど $\mathfrak{g}$ の自然表現である．このパウリのアイディアの革命性は，「電子はただ単に 3 次元ユークリッド空間に住んでいるのではなくて，さらにそれを超えたある場《ば》の空間に住んでいる」としたところである．これは，場の理論に慣れた現代の方々には，むしろ当然のことと捉えられているだろうが．

パウリの考えを敷衍《ふえん》すれば，V にはリー群 $G=SU(2)$ がその自然表現 $\varpi(u)=u: v\mapsto uv\ (v\in V, u\in G)$ を通じて働いていて，その微分形 (無限小形) が，このリー環 $\mathfrak{g}$ の作用である，と考えるのがよい．ここでは，座標を表す記号として，$\boldsymbol{x}={}^t(x,y,z)$ の代わりに，$x={}^t(x_1,x_2,x_3)$ を用いる．

値の空間 $V=V(\varpi)$ 上の作用の他に，土台の空間 $E^3\cong\mathbb{R}^3$ には回転群 $SO(3)$ が働いている．この作用の根源は $SU(2)$ であって，$u\in SU(2)$ が土台に働くときは，被覆写像 $D: SU(2)\to SO(3)$ を通じて働く，と考えるのが正当である．そして，2 つの作用は，1 つにまとまったものだと捉えるのがよい．したがって，パウリの波動関数 $\boldsymbol{\psi}(x)={}^t(\boldsymbol{\psi}_+(x),\boldsymbol{\psi}_-(x))$ への $SU(2)$ の作用は，

$$(T_\varpi(u)\boldsymbol{\psi})(x)\ :=\ \varpi(u)(\boldsymbol{\psi}(D(u)^{-1}x)) \quad (x\in\mathbb{R}^3) \tag{4.17}$$

である．これは，**2.1** 節 (2.3) の変換公式の一例である．

$\mathcal{H} = L_2(\mathbb{R}^3; dx)$, $dx = dx_1 dx_2 dx_3$, の上の $SO(3)$ の表現 $R(g)f(x) = f(g^{-1}x)$ $(g \in SO(3), f \in \mathcal{H}, x \in \mathbb{R}^3)$ は，被覆写像 $D : SU(2) \to SO(3)$ を通して，$SU(2)$ の表現になる．これを R^D と書く．

注意 4.3. のちに **4.11** 節で，2 つの表現のテンソル積を定義する (定義 4.2) が，それを先走って利用して説明すると，上の表現 T_ϖ は，表現空間 $V(\varpi) \otimes \mathcal{H} \cong \mathcal{H} \oplus \mathcal{H}$ の上に実現したテンソル積表現 $\varpi \otimes R^D$ に他ならない．また，これにより，**4.11** 節 (4.35) のクレブシュ-ゴルダンの係数 $C^{(m)}$ との密接な関連が生ずる．

時間を含まぬパウリ方程式 (4.4) において，ハミルトニアン $\widetilde{H}$ は回転不変であるから，後から加わった H_1, H_2 が回転で不変であれば，この方程式は $SU(2)$ で不変である．別の言葉で言えば，パウリ方程式で書かれる物理現象は，$SU(2)$ による対称性をもつ．

実際，$L := \widetilde{H} + H_1 + H_2$ とおくと，方程式は，

$$\widetilde{L}\boldsymbol{\psi} = E\boldsymbol{\psi}; \quad \widetilde{L} := \begin{pmatrix} L & 0 \\ 0 & L \end{pmatrix}, \ \boldsymbol{\psi} = \begin{pmatrix} \psi_+ \\ \psi_- \end{pmatrix} \in W := \mathcal{H} \oplus \mathcal{H}. \tag{4.18}$$

よって，パウリ方程式は $SU(2)$ の下《もと》で共変 (不変ともいう) である，すなわち，$\widetilde{L} \cdot T_\varpi(u) = T_\varpi(u) \cdot \widetilde{L}$ $(u \in SU(2))$ となる．この共変性から，固有値 E の固有空間 $W(E) \subset W$ は作用素 $T_\varpi(u)$ で不変となる．なぜならば，$f \in W(E)$ に対して，$f' = T_\varpi(u)f$ とおけば，

$$\widetilde{L}f' = \widetilde{L}T_\varpi(u)f = T_\varpi(u)\widetilde{L}f = ET_\varpi(u)f = Ef'$$

であるから，$f' = T_\varpi(u)f \in W(E)$ となる．したがって，固有空間 $W(E)$ 上に群 $SU(2)$ の表現が導かれる．

これから分かるように，表現 T_ϖ の既約分解は，第 3 章におけると同様に，作用素 $\widetilde{L}$ の固有値問題と本質的に関連している．

4.5 群 $SU(2)$ の表現 T_ϖ とリー環 $\mathfrak{su}(2)$ の表現

4.5.1 群 $SU(2)$ の表現 T_ϖ に随伴するリー環 $\mathfrak{su}(2)$ の表現

$SU(2)$ の表現 $(T_\varpi, W), W = \mathcal{H} \oplus \mathcal{H}$, の既約分解を考えよう．$W$ は $\mathbb{R}^3$ 上の $V(\varpi) = \mathbb{C}^2$ の値をとる L_2 関数の空間である．既約分解のための道具としては，まず，表現作用素 $T_\varpi(u), u \in G = SU(2)$, と可換な線形作用素，すなわち，表現 T_ϖ の自分自身との間の相関作用素，を探すのが第一歩である．微分作用素でも積分作用素でも何でもよいが，もしそうした作用素 S が見つかれば，その S の固有空間分解をとる．すると各固有空間は T_ϖ の下で不変であるから，それを調べて，さらに分解できれば分解する．

作用素 S としてまず考えつくのは，$\mathcal{H}$ 上のラプラシアン Δ の直和 $\widetilde{\Delta} = \Delta \oplus \Delta$ である．その固有空間分解を考えると，第 1 成分，第 2 成分の $\mathcal{H}$ の上で定理 3.5 と同様の結果が得られる．$\widetilde{\Delta}$ の球面方向の成分 $\widetilde{\Delta_S} = \Delta_S \oplus \Delta_S$ の固有値 $\nu_\ell = -\ell(\ell+1)$ の固有空間は，次元が 2 倍の $2 \times (2\ell+1)$ である．群 $SO(3)$ のときと異なって，実は，この空間は，群 $SU(2)$ の下では，($\ell \geq 1$ のとき) 次元が $2\ell+2, 2\ell$ の 2 つの既約空間の直和に分かれる．これらは，最高ウェイトがそれぞれ半整数 $\ell + \dfrac{1}{2}, \ell - \dfrac{1}{2}$ である ($\ell = 0$ の場合は最高ウェイト $\dfrac{1}{2}$ のみ)．こうしたより詳しい結果を証明するには，$S_1 = \widetilde{\Delta_S}$ だけでは十分でない．

そこで，S として微分作用素になっているもの S_2 を探す (S_1 も微分作用素である)．このときには，G の表現 T_ϖ を微分して無限小形に移る．これは G のリー環 $\mathrm{Lie}(G) = \mathfrak{g} = \mathfrak{su}(2)$ の表現になる．ただし，W のように無限次元の空間上の表現からその無限小形に移るときには，$X \in \mathfrak{g}$ として，$T_\varpi(e^{tX})w$ が $t = 0$ で微分可能になるような $w \in W$ だけを拾ってくるべきだから，無限小形 dT_ϖ の表現空間は W よりうんと小さい (しかし稠密な) 部分空間にならざるを得ない．ここでは，W の部分空間

$$W^\infty := \{\, \boldsymbol{f} = {}^t(f_1, f_2)\,;\, f_j \in C^\infty(\mathbb{R}^3),\ f_j \text{ の各階の導関数が } \mathcal{H} \text{ に入る} \,\}$$

をとる．まずは素直にリー環 $\mathfrak{g}$ の元 X に対して表現 T_ϖ の無限小作用素 $T_\varpi(X) := (d/dt)_0 T_\varpi(e^{tX})$ を求める (記号の簡略化のために，dT_ϖ を T_ϖ と書く)．$\boldsymbol{f} \in W^\infty$ の微分可能性を使って，ヒルベルト空間 W での弱収束の意味で，

$$\left(\frac{d}{dt}\right)_0 (T_\varpi(e^{tX})\boldsymbol{f})(x) = \left(\frac{d}{dt}\right)_0 \{e^{tX}(\boldsymbol{f}(D(e^{-tX})x))\}$$
$$= X(\boldsymbol{f}(x)) + \left(\frac{d}{dt}\right)_0 \boldsymbol{f}(D(e^{-tX})x)$$

である．前節における $D(e^{\varphi X_j}), j = 1, 2, 3,$ の計算を利用して，これを $\mathfrak{g} = \mathfrak{su}(2)$ の基底 X_j に対して計算する．たとえば，$X = X_1$ に対しての上式第 2 項は，

$$(d/dt)_0\, \boldsymbol{f}(x_1, \cos t\, x_2 + \sin t\, x_3, -\sin t\, x_2 + \cos t\, x_3)$$

である．同様な計算をして，$T_\varpi(X_j)$ は，それぞれ，

$$T_\varpi(X_1)\boldsymbol{f}(x) = X_1(\boldsymbol{f}(x)) + (x_3\partial_{x_2} - x_2\partial_{x_3})\,\boldsymbol{f}(x),$$
$$T_\varpi(X_2)\boldsymbol{f}(x) = X_2(\boldsymbol{f}(x)) + (x_1\partial_{x_3} - x_3\partial_{x_1})\,\boldsymbol{f}(x),$$
$$T_\varpi(X_3)\boldsymbol{f}(x) = X_3(\boldsymbol{f}(x)) + (x_2\partial_{x_1} - x_1\partial_{x_2})\,\boldsymbol{f}(x),$$

となる．準同型対応 $dD : \mathfrak{su}(2) \to \mathfrak{so}(3)$ により，$X_1 \mapsto X_{23}, X_2 \mapsto X_{31}, X_3 \mapsto X_{12}$, であることに注意して，それぞれの第 2 項に注目すれば，これは，**3.7** 節の $\mathfrak{so}(3)$ の表現 $R(X_{23}), R(X_{31}), R(X_{12})$, に等しい (公式 (3.56) 参照)．そこで，空間 $\mathcal{H}$ に働く $R(X_{ij})$ の直和を $R(X_{ij})^\sim = R(X_{ij}) \oplus R(X_{ij})$ と書くと，$T_\varpi(X_1) = X_1 + R(X_{23})^\sim$ と書ける．これは，作用素を要素とする 2×2 型行列である ((4.18) を参照)．すなわち，I を $C^\infty(\mathbb{R}^3)$ 上の恒等作用素とすると，$T_\varpi(X_1), T_\varpi(X_2), T_\varpi(X_3)$ はこの順番に次のように書ける：

$$\begin{pmatrix} R(X_{23}) & -\dfrac{i}{2}I \\ -\dfrac{i}{2}I & R(X_{23}) \end{pmatrix}, \quad \begin{pmatrix} R(X_{31}) & -\dfrac{1}{2}I \\ \dfrac{1}{2}I & R(X_{31}) \end{pmatrix},$$
$$\begin{pmatrix} -\dfrac{i}{2}I + R(X_{12}) & 0 \\ 0 & \dfrac{i}{2}I + R(X_{12}) \end{pmatrix}.$$

求める線形作用素 S を作るには，無限小作用素 $T_\varpi(X_j), j = 1, 2, 3,$ の多項式として作る手順が，以下のように一般論として用意されている．

4.5.2　リー環 $\mathfrak{g}$ の表現と普遍展開環 $U(\mathfrak{g}_{\mathbb{C}})$ の表現

そのアイディアを説明しよう．$T_\varpi(X), X \in \mathfrak{g}$, は 1 階の線形微分作用素であり，したがって，その 2 個の積 $T_\varpi(X)T_\varpi(X')$ は 2 階の微分作用素，3 個の積は 3 階のもの，$\cdots$ である．それに対応して，$\mathfrak{g}$ の非可換の積とその $\mathbb{C}$ 上の 1 次結合を考える．それは，複素化 $\mathfrak{g}_{\mathbb{C}}$ の n 次のテンソル積　$\otimes^n \mathfrak{g}_{\mathbb{C}} = \mathfrak{g}_{\mathbb{C}} \otimes \mathfrak{g}_{\mathbb{C}} \otimes \cdots \otimes \mathfrak{g}_{\mathbb{C}}$ (n 回) の直和として得られるテンソル代数

$$\otimes \mathfrak{g}_{\mathbb{C}} := \sum_{n=0}^{\infty} \otimes^n \mathfrak{g}_{\mathbb{C}}, \qquad \otimes^0 \mathfrak{g}_{\mathbb{C}} := \mathbb{C}$$

となる．さらに，$T_\varpi(X)$ はリー環 $\mathfrak{g}$ の表現なので，

$$T_\varpi(X)T_\varpi(X') - T_\varpi(X')T_\varpi(X) \;=\; T_\varpi([X, X']) \quad (X, X' \in \mathfrak{g})$$

であるから，それに対応して $\otimes \mathfrak{g}_{\mathbb{C}}$ に，同値関係

$$X \otimes X' - X' \otimes X \approx [X, X'] \quad (X, X' \in \mathfrak{g})$$

を導入した代数を考えるのがよい．それが，次のものである．

定義 4.1. リー環 (リー代数) $\mathfrak{g}_{\mathbb{C}}$ の**普遍展開環** (または**普遍包絡代数**) とは，テンソル代数 $\otimes \mathfrak{g}_{\mathbb{C}}$ を，$X \otimes X' - X' \otimes X - [X, X']$　$(X, X' \in \mathfrak{g})$ が生成する両側イデアルで割った結合的代数 $U(\mathfrak{g}_{\mathbb{C}})$ のことである．ここでの積 ($X \otimes X'$ の像) は単に XX' と書かれる．

すなわち，$U(\mathfrak{g}_{\mathbb{C}})$ は，$\mathfrak{g}_{\mathbb{C}}$ の非可換積の 1 次結合に括弧積の関係を入れたもの，である．そして，リー環 $\mathfrak{g}_{\mathbb{C}}$ の $\mathbb{C}$ 上の線形表現と，その普遍展開環 $U(\mathfrak{g}_{\mathbb{C}})$ の表現とは，1 対 1 に対応する．

我々のもとの問題にもどって，X に対応する微分作用素 $T_\varpi(X)$ から，普遍展開環 $U(\mathfrak{g}_{\mathbb{C}})$ の各元 a に対して $T_\varpi(a)$ が定義できる．ここでは，$a = (X_1)^2 + (X_2)^2 + (X_3)^2$ に対して，$T_\varpi(a) = \sum_{j=1}^{3} T_\varpi(X_j)^2$ を求めてみよう．

注意 4.4. ここでの積 $(X_1)^2 = X_1X_1$ は $U(\mathfrak{g}_{\mathbb{C}})$ の中での積なので，2×2 型行列の積とは違う．むしろ，微分作用素 $T_\varpi(X_1)$ での積 $T_\varpi(X_1)^2$ と対応させて考えるのがよい．一般に，$z = XX' \cdots X'' \in U(\mathfrak{g}_{\mathbb{C}})$ には $T_\varpi(z) := T_\varpi(X)T_\varpi(X') \cdots T_\varpi(X'')$ が対応

する．したがって，$b \in U(\mathfrak{g}_{\mathbb{C}})$ と $X \in \mathfrak{g}_{\mathbb{C}}$ をとると，$T_\varpi(X)T_\varpi(b), T_\varpi(b)T_\varpi(X)$ それぞれには，$Xb, bX \in U(\mathfrak{g}_{\mathbb{C}})$ が対応するので，b が $U(\mathfrak{g}_{\mathbb{C}})$ の中心の元であれば，$Xb = bX$，ゆえに，$S = T_\varpi(b)$ が各 $T_\varpi(X)$ と可換となり，相関作用素を与える．

リー環の普遍展開環の中心についてはいろいろ詳しい研究がある．とくに，半単純リー環に対しては，**カシミール元**とよばれる 2 次の中心元の作り方が分かっている．上の $\mathfrak{g} = \mathfrak{su}(2)$ の場合には，カシミール元は $\dfrac{1}{2}a = \dfrac{1}{2}\{(X_1)^2 + (X_2)^2 + (X_3)^2\}$ である．

4.5.3　相関作用素 $S = T_\varpi(a)$, $a = (X_1)^2 + (X_2)^2 + (X_3)^2$

この相関作用素を使いやすい形で求めるには，出てくる微分作用素を極座標を用いて表すのがよい．

定理 4.5. $\mathfrak{g} = \mathfrak{su}(2)$ の基底 X_1, X_2, X_3 は同型 $dD : \mathfrak{su}(2) \to \mathfrak{so}(3)$ によってそれぞれ X_{23}, X_{31}, X_{12} に写るが，後者の $C^\infty(\mathbb{R}^3)$ 上の作用 $R(X_{ij})$ は，$x = {}^t(x_1, x_2, x_3) \in \mathbb{R}^3$ の極座標を (r, θ, φ) とするとき，次のように与えられる：

$$
\begin{aligned}
R(X_{12}) &= -\partial_\varphi\,, \\
R(X_{23}) &= \sin\varphi\,\partial_\theta + \cot\theta\,\cos\varphi\,\partial_\varphi\,, \\
R(X_{31}) &= -\cos\varphi\,\partial_\theta + \cot\theta\,\sin\varphi\,\partial_\varphi.
\end{aligned}
\tag{4.19}
$$

証明.　$R(X_{23})$ の公式を示そう．極座標で書けば，$x = {}^t(x_1, x_2, x_3) = {}^t(r\sin\theta\,\cos\varphi,\, r\sin\theta\,\sin\varphi, r\cos\theta)$ であり，

$$
r_{23}(t)^{-1}x = x', \quad x' = {}^t(r\sin\theta'\,\cos\varphi', r\sin\theta'\,\sin\varphi', r\cos\theta'),
$$

と書ける．$t = 0$ における微係数 $A_0 = (d\theta'/dt)_0, B_0 = (d\varphi'/dt)_0$ が分かればよい．上式の両辺を $t = 0$ で微分してみると次式を得る：

$$
-X_{23}\begin{pmatrix} r\sin\theta\,\cos\varphi \\ r\sin\theta\,\sin\varphi \\ r\cos\theta \end{pmatrix} = r\begin{pmatrix} \cos\theta\,\cos\varphi\,A_0 - \sin\theta\,\sin\varphi\,B_0 \\ \cos\theta\,\sin\varphi\,A_0 + \sin\theta\,\cos\varphi\,B_0 \\ -\sin\theta\,A_0 \end{pmatrix},
$$

ここで，**3.7** での X_{23} の具体形を代入して計算すると，$A_0 = \sin\varphi$，$B_0 = \cot\theta\,\cos\varphi$，を得る．すると，$R(X_{23})f(x) = \left(\dfrac{d}{dt}\right)_0 f(r_{23}(t)^{-1}x)$ から，$R(X_{23}) = A_0\,\partial_\theta + B_0\,\partial_\varphi$ として，上の公式が得られる．　□

系 4.6. 普遍展開環 $U(\mathfrak{g}_\mathbb{C}), \mathfrak{g} = \mathfrak{so}(3)$, の元として，$b = dD(a) = {X_{23}}^2 + {X_{31}}^2 + {X_{12}}^2$ とおく．また，**3.7** 節のように，$Y_+ = -X_{31} + iX_{23}, Y_- = X_{31} + iX_{23}, H = iX_{12} \in \mathfrak{so}(3, \mathbb{C})$, とおく．これらの元を表現 R で写すと，

$$\begin{aligned} R(b) &= R(X_{23})^2 + R(X_{23})^2 + R(X_{23})^2 \\ &= {\partial_\theta}^2 + \cot\theta\,\partial_\theta + (1/\sin^2\theta){\partial_\varphi}^2 = \Delta_S, \\ R(Y_+) &= e^{i\varphi}(\partial_\theta - \cot\theta\, i^{-1}\partial_\varphi), \quad R(H) = i^{-1}\partial_\varphi\,, \\ R(Y_-) &= e^{-i\varphi}(\,-\partial_\theta - \cot\theta\, i^{-1}\partial_\varphi). \end{aligned}$$

さてそこで，$S_0 = T_\varpi(a) = T_\varpi(X_1)^2 + T_\varpi(X_2)^2 + T_\varpi(X_3)^2$ を計算しよう．それには，**4.5.1** の作用素を要素とする 2×2 型行列を使えばよい．まず上の $R(b)$ の計算と，

$$ {X_1}^2 + {X_2}^2 + {X_3}^2 = -\frac{3}{4}E_2 \ \ (2 \times 2 \text{ 型行列の計算}) $$

とから，$\left(-\dfrac{3}{4}I + \Delta_S\right)^{\sim}$ (対角型) を得る．次に残りを計算すると，行列要素として，$R(Y_\pm), R(H)$ が現れて，結局，

$$ S_0 = \begin{pmatrix} -\dfrac{3}{4}I + \Delta_S & 0 \\ 0 & -\dfrac{3}{4}I + \Delta_S \end{pmatrix} + \begin{pmatrix} -R(H) & -R(Y_-) \\ -R(Y_+) & R(H) \end{pmatrix} $$

となる．右辺第 1 項から $S_1 = \widetilde{\Delta_S} = \Delta_S \oplus \Delta_S$ をとり，第 2 項を S_2 とおく：

$$ S_2 = \begin{pmatrix} -R(H) & -R(Y_-) \\ -R(Y_+) & R(H) \end{pmatrix}, \tag{4.20} $$

2 個の相関作用素 S_1, S_2 を用いて $\mathfrak{su}(2)$ の表現 T_ϖ の既約分解ができる．それにはまず，極座標表示によって動径方向を分離した後，$\widetilde{\mathcal{H}_S} := \mathcal{H}_S \oplus \mathcal{H}_S, \mathcal{H}_S = L_2(S^2; d\mu_S)$ 上の表現を考える．そこで，S_1, S_2 のそれぞれの固有値 λ_1, λ_2 の同時固有空間を $V(S_1, \lambda_1; S_2, \lambda_2)$ とすると，次節で示すように，これらが既約表現を与える．したがって，S_1, S_2 の同時固有空間分解が既約分解を与えるわけである．

問題 4.10. (i) 定理 4.5 の公式 (4.19) を詳しく証明せよ.
(ii) 上の S_0 の行列表示を証明せよ.

4.6 群 $SU(2)$ の表現 $(T_\varpi, \mathcal{H}\oplus\mathcal{H})$ の既約分解

4.6.1 $\mathfrak{su}(2)$ の表現作用素 $T_\varpi(H), T_\varpi(Y_+), T_\varpi(Y_-)$

前章 **3.7** 節において, 最高ウェイト ℓ の既約表現 π_ℓ の標準形を与えた. π_ℓ は $SO(3)$ の $\mathcal{H}_S$ 上の表現 R を固有空間 $V(\Delta_S, \nu_\ell)$ に制限して得られる. それを対応する $\mathfrak{so}(3)$ の表現として書くと, 標準基底 $e_m, -\ell \le m \le \ell$, に関して,

$$\pi_\ell(H)e_m = me_m\,,\quad \pi_\ell(Y_+)e_m = d^\ell_{m+1}e_{m+1}\,,\quad \pi_\ell(Y_-)e_m = d^\ell_m e_{m-1}\,, \tag{4.21}$$

ここに, $d^\ell_m = d_m = \sqrt{(\ell+1-m)(\ell+m)}$.

これと同様に, T_ϖ を同時固有空間 $V(S_1,\lambda_1;S_2,\lambda_2)$ に制限したときに表現作用素 $T_\varpi(H), T_\varpi(Y_\pm)$ が標準形になるように, 基底をとりたい. そのための準備として, これらを 2×2 型行列として書くと, 作用素 $T_\varpi(H), T_\varpi(Y_+), T_\varpi(Y_-)$ はこの順番で以下のように書ける：

$$\begin{pmatrix} \frac{1}{2}I + R(H) & 0 \\ 0 & -\frac{1}{2}I + R(H) \end{pmatrix},\quad \begin{pmatrix} R(Y_+) & I \\ 0 & R(Y_+) \end{pmatrix},$$
$$\begin{pmatrix} R(Y_-) & 0 \\ I & R(Y_-) \end{pmatrix}.$$

4.6.2 同時固有空間 $V(S_1,\nu_\ell;S_2,\lambda)$

変数 $x = {}^t(x_1,x_2,x_3)$ の極座標 $(r,\omega), \omega\in S^2$, を用いると, 群 $SU(2)$ は ω のみに作用する. したがって, リー環 $\mathfrak{su}(2)$ も同様である. 測度の分解 $d\mu(x) = dx_1dx_2dx_3 = r^2drd\mu_S(\omega)$ に従って, ヒルベルト空間 $\mathcal{H} = L^2(E^3;d\mu)$ のテンソル積分解 $\mathcal{H}\cong\mathcal{H}_{\mathbb{R}_+}\otimes\mathcal{H}_S$, $\mathcal{H}_{\mathbb{R}_+} = L_2(\mathbb{R}_+, r^2dr)$, $\mathcal{H}_S = L_2(S^2;d\mu_S)$, があるので, 直和空間 $\widetilde{\mathcal{H}} = \mathcal{H}\oplus\mathcal{H}$ にも類似のテンソル積分解

$$\widetilde{\mathcal{H}} \cong (\mathcal{H}_{\mathbb{R}_+}\otimes\mathcal{H}_S)\oplus(\mathcal{H}_{\mathbb{R}_+}\otimes\mathcal{H}_S) \cong \mathcal{H}_{\mathbb{R}_+}\otimes(\mathcal{H}_S\oplus\mathcal{H}_S)$$

がある. そして $SU(2)$ は $\widetilde{\mathcal{H}_S} = \mathcal{H}_S\oplus\mathcal{H}_S$ にのみ働く. その上の表現を T^S_ϖ と書き, 微分作用素 S_0, S_1, S_2 を $\widetilde{\mathcal{H}_S}$ に制限したものも (記号の氾濫《はんらん》を避けるため)

同じ記号で書くことにしよう.

いま我々は，パウリ方程式 (4.4) から出てくる $r > 0$ に関する動径方程式を横に置いておき，その対称性の群 $SU(2)$ にのみ注目するわけである．第 3 章での結果を踏まえて考えればそれほど難しい作業ではない.

まず，作用素 $S_1 = \widetilde{\Delta_S}$ による $\widetilde{\mathcal{H}_S}$ の固有空間分解を考えると，固有値は $\nu_\ell = -\ell(\ell+1)$, $\ell = 0, 1, 2, \cdots$, であり，その固有空間は，$V(\Delta_S, \nu_\ell)^\sim = V(\Delta_S, \nu_\ell) \oplus V(\Delta_S, \nu_\ell)$ である．S_1 が相関作用素，すなわち，$T_\varpi^S(u), u \in SU(2)$, と可換であるから，各固有空間は不変部分空間である．これを S_2 を用いて ($\ell \geq 1$ のとき) 2 つの既約部分空間に分解する.

そのために，第 1 成分，第 2 成分の $V(\Delta_S, \nu_\ell)$ それぞれの上の $\mathfrak{so}(3)$ の表現 R を，標準形 (4.21) に書いておく．すると，$V(\Delta_S, \nu_\ell)^\sim$ の基底として,

$$e_m^{(1)} = {}^t(e_m, 0), \quad e_{m'}^{(2)} = {}^t(0, e_{m'}), \quad (-\ell \leq m, m' \leq \ell)$$

がとれる．これらに対する S_2 の作用は，(4.21) により，次のように与えられる：

$$S_2 e_m^{(1)} = \begin{pmatrix} -R(H)e_m \\ -R(Y_+)e_m \end{pmatrix} = \begin{pmatrix} -me_m \\ -d_{m+1}e_{m+1} \end{pmatrix} = -me_m^{(1)} - d_{m+1}e_{m+1}^{(2)},$$

同様にして，$S_2 e_m^{(2)} = -d_m e_{m-1}^{(1)} - m e_m^{(2)}$ を得る．そこで，S_2 の固有値 λ に対する固有ベクトルを $v = \sum_m (a_m e_m^{(1)} + b_m e_m^{(2)})$ とすると，$S_2 v = \sum_m (a_m S_2 e_m^{(1)} + b_m S_2 e_m^{(2)})$ に上式を代入して計算すれば，方程式 $S_2 v = \lambda v$ は次のように書かれる：

$$\sum_m \{(-m-\lambda)a_m - d_{m+1}b_{m+1}\} e_m^{(1)} + \sum_m \{-d_m a_{m-1} + (m-\lambda)b_m\} e_m^{(2)} = 0.$$

したがって，これは次の連立方程式になる：

$$\begin{pmatrix} -m-\lambda & -d_{m+1} \\ -d_{m+1} & m+1-\lambda \end{pmatrix} \begin{pmatrix} a_m \\ b_{m+1} \end{pmatrix} = \begin{pmatrix} 0 \\ 0 \end{pmatrix} \quad (-\ell \leq m \leq \ell).$$

そこで，λ に関する固有方程式は

$$(-m-\lambda)(m+1-\lambda) - d_{m+1}^2 = 0 \qquad \therefore \quad (\lambda+\ell)(-\lambda+\ell+1) = 0.$$

これから，S_2 の 2 つの固有値 $\lambda = -\ell, \ell+1$ を得る．そこで，S_2 の固有空間 $V(S_1, \nu_\ell; S_2, \lambda)$ を，それぞれの場合に求めよう．

(I) 固有値 $\lambda = -\ell$ の場合

固有ベクトル v の係数 a_m, b_{m+1} の比は，$a_m : b_{m+1} = d_{m+1} : (-m-\lambda) = \sqrt{\ell+m+1} : \sqrt{\ell-m}$ であるから，固有空間 $V(S_1, \nu_\ell; S_2, -\ell)$ は，

$$ {}^{\ell}f^{\ell+1/2}_{m+1/2} := \sqrt{2\ell+1}\,(\sqrt{\ell+m+1}\,e^{(1)}_m + \sqrt{\ell-m}\,e^{(2)}_{m+1}) $$

(ただし，$-\ell-1 \le m \le \ell$) で張られる．したがって，次元は $2\ell+2 = 2(\ell+1/2)+1$ である．ここでしばしば必要なので，記号として $\ell^* = \ell+1/2, m^* = m+1/2$ を導入する．すると，$\ell^* = 1/2, 3/2, \cdots$ (半整数) であり，${}^{\ell}f^{\ell+1/2}_{m+1/2} = {}^{\ell}f^{\ell^*}_{m^*}$, 次元 $= 2\ell^*+1$, などと書ける．相関作用素 $S_0 = T^S_\varpi(a) = -\dfrac{3}{4} + S_1 + S_2$ の固有値は，$-\dfrac{3}{4} + \nu_\ell + \lambda = -\dfrac{3}{4} - \ell(\ell+1) - \ell = -\ell^*(\ell^*+1)$ である．

実は，後述するように，この固有空間上に実現されている $SU(2)$ の表現は既約で，最高ウェイト $\ell+1/2 = \ell^*$ をもち，$\pi_{\ell+1/2} = \pi_{\ell^*}$ と書かれる．

(II) 固有値 $\lambda = \ell+1$ の場合

固有ベクトル v の係数 a_m, b_{m+1} の比は，$a_m : b_{m+1} = d_{m+1} : (-m-\lambda) = \sqrt{\ell-m} : -\sqrt{\ell+1+m}$ であるから，固有空間 $V(S_1, \nu_\ell; S_2, \ell+1)$ は，${}^{\ell}f^{\ell-1/2}_{m+1/2} = {}^{\ell}f^{\ell^*-1}_{m^*}$ $(-\ell \le m \le \ell-1)$, ただし，

$$ {}^{\ell}f^{\ell^*-1}_{m^*} := \sqrt{2\ell+1}\,(\sqrt{\ell-m}\,e^{(1)}_m - \sqrt{\ell+1+m}\,e^{(2)}_{m+1}) $$

で張られる ($\ell = 0$ のときには固有空間無し)．したがって，次元は $2\ell = 2(\ell^*-1)+1$ であり，$-(\ell^*-1) \le m^* \le \ell^*-1$ となる．相関作用素 S_0 の固有値は，$-\dfrac{3}{4} + \nu_\ell + \lambda = -(\ell^*-1)\ell^* = -(\ell^*-1)[(\ell^*-1)+1]$ である．すぐあとに見るように，ここに実現されている表現は既約で，最高ウェイト $\ell-1/2 = \ell^*-1$ をもち，$\pi_{\ell-1/2} = \pi_{\ell^*-1}$ と書かれる．

4.6.3 $SU(2)$, $\mathfrak{su}(2)$ の表現 T_ϖ (T^S_ϖ) の既約分解

固有空間 $V(S_1, \nu_\ell; S_2, \lambda)$ 上の $\mathfrak{su}(2)$ の表現を調べる．上で与えた固有ベクトル ${}^{\ell}f^{\ell^*}_{m^*}$ に対する作用を計算すればよい．

命題 4.7. (I)　固有空間 $V(S_1,\nu_\ell;S_2,-\ell)$ の基底 $v_{m^*} := {}^\ell f^{\ell^*}_{m^*}$ に対して，$d^{\ell^*}_{m^*} = \sqrt{(\ell^*+1-m^*)(\ell^*+m^*)}$ とおくと，

$$
\begin{aligned}
&T^S_\varpi(H)v_{m^*} = m^*\, v_{m^*}\,, \\
&T^S_\varpi(Y_+)v_{m^*} = d^{\ell^*}_{m^*+1}v_{m^*+1}\,,\quad T^S_\varpi(Y_-)v_{m^*} = d^{\ell^*}_{m^*}v_{m^*-1}.
\end{aligned}
$$

(II)　固有空間 $V(S_1,\nu_\ell;S_2,\ell+1)$ の基底 $v'_{m^*} := {}^\ell f^{\ell^*-1}_{m^*}$ に対して，

$$
\begin{aligned}
&T^S_\varpi(H)v'_{m^*} = m^*\, v'_{m^*}\,, \\
&T^S_\varpi(Y_+)v'_{m^*} = d^{\ell^*-1}_{m^*+1}v'_{m^*+1}\,,\quad T^S_\varpi(Y_-)v'_{m^*} = d^{\ell^*-1}_{m^*}v'_{m^*-1}.
\end{aligned}
$$

証明. **4.6.1** の $T^S_\varpi(H)$ などの 2×2 型行列での表示を使う．$T^S_\varpi(H)v'_{m^*}$ では，

$$
\begin{aligned}
&\Big(\frac{1}{2}+R(H)\Big)\,e^{(1)}_m = \Big(\frac{1}{2}+m\Big)\,e^{(1)}_m, \\
&\Big(-\frac{1}{2}+R(H)\Big)\,e^{(2)}_{m+1} = \Big(-\frac{1}{2}+m+1\Big)\,e^{(2)}_m,
\end{aligned}
$$

を使えばよい．また，$T^S_\varpi(Y_+)v'_{m^*}$ は次になる：

$$
\sqrt{2\ell+1}\,\Big\{(\sqrt{\ell+m+1}\,R(Y_+)e^{(1)}_m + \sqrt{\ell-m}\,e^{(1)}_{m+1}) + \sqrt{\ell-m}\,R(Y_+)e^{(2)}_{m+1}\Big\}.
$$

そして (4.21) により，$R(Y_+)e^{(i)}_m = d^\ell_{m+1}e^{(i)}_{m+1}$ $(i=1,2)$ であるから，あとはこれらを代入して整理すればよい．

その他の公式もすべて計算により証明される．□

$H = iX_{12}$ の作用に対する固有値を H に関する**ウェイト**というが，(I) の場合のウェイト m^* は，重複度無しで $-\ell^* \le m^* \le \ell^*$ であり，最高ウェイトは ℓ^* である．基底 v_{m^*} に対する具体的な作用の仕方が与えられているが，これは $\mathfrak{so}(3)$ の最高ウェイト ℓ の表現 π_ℓ の公式 (4.21) と形式的には同じ形である (ただ，ℓ, m を ℓ^*, m^* に置き換えればよい)．これが既約であることも同様にして分かる．この最高ウェイト ℓ^* の既約表現を π_{ℓ^*} と書く．

(II) の場合は，最高ウェイト ℓ^*-1 の既約表現 π_{ℓ^*-1} を与える $(\ell \ge 1$ のとき$)$.

以上によって，表現 T^S_ϖ の既約分解が具体的に実現できた．

定理 4.8. 表現空間 $\widetilde{\mathcal{H}_S} = \mathcal{H}_S \oplus \mathcal{H}_S$, $\mathcal{H}_S = L_2(S^2; d\mu_S)$, の上の $SU(2)$ (および $\mathfrak{su}(2)$) の表現 T^S_ϖ は，次のように既約分解される：

$$\begin{aligned}
\widetilde{\mathcal{H}_S} &= \bigoplus_{\ell \in \{0\} \cup \mathbb{N}} V(\Delta_S, \nu_\ell)^\sim, \\
V(\Delta_S, 0)^\sim &= V(S_1, \nu_\ell; S_2, 0) & (\ell = 0 \text{ のとき}), \\
V(\Delta_S, \nu_\ell)^\sim &= V(S_1, \nu_\ell; S_2, -\ell) \oplus V(S_1, \nu_\ell; S_2, \ell+1) & (\ell \geq 1 \text{ のとき}), \\
T^S_\varpi &\cong \pi_{\frac{1}{2}} \oplus \left\{ \bigoplus_{\ell^* \in \mathbb{N} + \frac{1}{2}} (\pi_{\ell^*} \oplus \pi_{\ell^* - 1}) \right\}. & (4.22)
\end{aligned}$$

T^S_ϖ は既約表現 $\pi_\ell, \ell = 1/2, 3/2, \cdots$ (半整数 > 0), の重複度 2 の直和に同型である．各 π_ℓ は，$\pi_\ell(-u) = -\pi_\ell(u), u \in SU(2)$, を満たし，回転群 $SO(3) \cong SU(2)/\{\pm E_2\}$ の表現としては 2 価である．それがパウリのスピンを生ぜしめる．

4.7　リー群の表現と対応するリー環の表現 (線形群の場合)

コンパクト群 $G = SU(2)$ の線形表現 T は，$G \ni g \mapsto T(g)$ の連続性が仮定されている．T が既約であればその表現空間 $V(T)$ の次元は有限次元である．T が有限次元のときは，$V(T)$ に適当に内積を入れてユニタリ表現にできる．これらのことは G 上の不変積分を用いて，それほど難しくなく証明できるが，紙数の関係から厳密な証明を省かせて頂く．しかし，ここでリー群の表現とそのリー環の表現の対応についてあらためて述べておきたいことがある．

リー群 $G = SU(2)$ の既約表現の分類のために，そのリー環 $\mathrm{Lie}(G) = \mathfrak{g} = \mathfrak{su}(2)$ のそれを分類するのだが，それには次の事実が基礎になっている．まず，位相群 H のなかでの**一径数部分群**とは，加群 $\mathbb{R}$ から H への連続な準同型写像 $\mathbb{R} \ni t \mapsto h(t) \in H$ のことである．したがって，$h(s+t) = h(s)h(t), h(0) = e$ (単位元), を満たす．

補題 4.9. 一般線形群 $H = GL(n, \mathbb{K})$, $\mathbb{K} = \mathbb{R}$ または $\mathbb{C}$ のなかでの一径数部分群 $h(t)$ をとると，これは t に関して微分可能 (C^∞ 級) であり，$t = 0$ での微係数 $Y = (d/dt)_0 h(t) \in \mathfrak{gl}(n, \mathbb{K})$ をとると，$h(t) = e^{tY}$ と表される．

証明. t についての連続性から微分可能性が出ることを示そう．$\psi(s) \geq 0$ を s

につき C^∞ 級で，$s=0$ の小さな近傍 U の外では零になる関数とする．$h(s+t)=h(s)h(t)$ の両辺に $\psi(s)$ を乗じて (行列要素ごとに) 積分すると，

$$\int_U h(s+t)\psi(s)ds = B\,h(t), \quad B=\int_U h(s)\psi(s)ds,$$

となる．$h(0)=E_n$ なので，近傍 U を十分小さくとれば，行列 B は可逆である．左辺で変数変換をして，

$$h(t)=B^{-1}\left(\int h(s)\psi(s-t)ds\right).$$

右辺の括弧内の行列値関数は，$\psi\in C^\infty(\mathbb{R})$ であるから，t につき C^∞ である．

$t=0$ での微係数 $Y=(t/dt)_0h(t)$ の (i,j) 要素は，$h(t)$ の (i,j) 要素を微分したものである (要素ごとに微分する)．$h(s+t)=h(s)h(t)$ の両辺を s で微分すると，行列の積として，$(d/ds)h(s+t)=(d/ds)h(s)\cdot h(t)$ を得る．ここで $s=0$ とおけば，$h(t)=(h_{ij}(t))_{1\le i,j\le n}$ の n^2 個の行列要素 $h_{ij}(t)$ に対する 1 階連立線形微分方程式

$$\frac{d}{dt}h(t)=Y\,h(t), \qquad h(0)=E_n \ (\text{初期条件}),$$

が得られる．この定数係数常微分方程式には「解の一意性」が成立する．解の存在については，$h(t)=e^{tY}$ とおいて，冪級数展開 $e^{tY}=\sum_{k=0}^{\infty}t^kY^k/k!$ の右辺を t で項別微分してみれば，Ye^{tY} を得るので，これが解である． □

線形リー群 $G\subset GL(k,\mathbb{K})$ の有限次元表現 T をとる (例えば，$G=SU(2)\subset GL(2,\mathbb{C})$ の場合)．G 内の一径数部分群 $g(t)$ をとると，上の補題により，$g(t)=e^{tX}$ と書ける．$X=(d/dt)_0g(t)$ の全体が G のリー環 $\mathfrak{g}=\mathrm{Lie}(G)$ をなす．(各 X は G の単位元 e における接ベクトル，と捉えられるので，$\mathfrak{g}$ は，ベクトル空間としては G の e における接平面であると思える.) $G=SU(2)$ の場合，$X\in\mathfrak{gl}(2,\mathbb{C})$ は実は $\mathfrak{su}(2)$ に属することが分かり，$\mathrm{Lie}(G)=\mathfrak{su}(2)$ であった．

さて，$T(g(t))$ は $V(T)$ 上の可逆な線形変換のなす群 $GL(V(T))\cong GL(n,\mathbb{C})$, $n=\dim V(T)$, の一径数部分群だから，補題によって，$Y=(d/dt)_0T(g(t))$ とおくと，$T(g(t))=e^{tY}$ である．$dT(X):=Y$ として，写像 $dT:\mathfrak{g}\to\mathfrak{gl}(n,\mathbb{C})$ が与えられる (さきには，dT を簡略化して T とも書いている)．この写像がリー

環の表現を与えることを我々は認めてきたが，そのうち，括弧積を括弧積に写すこと，すなわち，$dT([X,X']) = [dT(X), dT(X')]$ は次の定理を用いれば厳密に証明できる (問題 4.11(ii)).

定理 4.10. 線形リー群 $G \subset GL(k,\mathbb{K})$ の一径数部分群 $g_X(t) = e^{tX}$, $g_{X'}(t) = e^{tX'}$, に対し，その交換子をとると，それはリー環 $\mathfrak{g}$ の括弧積 $[X,X'] = XX' - X'X$ に対応している，すなわち，

$$g_X(t)g_{X'}(t)g_X(t)^{-1}g_{X'}(t)^{-1} = E_n + [X,X']\,t^2 + O(t^3)\,, \tag{4.23}$$

ここで，$O(t^3)$ は各 (i,j) 要素が $O(t^3)$ であるような行列を表す．t を $\sqrt{t}, t \geq 0$, に置き換えて，$t=0$ で微分すれば，

$$\left(\frac{d}{dt}\right)_0 \left(g_X(\sqrt{t})g_{X'}(\sqrt{t})g_X(\sqrt{t})^{-1}g_{X'}(\sqrt{t})^{-1}\right) = [X,X']. \tag{4.24}$$

証明の方針. $g_X(t), g_{X'}(t)$ の冪級数展開は (ノルム $\|\cdot\|$ に関して) 絶対収束するので，複素数の場合の絶対収束級数 2 つの積と同様に取り扱ってもよい．(4.23) の左辺は t の冪級数 4 個の積だが，それをばらして，t の冪級数に組み直す．そして，mod t^3 で 3 次以上の項を消して考えれば，積

$$\left(E_n + tX + \frac{t^2X^2}{2}\right)\left(E_n + tX' + \frac{t^2X'^2}{2}\right)\left(E_n - tX + \frac{t^2X^2}{2}\right) \times \left(E_n - tX' + \frac{t^2X'^2}{2}\right)$$

について，t の 1 次の項は，$t(X + X' - X - X') = 0$. t の 2 次の項は，$t^2(XX' - X'X) = t^2[X,X']$, を得る．

さらに，$dT(\lambda X) = \lambda\, dT(X)$ $(\lambda \in \mathbb{R}, X \in \mathfrak{g})$ はすぐ分かるが，和が和に写ること，すなわち，$dT(X+Y) = dT(X) + dT(Y)$ $(X,Y \in \mathfrak{g})$ を示すには指数写像に関する次の形の命題が必要である．

命題 4.11. $\mathfrak{gl}(n,\mathbb{R})$ から $GL(n,\mathbb{R})$ への指数写像 exp において，

$$\lim_{m\to\infty}\left(\exp\frac{X}{m}\ \exp\frac{Y}{m}\right)^m = \exp(X+Y) \quad (X,Y \in \mathfrak{gl}(n,\mathbb{R})).$$

ここでは，これ以上深入りするのは避けて，この命題の証明は割愛しよう．興味ある読者は適当な専門書で学習してもらいたい．さて，以上の説明によって，次の結果が成り立つことが納得できるであろう．

定理 4.12. 線形リー群 G の有限次元表現 $(T, V(T))$ をとる．$X \in \mathfrak{g}$ に対して，$T(g(t))$ は $GL(V(T))$ 内の一径数部分群として，t につき微分可能で，

$$dT(X) := (d/dt)_0 T(g(t)) \tag{4.25}$$

とおくと，dT はリー環 $\mathfrak{g} = \mathrm{Lie}(G)$ の $\mathfrak{gl}(V(T))$ への表現である．

問題 4.11. (i)　定理 4.10 の証明を完結せよ．

(ii)　定理 4.10 を用いて，括弧積に関する関係式 $[dT(X), dT(X')] = dT([X, X'])$ を証明せよ．

4.8　$SU(2)$, $SO(3)$ および $\mathfrak{su}(2) \cong \mathfrak{so}(3)$ の既約表現の分類

リー群 $SU(2)$, $SO(3)$ の有限次元表現 T が対応するリー環 $\mathfrak{su}(2) \cong \mathfrak{so}(3)$ の表現 dT を導くことを，前節で見た．その逆はどうか？ 実は，リー環の表現は，普遍被覆群である $SU(2)$ の表現を与えるが，$SO(3)$ から見ると 2 価の表現になることもある．これに関する一般的な議論は割愛して，ここでは，リー環 $\mathfrak{g} \cong \mathfrak{so}(3)$ の既約表現を分類しよう．それらの同値類の代表系が，$d\pi_\ell$, $\ell = 0, 1/2, 1, 3/2, 2, \cdots$, で与えられることを示そう．

話を代数的に進めよう．いま，(π, V) を $\mathfrak{g}$ の体 $\mathbb{C}$ 上の既約表現だとする．π を $\mathfrak{g}$ の複素化 $\mathfrak{g}_{\mathbb{C}} = \mathfrak{so}(3, \mathbb{C}) = \{X \in \mathfrak{gl}(3, \mathbb{C})\ ;\ X + {}^tX = 0\}$ まで $\mathbb{C}$-線形になるように拡張できる．$\mathfrak{g}_{\mathbb{C}}$ の基底をなす 3 つ組 (H, Y_+, Y_-) をとる．例えば，$H := iX_{12}$, $Y_+ := -X_{31} + iX_{23}$, $Y_- := X_{31} + iX_{23}$. すると，関係式

$$[H, Y_+] = Y_+, \quad [H, Y_-] = -Y_-, \quad [Y_+, Y_-] = 2H, \tag{4.26}$$

の π による表現として，次を得る：

$$[\pi(H), \pi(Y_+)] = \pi(Y_+), \ \ [\pi(H), \pi(Y_-)] = -\pi(Y_-),$$
$$[\pi(Y_+), \pi(Y_-)] = 2\pi(H).$$

補題 4.13. (i)　V 上の線形変換 $\pi(H)$ には，少なくとも 1 つの固有値がある．

(ii)　λ を $\pi(H)$ の固有値とし，v_0 をその固有ベクトルとする．$v_1 := \pi(Y_+)v_0$ とおくと，$v_1 \neq 0$ ならば，それは，$\pi(H)$ の固有値 $\lambda+1$ の固有ベクトルである．

証明. (i)　$n = \dim V$ とすると，$\pi(H)$ の行列表示をとると，$n \times n$ 型複素行列の話になる．$\pi(H)$ を行列と思ったとき，その固有方程式 $\det(\pi(H) - tE_n) = 0$ の根はすべて固有値である．(ここで，ジョルダン標準形を知っていれば十分以上.)

(ii)　$(\pi(H)\pi(Y_+) - \pi(Y_+)\pi(H)) = [\pi(H), \pi(Y_+)] = \pi([H, Y_+]) = \pi(Y_+)$, だから，　$\pi(H)\pi(Y_+) = \pi(Y_+)(\pi(H) + I)$. ゆえに，

$$\pi(H)v_1 = \pi(H)(\pi(Y_+)v_0) = \pi(Y_+)(\pi(H) + I)v_0 = (\lambda + 1)v_1. \qquad \square$$

さて，$\pi(H)$ の固有値のひとつを λ，その固有ベクトルのひとつを v_0 とする．$\pi(Y_+)v_0, \pi(Y_+)^2 v_0, \cdots$, の列では固有値が全部違うので，$\neq 0$ となるものはすべて 1 次独立である．したがって，いつかは 0 になる．そのうちで，最後の 0 でない元を w_0 とし，その固有値を Λ とすると，

$$\pi(Y_+)w_0 = 0, \qquad \pi(H)w_0 = \Lambda w_0.$$

そこで，$w_k = \pi(Y_-)^k w_0, k = 1, 2, \cdots$, とおく．このうち最後の 0 でない元を w_L とする．上の議論で，Y_+ を Y_- に置き換えれば分かるように，

$$\pi(H)w_k = (\Lambda - k)w_k \quad (0 \leq k \leq L), \quad \pi(Y_-)w_L = 0.$$

そこで，$w_0, w_1, \cdots, w_L$ で張られた V の部分空間を V' とする．V' は明らかに，Y_-, H では不変である．そこで，Y_+ でも不変であることを示すと，$V = V'$ が分かる．$\pi(Y_+)w_k = \pi(Y_+)\pi(Y_-)^k w_0$ であるから，次の補題を使う．

補題 4.14. $\pi(Y_+)\pi(Y_-)^k = \pi(Y_-)^k\pi(Y_+) + \pi(Y_-)^{k-1}(2k\pi(H) - k(k-1))$.

証明.　k に関する数学的帰納法を用いるとよい．　$\square$

さて，上式の右辺を代入すると，$\pi(Y_+)w_0 = 0$ であるから，

$$\pi(Y_+)w_k = \pi(Y_+)\pi(Y_-)^k w_0 = 2k\left(\Lambda - \frac{k-1}{2}\right)w_{k-1} \quad (0 \leq k \leq L).$$

そこで，(4.26) の関係式を調べると，$[\pi(Y_+), \pi(Y_-)] = 2\pi(H)$ だけがまだ使

わないで残っている．各 w_k にこの両辺を作用して調べると，$0 \leq k < L$ では OK である．$k = L$ では，$\pi(Y_-)w_L = 0$ を使うと，左辺では

$$[\pi(Y_+), \pi(Y_-)]w_L = -\pi(Y_-)\pi(Y_+)w_L = -(2L\Lambda - L(L-1))w_L,$$

したがって，

$$-(2L\Lambda - L(L-1)) = 2(\Lambda - L) \qquad \therefore\ \Lambda = L/2.$$

ここで，$\ell = L/2$ とおくと，これは非負整数または正の半整数であり，$\pi(H)$ の固有値をウェイトというが，それは重複度なし (すなわち，重複度 1) で $\ell, \ell-1, \cdots, -(\ell-1), -\ell$, の $2\ell+1$ 個であり，ℓ が最高ウェイトである．ウェイトに従って基底ベクトルの名前を付け替えて，$e'_m = w_{\ell-m}$ $(-\ell \leq m \leq \ell)$ とおくと，作用が見やすくなる．かくて次の定理に至る．

定理 4.15. 3 次元のリー環 $\mathfrak{su}(2) \cong \mathfrak{so}(3)$ の $\mathbb{C}$ 上の有限次元既約表現は，最高ウェイト $\ell \in \{0\} \cup \dfrac{1}{2}\mathbb{N} = \left\{0, \dfrac{1}{2}, 1, \dfrac{3}{2}, 2, \cdots, \right\}$ で決まり，その次元は $2\ell+1$ である．それを Π_ℓ と書く．$\mathfrak{su}(2)$ の複素化の中に (4.26) を満たす 3 つ組 (H, Y_+, Y_-) をひとつとると，表現空間の適当な基底ベクトル e'_m $(-\ell \leq m \leq \ell)$ に関して，Π_ℓ による作用が次の形に書ける：

$$\Pi_\ell(H)e'_m = me'_m,$$
$$\Pi_\ell(Y_+)e'_m = (\ell-m)(\ell+m+1)e'_{m+1}, \quad \Pi_\ell(Y_-)e'_m = e'_{m-1}.$$

注意 4.5. (4.26) を満たす 3 つ組 (H, Y_+, Y_-) に対して，$(Y_+, 2H, Y_-)$ は第 II 巻 **7.2.2** における $\mathfrak{sl}(2, \mathbb{C})$ の標準トリプルである．**9.2**～**9.4** では，標準トリプルを使って，リー環 $\mathfrak{sl}(2, \mathbb{C})$ の無限次元表現が論じられている．

3.7 節の命題 3.11 には ℓ が整数の場合が公式 (3.59) と共に現れており，**4.6** 節の定理 4.8 には ℓ が半整数の場合が現れている．そこでの $Y_\pm$ の作用の公式に使われている係数 $d^\ell_m = \sqrt{(\ell+1-m)(\ell+1)}$ を使うと，$\Pi_\ell(H)e'_m = (d^\ell_{m+1})^2 e'_{m+1}$ である．したがって，定数 $c'_m > 0$ を適当に選んで新しい基底を $e_m := c'_m e'_m$ $(-\ell \leq m \leq \ell)$ として与えて，これに関する $Y_\pm$ の作用が，**3.7** や **4.6** と同じ形にすることができる．この形は，$\{e_m\}$ を正規直交基底にするよう

な内積を V に入れたとき，$X \in \mathfrak{su}(2)$ に対する作用素 $\Pi_\ell(X)$ が反エルミート型になるようなものである．そして，対応する群の表現があったときそれがユニタリになる (命題 3.11 の直前の議論を参照せよ).

上の定理は，純代数的な既約表現の分類であったが，そこで得られたリー環 $\mathfrak{su}(2)$ のすべての表現には，リー群 $SU(2)$ の既約表現が対応している．実際，ℓ が整数のときは，**3.7** で表現 R の既約成分として得られ，ℓ が半整数のときは，**4.6** で表現 T^S_ϖ の既約成分として (重複度 2 で) 得られている．群 $SO(3)$ から見ると，後者は 2 価の表現である．

定理 4.16 (既約表現の分類)**.** 群 $SU(2)$ の既約表現はユニタリ表現に同値であり，それは最高ウェイト $\ell \in \{0\} \cup \dfrac{1}{2}\mathbb{N}$ で決まり，次元は $2\ell+1$ である．それを π_ℓ と書く．表現空間に適当に正規直交基底 $\{e_m\,;\, m \in M_\ell\}$, $M_\ell := \{m\,;\, -\ell \leq m \leq \ell\}$, をとると，対応するリー環 $\mathfrak{su}(2) \cong \mathfrak{so}(3)$ の表現 (やはり π_ℓ と書く) は次の標準形になる：$H = iX_{12}, Y_+ = -X_{31} + iX_{23}, Y_- = X_{31} + iX_{23}$, $d^\ell_m = \sqrt{(\ell+1-m)(\ell+1)}$, とおくと，

$$\pi_\ell(H)e_m = me_m\,,\quad \pi_\ell(Y_+)e_m = d^\ell_{m+1}e_{m+1}\,,\quad \pi_\ell(Y_-)e_m = d^\ell_m e_{m-1}. \tag{4.27}$$

◆閑話休題 7 ◆

補題 4.13, 4.14 およびそのための計算においては，V の元 w に $Z \in U(\mathfrak{g}_\mathbb{C})$ を作用するときに，$Z = Y_1Y_2\cdots Y_m$ ならば，$\pi(Z) := \pi(Y_1)\pi(Y_2)\cdots\pi(Y_m)$ とおいて，$\pi(Z)w$ を与える．このようなときに，頻繁に現れる記号 π を省略して，その代わりに単に $Zw = Y_1Y_2\cdots Y_m w$ と書くことができる．これは，「$U(\mathfrak{g}_\mathbb{C})$ が π を通じて V に作用する」というときの π を V の属性と捉えて，V の係数が $\mathbb{C}$ から $U(\mathfrak{g}_\mathbb{C})$ まで拡張されている，と考える立場であり，このとき (V, π) を $U(\mathfrak{g}_\mathbb{C})$**-モジュール** (module) とよぶ．$U(\mathfrak{g}_\mathbb{C})$ が係数体 $\mathbb{C}$ の如く左から V の元 w に掛かるわけである．それは，非可換な，結合律を満たす $\mathbb{C}$ 上の代数 (associative algebra) を係数にもつ，という概念である．

この概念は，今日《こんにち》の数学科の授業で教えられており，何の抵抗もなく受け入れられるであろうが，私 (平井) が研究の現場でこのやり方に出会ったときには衝撃的な (むしろ革命的な) ものであった．一般ローレンツ群の表現論を研究していた三十数年前の若き学徒にとっては，ゲルファントたちのソ連学派の論文を読んでようやく研究の端緒についていたが，そこでは，つねに表現は $T(g), T(Z)$ などと書かれており，T が省かれることはなかった．リー環の表現を取り扱うとき，T や π を省略する，もしくは最初から

T や π がない，という立場は微分幾何学を専攻する人たちにとってはむしろ自然であったろう．私よりも一世代若い日本の研究者たちが，表現論の研究に参入してきたときに，彼らは微分幾何学・代数学の素養をしっかり積んでいたので，T や π なしで計算して，新しい結果をいろいろ出した．

私の方はむしろ解析学の積もりで表現論をやっていたが,「表現論」は数学界の新参者で，難しいことを言っているわりには，講演などで例として持ち出してくるのはいつも $SL(2,\mathbb{R})$ や $SL(2,\mathbb{C})$ であって，鵺《ぬえ》のように分かりにくく，解析でも幾何でも代数でもない，というふうに思われていた．現在ではその特徴を生かして，融《ゆう》通《ずう》無《む》碍《げ》に数理物理学を含むいろんなところに入り込んで貢献している．

4.9　既約表現の行列要素と特殊関数

本章では，パウリの貢献から出発しながら，その後は，回転群 $SO(3)$ の普遍被覆群 $SU(2)$ を具体的な題材にして，リー群 G とそのリー環 $\mathfrak{g} = \mathrm{Lie}(G)$ との対応，そしてそれらの表現の間の対応，などを詳しく見てきた．これは一般論を述べるよりも，体感的，体験的に表現論を理解してもらおう，ということであった．しかしやさしく述べるのにかなりのスペースを使ったので，当初予定していた他の興味ある話題には残念ながらゆっくりとどまっている余裕がない．そこで簡単ではあるが，これからの 3 節で一覧しておこう．

定理 4.16 では，リー環での π_ℓ の作用ははっきりしているが，群の表現の行列要素はどうなるか？　ここでは回転群 $G = SO(3)$ をもとにして，2 価の表現まで込めて考える形にする．

既約表現 π_ℓ の基底 $\{\, e_m \,\}$ に関する**行列要素**とは，

$$\pi_\ell(g)e_n = \sum_{m \in M_\ell} t^\ell_{mn}(g)e_m \quad (n \in M_\ell\,;\ g \in G)$$

で定義される G 上の関数 t^ℓ_{mn} である．変換 $\pi_\ell(g)$ は行列 $\left(t^\ell_{mn}(g)\right)_{m,n \in M_\ell}$ で表される．任意の $g \in G$ は一径数部分群の元 $r_{12}(\varphi)$, $r_{23}(\theta)$ の積として，

$$g = r_{12}(\varphi_1) r_{23}(\theta) r_{12}(\varphi_2) \quad (0 \leq \varphi_1, \varphi_2 \leq 2\pi,\ 0 \leq \theta \leq \pi)$$

と表される (命題 3.7)．そこで，まず，$\pi_\ell(r_{12}(\varphi))$ を考えてみる．これは行列群の中の一径数部分群で，その無限小生成作用素は，

$$(d/d\varphi)_0 \pi_\ell(r_{12}(\varphi)) = \pi_\ell(X_{12}) = -i\pi_\ell(H) \qquad \therefore \ \pi_\ell(X_{12})e_m = -ime_m,$$

である．これを積分すれば，$\pi_\ell(r_{12}(\varphi))e_m = e^{-im\varphi}e_m$ を得る．

他方，$t^\ell_{mn}(r_{23}(\theta))$ については，$(d/d\theta)_0 \pi_\ell(r_{23}(\theta)) = \pi_\ell(X_{23}) = (2i)^{-1}\pi_\ell(Y_+ +Y_-)$ となって同じようにはいかない．そこで仕方がないので，系 4.6 に現れるような微分作用素を使っていくつかの微分方程式を立てて，それらを解いて次の結果を得る．詳細は割愛する．

定理 4.17. 回転群 $SO(3)$ の既約表現 π_ℓ の標準基底 $\{e_m\}$ に関する行列要素 $t^\ell_{mn}(g)$ は，次の公式で与えられる：

$$t^\ell_{mn}(r_{12}(\varphi_1)r_{23}(\theta)r_{12}(\varphi_2)) = e^{-im\varphi_1}P^\ell_{mn}(\cos\theta)e^{-in\varphi_2}, \tag{4.28}$$

$$P^\ell_{mn}(x) = A^\ell_{mn}(1-x)^{\frac{-n+m}{2}}(1+x)^{\frac{-n-m}{2}}\frac{d^{\ell-n}}{dx^{\ell-n}}[(1-x)^{\ell-m}(1+x)^{\ell+m}],$$

$$A^\ell_{mn} = \frac{(-1)^{\ell-m}\, i^{n-m}}{2^\ell(\ell-m)!}\sqrt{\frac{(\ell-m)!(\ell+n)!}{(\ell+m)!(\ell-n)!}}. \tag{4.29}$$

この結果は，想像以上に多くのものを含んでいる．$\pi_\ell(g)^* = \pi_\ell(g)^{-1} = \pi_\ell(g^{-1})$ から，$P^\ell_{mn}(x) = P^\ell_{nm}(x)$ を得る．例として，$\ell = 1$ の場合を示そう．$\pi_1(r_{12}(\varphi))$, $\pi_1(r_{23}(\theta))$ の標準基底に関する行列表示は，それぞれ次になる：

$$\begin{pmatrix} e^{i\varphi} & 0 & 0 \\ 0 & 1 & 0 \\ 0 & 0 & e^{-i\varphi} \end{pmatrix}, \quad \begin{pmatrix} \frac{1}{2}(\cos\theta+1) & \frac{-i}{\sqrt{2}}\sin\theta & \frac{1}{2}(\cos\theta-1) \\ \frac{-i}{\sqrt{2}}\sin\theta & \cos\theta & \frac{-i}{\sqrt{2}}\sin\theta \\ \frac{1}{2}(\cos\theta-1) & \frac{-i}{\sqrt{2}}\sin\theta & \frac{1}{2}(\cos\theta+1) \end{pmatrix}. \tag{4.30}$$

ルジャンドル関数の加法定理

$SO(3)$ の 1 価の表現 (ℓ 整数) のときを考えると，第 0 次の行 ($m = 0$ の行) の，$t^\ell_{0n}(g)$, $g = r_{12}(\varphi_1)r_{23}(\theta)r_{12}(\varphi_2)$, は定理 3.5 (i) の球面調和関数 $Y^{-n}_\ell(\theta, \varphi_2) = P^{-n}_\ell(\cos\theta)e^{in\varphi_2}$ の定数倍である ($-\ell \le n \le \ell$)．また，第 $(0,0)$ 要素 $t_{00}(\cdot)$ はルジャンドル多項式 $P_\ell(\cos\theta)$ である．すると，関係式

$$\pi_\ell(r_{23}(\theta+\theta')) = \pi_\ell(r_{23}(\theta))\pi_\ell(r_{23}(\theta'))$$

を行列要素で書くと，これらの特殊関数に対する加法定理として

$$P^{\ell}_{mn}(\cos(\theta+\theta')) = \sum_{-\ell\le p\le\ell} P^{\ell}_{mp}(\cos\theta)P^{\ell}_{pn}(\cos\theta'). \tag{4.31}$$

を得る．とくに (0, 0) 要素に注目すると，ルジャンドル多項式の加法定理が出る：

$$P_{\ell}(\cos(\theta+\theta')) = \sum_{-\ell\le p\le\ell} P^{\ell}_{0p}(\cos\theta)P^{\ell}_{0p}(\cos\theta'). \tag{4.32}$$

ここでは一例を示しただけだが，こうした結果が得られるのは偶然ではない．群 $SO(3)$ は球面 (もしくはユークリッド空間) の対称性を記述している．その線形表現にも当然その「対称性」が遺伝している．球面調和関数などの特殊関数は，こうした対称性が存在するところでその‘切り口’として現れているので，この群の表現によって支配される．

前章と本章では，ある系や対象の対称性を記述するのに群が現れることを，ハイゼンベルグ方程式，パウリ方程式などを物理的な話を基にして述べた．数学においては，先人が積み重ねてきた各種の特殊関数を，整理しそこに現れる加法定理をはじめとする多くの公式を導くのに，群の表現論が使われる．適当な群とその線形表現を選んで，そのいろいろの性質から自然に導くように統一的にやろうというものである．さらに新しい特殊関数を発見することもできる．この主題に関する多くの専門書が刊行されている．

ここでは，実数 $\mathbb{R}$ を取り扱っているが，有限体 $\mathbb{F}_q$ や p 進体 $\mathbb{Q}_p$ を変数とする特殊関数を取り扱うときには，特殊関数を定義するためにも，はじめからこうした群の表現論を使ったアプローチが不可欠である．

4.10 表現の指標とその性質，既約指標

群 G の有限次元の線形表現 $T(g)$ があったとき，その**指標**とは，$\chi_T(g) := \mathrm{tr}(T(g))$ で与えられる G 上の関数である．ここに，正方行列 $A=(a_{ij})\in M(n,\mathbb{K})$ の**トレース** (trace) とは，その対角線要素の和 $\mathrm{tr}(A)=\sum_{i=1}^{n} a_{ii}$ であり，固有方程式

$$\det(A-tE_n) = \det A + b_1t + b_2t^2 + \cdots + (-1)^{n-1}(\mathrm{tr}\,A)t^{n-1} + (-1)^n t^n$$

の未知数 t の $(n-1)$ 次の項の係数に現れる．$\mathrm{tr}(BAB^{-1}) = \mathrm{tr}\,A$ $(B \in GL(n,\mathbb{K}))$ であるから，指標 χ_T は内部自己同型の下で**不変**である，すなわち，$\chi_T(hgh^{-1}) = \chi_T(g)$ $(g,h \in G)$．実際，$\chi_T(hgh^{-1}) = \mathrm{tr}(T(hgh^{-1})) = \mathrm{tr}(T(h)T(g)T(h)^{-1})) = \mathrm{tr}(T(g)) = \chi_T(g)$．既約表現の指標を**既約指標**とよぶ．

2 つの表現 T, T' が同値とすると，$\chi_T = \chi_{T'}$ である．実際，同値を与える可逆変換 U が存在して，$UT(g)U^{-1} = T'(g)$ であるから，そのトレースは等しい．

指標 (Charaktere(独), character(英)) という用語はガウスに始まるというが，その概念を有限群の場合に拡張して研究したのは，フロベニウスである．彼はまず，G 上の不変関数の特別のものとして，**指標**を定義して研究し，その途中で群の**表現** (Darstellung(独), representation(英)) という概念を発明して，上に述べた指標と表現との関係 (もしくは定義) に到達したのである．これは，数学の発展が，論理的な順序とは逆になったひとつの例である．指標の主な性質をまとめておこう．

定理 4.18. (i) G の線形表現 T の指標 χ_T は，G 上の不変な連続関数であって，$\chi_T(e) = \dim T$ (ここに e は単位元)．

(ii) G を有限群もしくはコンパクト群とする．χ_T は，表現 T の同値類を決定する，すなわち，表現 T, T' に対し，それらが同値である必要十分条件はその指標が一致すること，$\chi_T = \chi_{T'}$，である．

(iii) G を上の通りとする．G 上の正規化された不変測度を $d\mu_G$ と書く．ヒルベルト空間 $L_2(G; d\mu_G)$ において，既約指標は長さ 1 であり，互いに直交する： $\|\chi_T\| = 1$, $\chi_T \perp \chi_{T'}$ $(T \not\cong T')$．さらに，$f \in L_2(G; d\mu_G)$ で内部自己同型で不変，すなわち，$f(g_0 g {g_0}^{-1}) = f(g)$ (for a.a. $g, \forall g_0 \in G$) となるもの全体のなす部分空間において，既約指標の全体は，正規直交基底をなす．

(iv) T をユニタリ表現とする．このとき χ_T は G 上の正定値連続関数を与える．

注意 4.6. 上の定理に述べた基本結果を証明つきで述べてある本は数多いが，ここでは，翻訳書 [Pont] の第 5 章を挙げておこう．

さらに，(iv) についてコメントする．G 上の関数 $f(g)$ が**正定値**であるとは，任意有限個の $g_1, g_2, \cdots, g_n \in G$ と $\lambda_1, \lambda_2, \cdots, \lambda_n \in \mathbb{C}$ に対して，

$$\sum_{i,j=1}^{n} f({g_j}^{-1} g_i)\,\lambda_i\,\overline{\lambda_j} \ \geq\ 0$$

となることである．T をユニタリとすると，$T(g_j^{-1}g_i) = T(g_j)^*T(g_i)$ だから，

$$\sum_{i,j=1}^{n} \chi_T(g_j^{-1}g_i)\,\lambda_i\,\overline{\lambda_j} = \mathrm{tr}(A^*A) \geq 0, \quad \text{ここに，} A = \sum_{i=1}^{n} \lambda_i T(g_i).$$

そこで，群 $SO(3)$ の既約表現 π_ℓ の指標を考えよう．$a = e^{i\varphi}$ とおくと，

$$\chi_{\pi_\ell}(r_{12}(\varphi)) = a^\ell + a^{\ell-1} + \cdots + a^{-\ell+1} + a^{-\ell} = \frac{a^{\ell+1/2} - a^{-\ell-1/2}}{a^{1/2} - a^{-1/2}} \tag{4.33}$$

である．一般元 $g = r_{12}(\varphi_1)r_{23}(\theta)r_{12}(\varphi_2)$ に対しては，前節の記号を使って，$\chi_{\pi_\ell}(g) = \sum_{m\in M_\ell} t^\ell_{mm}(g)$ であるが，この和は簡単な形に書けない．そこで我々は，χ_{π_ℓ} の不変性を踏まえて，次のように考えるとよい．任意の元 g はある h と $r_{12}(\varphi)$ によって，$hgh^{-1} = r_{12}(\varphi)$ と表される．このとき，$\chi_{\pi_\ell}(g) = \chi_{\pi_\ell}(r_{12}(\varphi))$ である．さらにこのときの，$a = e^{i\varphi}, a^{-1} = e^{-i\varphi}$(および 1) はもとの g の固有値である．

定理 4.19. 群 $SO(3)$ (または $SU(2)$) の既約表現 π_ℓ の指標は，次のように与えられる．$g \in SO(3)$ (または $SU(2)$) の固有値を，$a = e^{i\varphi}$, $a^{-1} = e^{-i\varphi}$ とすると，

$$\chi_{\pi_\ell}(g) = \frac{a^{\ell+1/2} - a^{-\ell-1/2}}{a^{1/2} - a^{-1/2}} = \frac{\sin\left((\ell+1/2)\varphi\right)}{\sin\left((1/2)\varphi\right)}.$$

4.11 テンソル積表現とクレブシュ-ゴルダンの係数

有限次元のベクトル空間 V_1, V_2 の**テンソル積**は，それらの基底を使えば，簡単に述べられる．$V_k, k = 1, 2,$ の基底をそれぞれ $\{\, f_i^k \,;\, 1 \leq i \leq n_k = \dim V_k \,\}$ とする．記号として $f_i^1 \otimes f_j^2$ $(1 \leq i \leq n_1, 1 \leq j \leq n_2)$ を作り，これらを基底とするベクトル空間を $V_1 \otimes V_2$ とする．$V_1 \times V_2$ から $V_1 \otimes V_2$ への双 1 次写像 $(v_1, v_2) \mapsto v_1 \otimes v_2$ は自然に与えられる．$v_1 \otimes v_2$ の形の元を分解可能な元という．

V_k 上の線形写像 A_k があったとき，$V_1 \otimes V_2$ 上の線形写像 $A_1 \otimes A_2$ を，$(A_1 \otimes A_2)(v_1 \otimes v_2) := (A_1 v_1) \otimes (A_2 v_2)$ によって定義する．

定義 4.2. 群 G の線形表現 $(T_k, V_k), k = 1, 2,$ に対して，**表現のテンソル積** $T_1 \otimes T_2$ は，テンソル積空間 $V_1 \otimes V_2$ 上に働く線形表現として，分解可能な元に対して次のように定義すれば決まる：

$$(T_1 \otimes T_2)(g)(v_1 \otimes v_2) := (T_1(g)v_1) \otimes (T_2(g)v_2) \quad (g \in G).$$

前節で定義した「表現の指標」がここで役に立つ．まず，

$$\chi_{T_1 \otimes T_2}(g) \;=\; \chi_{T_1}(g) \cdot \chi_{T_2}(g) \quad (g \in G). \tag{4.34}$$

そこで，群 $G = SU(2)$ の場合に応用しよう．既約表現 $\pi_{\ell_1}, \pi_{\ell_2}$ のテンソル積の既約分解を求めるのに，指標を用いる．$g \in G$ の行列としての固有値を a, a^{-1} とすると，

$$\begin{aligned}\chi_{\pi_{\ell_1} \otimes \pi_{\ell_2}}(g) = \chi_{\pi_{\ell_1}}(g) \cdot \pi_{\ell_2}(g) &= \sum_{-\ell_1 \le m \le \ell_1} a^m \cdot \frac{a^{\ell_2+1/2} - a^{-\ell_2-1/2}}{a^{1/2} - a^{-1/2}} \\ &= \sum_{|\ell_1 - \ell_2| \le \ell \le \ell_1 + \ell_2} \frac{a^{\ell+1/2} - a^{-\ell-1/2}}{a^{1/2} - a^{-1/2}} = \sum_{\ell} \chi_{\pi_\ell}(g).\end{aligned}$$

定理 4.18(iii) により，指標 χ_{π_ℓ} は互いに線形独立であるから，上式は，テンソル積表現の既約分解を与えている．

定理 4.20. $SU(2)$ の既約表現のテンソル積 $\pi_{\ell_1} \otimes \pi_{\ell_2}$ は，最高ウェイト $\ell = |\ell_1 - \ell_2|, |\ell_1 - \ell_2| + 1, \cdots, \ell_1 + \ell_2 - 1, \ell_1 + \ell_2$, の既約表現 π_ℓ の直和に分解される：

$$\pi_{\ell_1} \otimes \pi_{\ell_2} \;\cong \bigoplus_{|\ell_1 - \ell_2| \le \ell \le \ell_1 + \ell_2} \pi_\ell \, .$$

この既約分解を求める別法としては，テンソル積の空間のなかでの最高ウェイトベクトルを求めるという方法もある．(**注：** 第 11 章で，ヴェイユ (Weil) 表現を制限したときの既約分解を得るには，最低ウェイトベクトルを求めている.)

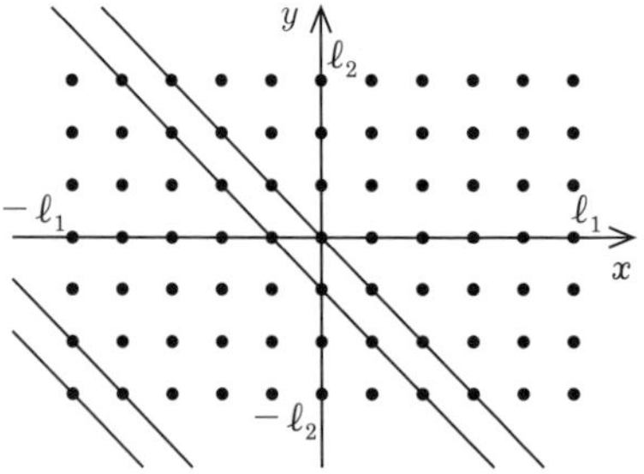

図 4.1. テンソル空間 $V(\pi_{\ell_1}) \otimes V(\pi_{\ell_2})$ のウェイトベクトルの分布

上の定理 4.20 は既約分解を与えているが，それぞれの表現空間の標準基底の間の関係を与えているわけではない．

表現 $\pi_{\ell_k}, k=1,2,$ の空間 $V(\pi_{\ell_k})$ の標準基底を $e^k_m, -\ell_k \leq m \leq \ell_k,$ とすると，$\mathcal{E}_m := \{\, e^1_{m_1} \otimes e^2_{m_2}\ ;\ m_1+m_2=m \,\}$ が $V(\pi_{\ell_1}) \otimes V(\pi_{\ell_2})$ のウェイト m のベクトルの空間を張る．

他方，既約成分 π_ℓ の空間の標準基底を $f^\ell_m, -\ell \leq m \leq \ell,$ とすると，ウェイト m の空間は，$\mathcal{F}_m := \{\, f^\ell_m\ ;\ |\ell_1-\ell_2| \vee |m| \leq \ell \leq \ell_1+\ell_2 \,\}$ で張られるから，$\mathcal{E}_m$ と $\mathcal{F}_m$ とは，互いに他を 1 次結合で書くことができる．$\mathcal{F}_m$ の元を $\mathcal{E}_m$ の 1 次結合で書くときの係数を**クレブシュ-ゴルダンの係数**とよぶ．

簡単な例を与えよう．$\ell_1 = 1/2$ ととると，$\ell = \ell_2 - 1/2, \ell_2 + 1/2,$ となるから，

$$\begin{aligned} f^{\ell_2+1/2}_m &= c^m_{11} e^1_{1/2} \otimes e^2_{m-1/2} + c^m_{21} e^1_{-1/2} \otimes e^2_{m+1/2}, \\ f^{\ell_2-1/2}_m &= c^m_{12} e^1_{1/2} \otimes e^2_{m-1/2} + c^m_{22} e^1_{-1/2} \otimes e^2_{m+1/2}. \end{aligned}$$

この係数の行列 $C^{(m)} := (c^m_{ij})^2_{i,j=1}$ は，$c^{\ell_2+1/2}_{11} = c^{-\ell_2-1/2}_{22} = 1$ とおくと決まる．計算すると，次の結果を得る．

命題 4.21 (クレブシュ-ゴルダンの係数). $SU(2)$ の既約表現 $\pi_{1/2}$ と π_{ℓ_2} とのテンソル積の既約分解に関するクレブシュ-ゴルダンの係数は次式で与えられる：

$$C^{(m)} = \begin{pmatrix} \sqrt{\dfrac{\ell_2+m+1/2}{2\ell_2+1}} & -\sqrt{\dfrac{\ell_2-m+1/2}{2\ell_2+1}} \\ \sqrt{\dfrac{\ell_2-m+1/2}{2\ell_2+1}} & \sqrt{\dfrac{\ell_2+m+1/2}{2\ell_2+1}} \end{pmatrix}. \tag{4.35}$$

注意 4.7. 先の注意 4.3 を受けて，上のクレブシュ-ゴルダンの係数 $C^{(m)}$ と，$SU(2)$ の表現 T_ϖ との関連をさらに説明する．**3.4**〜**3.7** では，$SO(3)$ の表現として，$(R, L_2(\mathbb{R}^3; dx))$ を調べて，その本質的部分として，$\mathcal{H}_S$ 上の表現 R'' の既約分解を与えた (定理 3.5)．R, R'' を被覆写像 $D: SU(2) \to SO(3)$ を通して，$SU(2)$ の表現と捉えたものをそれぞれ R^D, R''^D と書く．

他方，**4.4** では $SU(2)$ の表現として，$\varpi \cong \pi_{1/2}$ であり，**4.4**〜**4.6** において取り扱った表現 T_ϖ は，$\pi_{1/2} \otimes R^D$ と同値である．T_ϖ を $\widetilde{\mathcal{H}_S} \cong \mathcal{H}_S \oplus \mathcal{H}_S$ の上で捉えたものは，テンソル積表現 $\pi_{1/2} \otimes R''^D$ を $V(\pi_{1/2}) \otimes \mathcal{H}_S \cong \widetilde{\mathcal{H}_S}$ の上で考えたものである．

定理 3.5 での R'' の既約成分 π_ℓ を $SU(2)$ の表現と考えたとき，$\pi_{1/2} \otimes R''^D$ の部分表現 $\pi_{1/2} \otimes \pi_\ell$ と 1 対 1 に対応する．後者は，$\ell \geq 1$ のとき，さらに 2 つの既約表現

$\pi_{\ell+1/2}, \pi_{\ell-1/2}$ に分解する (定理 4.8 参照). そのときに, 係数 $C^{(m)}$ が現れる. その事情を **4.6.2** における計算が表しているはずである.

クレブシュ(R.F. Clebsch) とゴルダン (P.A. Gordan) は, $\pi_{\ell_1} \otimes \pi_{\ell_2}$ の既約分解に関するこの係数を量子力学系の角運動量の合成に関して利用した. また, 素粒子論においては, 適当な群 (それは系の対称性の群であろう) の既約表現またはその行列要素によって粒子を代表させ, 2 つの既約表現のテンソル積を「それらの粒子の相互作用 (衝突)」と解釈して, テンソル積の既約分解を衝突の際にいろいろの粒子に分裂することを表している, と解釈するやり方もある. 群としては, $SO(3), SU(2)$ の他に, $SU(3), SU(4), SU(6)$ などが用いられている.

■第5章■

有限次元表現から無限次元表現へ

古典力学において物体の運動を記述するのは，ニュートンの運動方程式であり，その方程式を込めてニュートンの運動の 3 法則が成り立っている座標系を，慣性系という．ひとつの慣性系を他の慣性系に移す変換の全体は，ユークリッド運動群をなし，それは座標系の回転と平行移動とから生成される．「平行移動では，慣性系は慣性系に移る」という原理を，ガリレイの相対性原理とよぶ．

アインシュタインは，光速に近い運動や素粒子の運動を記述するのに，特殊相対性理論をうち立てたが，そのよって立つ「相対性」は，ニュートン力学における空間の「平行移動」を，時間軸を込めた「平行移動」に置き換えたものである．この相対論的平行移動は (純) ローレンツ変換とよばれるものであり，それらは，固有ローレンツ群を生成する．すべての物理現象を記述する方程式は，このローレンツ群の変換に対して共変的でなければならない，とされる．したがって，共変的でない記述は，中間的な段階のものである．

ローレンツ群とそのリー環の構造とを調べたのち，ローレンツ群およびその普遍被覆群である $SL(2,\mathbb{C})$ の表現について述べる．

パウリの方程式はスピンの導入には成功したが，相対論的共変性をもたない．そこで，ディラックはスピンの導入と相対論的共変性の 2 つの要求を同時に満たす彼の方程式を導入した．この方程式の共変性について調べる．そして，この方程式が必然的にローレンツ群の無限次元ユニタリ表現を要求することを説明する．無限次元ユニタリ表現への導入をもってこの章を締める．

5.1 ニュートンの運動方程式とユークリッド運動群

第 3 章および第 4 章では，それぞれ量子力学におけるシュレーディンガー方程式，パウリ方程式の不変性について論じた．ここでは，ひるがえってニュートンの運動方程式の不変性について考えたい．

5.1.1 運動の 3 法則と慣性系

ニュートン (1642–1727) の偉大なる著作 “*Philosophiae Naturalis Principia Mathematica*” 『自然哲学における数学的原理』は，1687 年に初版，1713 年に第 2 版，1726 年 (死の前年) に第 3 版が出ている．それは，Book 1, Book 2, Book 3 からなるが，それら全体の最初に，質量 (quantity of matter) や運動量 (quantity of motion)，力 (force) 等の定義があり，それを踏まえて，運動の 3 法則 (AXIOMS, OR THE LAWS OF MOTION) が与えられている．‘プリンキピア’ はラテン語で書かれているが，その第 3 版の最新の英訳 [Newt] から引用して，ニュートンの原文の雰囲気に触れよう．

Law 1. *Every body perseveres in its state of being at rest or of moving uniformly straight forward, except insofar as it is compelled to change its state by forces impressed.*

Law 2. *A change in motion is proportional to the motive force impressed and takes place along the straight line in which that force is impressed.*

Law 3. *To any action there is always an opposite and equal reaction; in other words, the actions of two bodies upon each other are always equal and always opposite in direction.*

(訳者注： “body” = quantity of matter or mass, “motion” = quantity of motion or momentum)

この 3 法則をまとめて **ニュートンの運動法則** とよぶ．法則 1 を**慣性の法則**，法則 2 を**ニュートンの運動方程式**，法則 3 を**作用・反作用の法則**とよぶ．

プリンキピアでは，法則 2 は文章で表されていて，方程式の形には書かれていないが，ライプニッツの発明した微分の記号を用いて書けば，次のよく知っている形になる．問題の質点の質量を m とする．3 次元ユークリッド空間 E^3 におけるその座標を縦ベクトルで $\boldsymbol{x}(t) = {}^t(x_1(t), x_2(t), x_3(t))$(転置) とする．ここに $\boldsymbol{x}(t)$ における変数 t は時間を表す．質点の速度，加速度は，

$$\boldsymbol{v}(t) := \frac{d\boldsymbol{x}(t)}{dt} = {}^t\left(\frac{dx_1(t)}{dt}, \frac{dx_2(t)}{dt}, \frac{dx_3(t)}{dt}\right), \tag{5.1}$$

$$\boldsymbol{a}(t) := {}^t\left(\frac{d^2x_1(t)}{dt^2}, \frac{d^2x_2(t)}{dt^2}, \frac{d^2x_3(t)}{dt^2}\right), \tag{5.2}$$

であり，その運動量は定義によって，ベクトル $\boldsymbol{p}(t) = m\boldsymbol{v}(t)$ である．外力は，何種類もあるかもしれないがそれらを合成したものをベクトル $\boldsymbol{f}(t) = {}^t(f_1(t), f_2(t), f_3(t))$ で表す．**ニュートンの運動方程式**は

$$\frac{d\boldsymbol{p}(t)}{dt} = \boldsymbol{f}(t), \qquad \text{または,} \qquad \frac{d\boldsymbol{p}}{dt} = \boldsymbol{f} \tag{5.3}$$

である．質量が時間変化しない場合を取り扱っているので次のようにも書ける：

$$m\boldsymbol{a} = \boldsymbol{f}. \tag{5.4}$$

ニュートンは，この運動方程式と万有引力の法則を用いて，Book 3: The System of The World で，月や惑星・彗星の運動を解明し,「月はなぜ地球に向かって落ちてこないか，またなぜ宇宙の彼方に飛び去って行かないか」という彼の年来の疑問に明確に答えた．地上のリンゴの落下も天空の惑星の運動も同じ原理で律されているという神の摂理を数学的に立証した．この「ニュートンの運動法則」を発展させたものを**ニュートン力学**または**古典力学**とよぶ．それは現代になって，ごく微小な原子，分子，素粒子の世界に働く法則を取り扱う量子力学や，光速に近い速度を取り扱うアインシュタインの相対性理論が現れた後《のち》も，通常の力学の世界を支配している．

さて，ニュートンの運動方程式はどんな座標系で有効なのであろうか？ 例えば，走っている電車の中でも鞠《まり》つきやお手玉をちゃんとやれるかどうか？ 車内でリンゴを落としたらまっすぐ下に落ちるだろうか？ 我々は経験的に漠然とは答えを知っている．電車が等速で直線的に走っているときには，すべて問題はない．リンゴは車内で見るとまっすぐ下に落ちる (しかし車外の地上から見ると進行方向に向かって斜めに落ちている)．電車が加速中とか，カーブを曲がっているときには，そうはいかない．しかしながら，こうしたことは方程式を用いて数

理的に記述されねばならない．このときは，地上に固定した座標系と電車に固定した座標系の相互関係が問題になっている．

また，宇宙船地球号の上ではどうだろうか．地球は自転や公転をしながら太陽系とともに宇宙を旅している．自転速度は赤道表面で 465 m/s，日本付近で約 360 m/s, 公転速度は 29.8 km/s であるから，地球規模や惑星規模の運動を考えるときには，どんな座標系をとるかが大事な問題になる．

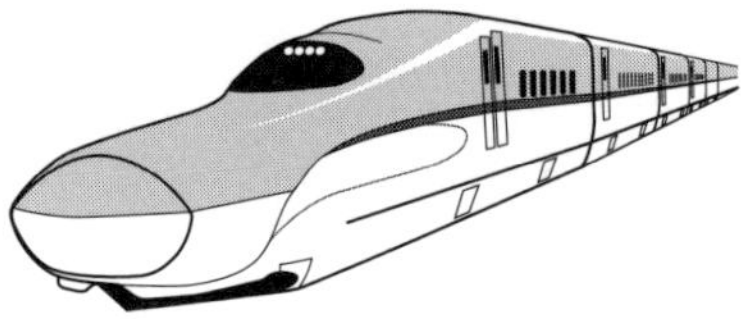

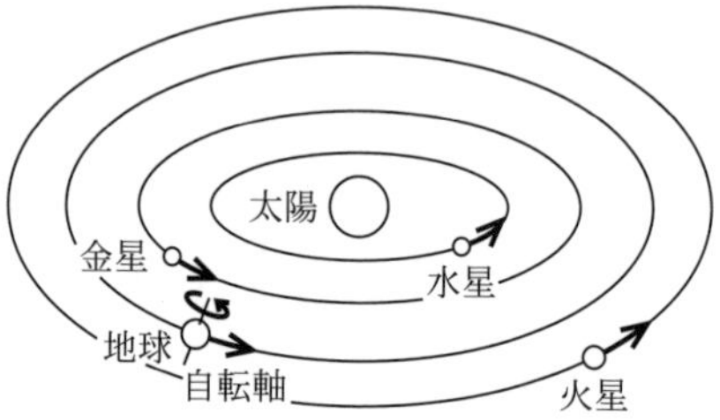

太陽が銀河系を 1 回転するのに約 2 億年．太陽系はヘルクルス座の 1 点に向かって動いている．地球の自転は公転方向と同じ方向．自転軸と公転軌道面との角度は約 66.5°．

図 **5.1.** 時速 300 km で走る新幹線　　図 **5.2.** 自転・公転しながら旅する地球

ニュートン力学では,「ニュートンの運動の 3 法則が成立するような座標系」を**慣性系**とよぶ．そして，慣性系の存在は大前提として認める．ニュートン自身はこの点について，Book 3 で次のように述べている (訳書，p.816)：

Proposition 11, Theorem 11. *The common center of the gravity of the earth, the sun and all the planets is at rest.*

運動方程式 (5.3) が使えるためには，ある座標系が慣性系であるかどうかを判定しなければならないが，それには，法則 1 (慣性の法則) が使える．すなわち，その座標系で慣性の法則が成り立っていればよい．

地球上での局所的な小範囲での運動では地上に固定した座標系は近似的には慣性系である．しかし，地球の自転を局所的な現象から証明した最初の人は，**フーコーの振り子**で知られるフーコー (J.B.L. Foucault, 1819–68) である．彼は 1851

年にパリのパンテオンで 67 m の紐《ひも》に 28 kg の重りを付けた振り子を約半日間振らせて公開実験を行った．振り子の振動面は慣性の法則によって慣性系に関しては不変であるが，実験室は地球に固定されて自転に伴って動いていくので見かけ上振動面が動く．パリは北半球であるから上から見て時計回りに回る．

◆閑話休題 8 ◆

慣性系に比して回転している座標系に見かけ上発生する慣性力を**コリオリの力**という．これは，1828 年にコリオリ (G. Gustave de Coriolis, 1792–1843) が理論的に解明した．質量 m の質点の (回転中心を座標原点としての) 回転面での位置ベクトルを ${}^t(x, y)$ とすると，角速度 ω で回転しているときのコリオリの力は，

$$\boldsymbol{f} = {}^t\left(2m\omega\frac{dy}{dt}, -2m\omega\frac{dx}{dt}\right)$$

である．これは回転軸と進行方向に直交し，進行左側から右側に働く．

大気や海水は流れが地球表面にそっているために，コリオリの力の水平成分のみが重要である．それは角速度 ω の鉛直方向の成分で決まる．地球の自転軸の方向は現在は北極星に向いているので，角速度ベクトルもそうである．したがって，地球中心から地球上の緯度 λ (北極 $\lambda = 90^\circ$, 南極 $\lambda = -90^\circ$) の地点では，角速度ベクトルの鉛直方向の成分は，$\omega \sin\lambda$ である．気象学では $2\omega\sin\lambda$ をコリオリ因子とよぶ．台風などの熱帯低気圧が北半球では左巻き，南半球では右巻きであるのはこの影響による．コリオリの力の効果は広域気象学，長距離飛行，大陸間弾道弾，などにとって重要である．

5.1.2　ガリレイの相対性およびユークリッド運動群

古典力学における慣性系は無数にある．それら相互はどのようにつながっているのであろうか？　慣性系 A における座標 $\boldsymbol{x} = {}^t(x_1, x_2, x_3)$ をもつ点が慣性系 B では座標 $\boldsymbol{x}' = {}^t(x'_1, x'_2, x'_3)$ をもっているとする．各慣性系は 3 次元ユークリッド空間 E^3 の構造をもっていて，E^3 の点をその座標で代表させれば，数ベクトル空間 $\mathbb{R}^3$ と同一視される．上の変換 $\boldsymbol{x} \mapsto \boldsymbol{x}'$ を写像と捉えて $\boldsymbol{x}' = g(\boldsymbol{x})$ と書く．時間は絶対時間であって，慣性系 A, B で使われる時間 t, t' には初期値の取り方の差があるだけである，すなわち，$t' = t + t_0$ (t_0 は定数).

運動の 3 法則，とくに運動方程式を見ると，この変換は任意の 2 点 $\boldsymbol{x}, \boldsymbol{y}$ の距離を不変にすることが要請される．2 点の距離は，$\boldsymbol{y} = {}^t(y_1, y_2, y_3)$ として，ベ

クトルの記号を用いて,

$$\mathrm{dist}(\boldsymbol{x},\boldsymbol{y}) \;=\; |\boldsymbol{x}-\boldsymbol{y}| \;=\; \sqrt{(x_1-y_1)^2+(x_2-y_2)^2+(x_3-y_3)^2}$$

と表されるので, ‘距離不変’ は次と同値である：

$$|g(\boldsymbol{x})-g(\boldsymbol{y})| \;=\; |\boldsymbol{x}-\boldsymbol{y}| \quad (\boldsymbol{x},\boldsymbol{y}\in E^3\cong\mathbb{R}^3). \tag{5.5}$$

このとき, 他の 1 点 $\boldsymbol{z}$ とで挟《はさ》む角度 $\angle\boldsymbol{xzy}$ も不変に保たれる.

変換 $g(\boldsymbol{x})$ が時間 t による場合は, 運動方程式 (5.4) が加速度 $\boldsymbol{a}$ を用いて書かれているので, $g(\boldsymbol{x})$ は t の 1 次式でなければならない. その代表的なものが等速の平行移動である. 慣性系 B が慣性系 A から等速 $\boldsymbol{w}$ で遠ざかっているとすれば, $g=G_{\boldsymbol{w}}$,

$$G_{\boldsymbol{w}}(\boldsymbol{x}) \;:=\; \boldsymbol{x}+\boldsymbol{w}t \quad (\boldsymbol{x}\in E^3, t\in\mathbb{R}) \tag{5.6}$$

である. この変換 g を**ガリレイ変換**という. ひとつの慣性系をこの変換で写すとまた慣性系になることを, 古典力学における**ガリレイの相対性**という. 例えば, 地上に固定された座標系が近似的に慣性系であるから, 等速で運行している電車に固定された座標系もそうである.

古典力学が想定している時空の空間は, 空間部分 E^3 と時間部分 $\mathbb{R}$ との直積空間 $\Omega^4 := E^3\times\mathbb{R}$ である. 一般に 2 つの慣性系 A, B はそれぞれの慣性系内での座標変換を考慮に入れれば, ガリレイ変換で結ばれている. ガリレイ変換全体のなす群 $\mathcal{G}(\Omega^4)$ は, $G_{\boldsymbol{w}}\mapsto\boldsymbol{w}$ により, 加群 $\mathbb{R}^3$ と同型である. そこで, 今度は 1 つの慣性系における許される座標変換を考えてみよう. 変換 $g(\boldsymbol{x})$ が時間 t によらない場合である. ユークリッド空間 E^3 の上の等距離変換の全体は群をなすが, それを $\mathrm{Iso}(E^3)$ と書く. 等距離変換 g で原点 O を不変にするもの (すなわち, $g(O)=O$) 全体のなす部分群を $\mathrm{Iso}(E^3,O)$ と書く. E^3 上の平行移動 $T_{\boldsymbol{x}^{(0)}}(\boldsymbol{x}) := \boldsymbol{x}+\boldsymbol{x}^{(0)}$ $(\boldsymbol{x}\in E^3)$ の全体のなす群を $\mathcal{T}(E^3)$ と書く. E^3 の等距離変換 g で直交座標の右手系を右手系に写すものを E^3 上の**運動**といい, その全体のなす群 $\mathcal{M}(E^3)$ を**ユークリッド運動群**とよぶ. この定義は, 例 1.6 での定義と実質上同じであり, 次の定理の内容は, 例 1.6 の内容を詳しく述べたものである. 証明については, [平井 II, 第 18 章] 参照.

定理 5.1. (i)　群 $\mathrm{Iso}(E^3,O)$ の元 g に対して $u\in O(3)$ が存在して，$g(\boldsymbol{x})=u\boldsymbol{x}$ となる．この対応によって，$\mathrm{Iso}(E^3,O)$ は 3 次元直交群 $O(3)$ と同型である．

(ii)　部分群 $\mathcal{M}(E^3,O):=\mathrm{Iso}(E^3,O)\cap\mathcal{M}(E^3)$ は上の同型の下で特殊直交群 (3 次元回転群) $SO(3)$ に同型である．

(iii)　群 $\mathrm{Iso}(E^3)$ は正規部分群 $\mathcal{T}(E^3)$ と部分群 $\mathrm{Iso}(E^3,O)$ との半直積に同型である．同型対応 $\mathrm{Iso}(E^3,O)\ni g\mapsto(\boldsymbol{x}^{(0)},u)\in\mathcal{T}(E^3)\rtimes O(3)$ は，$g(\boldsymbol{x})=u\boldsymbol{x}+\boldsymbol{x}^{(0)}$ $(\boldsymbol{x}\in E^3)$ によって与えられる．

(iv)　ユークリッド運動群 $\mathcal{M}(E^3)$ は上の同型対応によって，正規部分群 $\mathcal{T}(E^3)\cong\mathbb{R}^3$ と回転群 $\mathcal{M}(E^3,O)\cong SO(3)$ との半直積に同型である．

時空の空間 Ω^4 における運動の 3 法則とくに運動方程式を不変にする変換は，ガリレイ変換の群 $\mathcal{G}(\Omega^4)$ と時間軸での平行移動 $t\mapsto t+t_0$ (時間原点の移動，t_0 は定数) および $\mathrm{Iso}(E^3)$ とからきている．右手系を保存するものは $\mathrm{Iso}(E^3)$ の代わりにユークリッド運動群 $\mathcal{M}(E^3)$ に制限される．空間 Ω^4 での平行移動 $T_{\boldsymbol{x}^{(0)},t_0}:(\boldsymbol{x},t)\mapsto(\boldsymbol{x}+\boldsymbol{x}^{(0)},t+t_0)$, の全体を $\mathcal{T}(\Omega^4)$ と書く．$t_0\neq 0$ のとき，$T_{\boldsymbol{x}^{(0)},t_0}$ は $\mathcal{G}(\Omega^4)$ を正規化しない．ゆえに，以上が生成する群は，次の形の半直積になることが分かる (問題 5.2)：

$$\mathcal{N}(\Omega^4):=\mathcal{T}(\Omega^4)\rtimes(\mathcal{G}(\Omega^4)\rtimes\mathrm{Iso}(E^3,O)).\tag{5.7}$$

この群が，質点に関するニュートンの運動方程式の‘対称性’を記述している．したがって，そのユニタリ表現が物理的な現象の解明にも役立つはずであるが，この群はもはやコンパクトではないので，さきに取り扱った回転群 $SO(3)$ やユニタリ群 $SU(2)$ のように有限次元の既約表現だけでは事が済まない．群 $\mathcal{N}(\Omega^4)$ を**ニュートン力学の群**とよぼう．

問題 5.1. 定理 5.1 の主張 (i)〜(iv) を証明せよ．(参照：[平井，I, 第 7 章])

問題 5.2. $\mathrm{Iso}(E^3)$, $\mathcal{G}(\Omega^4),\mathcal{T}(\Omega^4)$ の生成する群が上に与えた半直積群 $\mathcal{N}(\Omega^4)$ になることを示し，その半直積における積を具体的に書き下せ．

5.2 アインシュタインの特殊相対性理論とローレンツ群

5.2.1 電磁場と静止エーテル仮説

磁石や静電気の発見はずいぶん昔であるが，電気と磁気は静止しているときには相互に独立である．1800 年にボルタが電池を発明して電流が人工的に得られるようになり，1820 年にエルステッド (H.C. Örsted, 1777–1851) が電流が流れる導線の回りに磁気が発生することを発見した．ファラデー (M. Faraday, 1791–1867) は逆に磁力が電流を発生させることを予想して 1824 年に実験を開始したが，ようやく 7 年後の 1831 年に至って，コイルの中に棒磁石を出入りさせると電流が生じることを確認，**電磁誘導**を発見した．電磁誘導とは「磁界の中で (磁束を切るように) コイルを動かすと電流が生ずる」というものである．こうして電気と磁気を統一的に取り扱う電磁気学が誕生することとなり，数多くの研究が行われた．1864 年にマクスウェル (J.C. Maxwell, 1831–79) が電磁場の基礎方程式を提出，1873 年出版の『電気磁気論』でマクスウェル方程式の帰結として「電界，磁界は組になって電磁波として空間を光速度で伝《でん》播《ぱ》し，光は電磁波の一種である」と予言した．電磁波の存在は 1888 年ヘルツ (H.R. Hertz, 1857–94) の実験によって確認された．

光の伝播を説明するために，デカルト以来のエーテル理論が「非力学的な電磁エーテル」の理論に変貌して存続した．ニュートン以来の力学では，前節で示したように慣性系はガリレイ変換によってまた慣性系に移るので，無限個の慣性系が存在する．ところが，電磁気学ではそうではない．

例えば，素朴に電磁誘導を考えてみて，一様な磁界とその中のコイルとを想定する．ある (力学的) 慣性系 K で見て静止しているコイルも他の (力学的) 慣性系 K' では動いている．他方，磁界の方は一様であるから K でも K' でも同一に見える (磁力線は人工的に考えたものだからこの際は無視される)．したがって，座標系 K で考えた場合，コイルが静止しているので電磁誘導は起きていない，しかし座標系 K' から見れば電磁誘導は起きているはずである．

この矛盾を避けるためには，力学の慣性系のうち電磁気学の法則をも成り立たせているものはただ 1 個である，ということになる．その唯一の絶対静止系を担っているのがエーテルである．

また，数理的にもマクスウェル方程式がガリレイ変換によって不変ではないことが証明される (文献 [平井, II, 第 24 章] 参照).

5.2.2 ローレンツ収縮とローレンツ変換

かくて，光の伝播を担《にな》っているはずのエーテルの静止系に対する地球の相対運動の検出が重大な課題となり，いろいろの実験が行われた．その中で，1887 年に行われたマイケルソン-モーリー (Michelson-Morley) の実験が最も有名であるが，人々はことごとくエーテルの存在の証明に失敗した．マイケルソン-モーリーの実験装置の要点は，まず，入力した光を点 O で 2 つに分岐させてそれぞれを直角方向に送り等距離地点 M, N においた鏡で反射させて O に帰ってきた 2 つの光を干渉させて，時間差 (光波の位相の遅れ) を検出する．例えば，OM, ON の長さがともに ℓ であり，OM が地球公転の進行方向に向いているとする．入力光が OM, ON を往復する時間をそれぞれ t_1, t_2 とすれば，エーテル静止系に対する公転速度 v, 光速度 c を用いると，

$$t_1 = \frac{\ell}{c+v} + \frac{\ell}{c-v},\ t_2 = \frac{2\ell}{\sqrt{c^2 - v^2}} \qquad \therefore\ ct_1 : ct_2 = \frac{1}{\sqrt{1-(v/c)^2}} : 1, \quad (5.8)$$

であり，光の位相差は $c(t_1 - t_2) \fallingdotseq \ell\,(v/c)^2$ となる．この位相差は OM と公転方向との角度 θ によって連続的に変動するので，全装置を回転させながら干渉縞の移動を観測すると v の検出ができるはずである (閑話休題 9 参照).

エーテルの存在を示すための多くの実験が失敗した後，その理由についていろいろの説が提起された．その中で，のちの相対論や量子論登場の基礎になったのは，1892 年にフィッツジェラルド (G.F. Fitzgerald, 1851–1901) とローレンツ (H.A. Lorentz, 1853–1928; ノーベル賞，1902) が独立に提唱した「速度 v で等速運動している物体はすべて，運動方向に $\sqrt{1-(v/c)^2}$ の割合だけ短縮する」という仮説で，**(フィッツジェラルド-) ローレンツ収縮**とよばれる．上で計算した (5.8) を見れば分かるように，これでマイケルソン-モーリーの実験がなぜ失敗に終わったかを説明できそうだが，その説明を完成するには，時間についても「静止系から見て $1/\sqrt{1-(v/c)^2}$ に遅れる」という局所時間の仮説を付加する必要があった．

さらにローレンツはマクスウェル方程式の変換性を調べることによって，等速

運動する 2 つの座標系 K, K′ について次のような変換式を提唱した．まず，K, K′ における座標系を座標軸が互いに平行になるようにとり，それぞれにおける空間座標を $(x,y,z),(x',y',z')$ とし，x, x' の方向に v の速度で相対運動しているとする．また時間座標をそれぞれ t,t' とすると，2 つの座標の間の変換は，

$$x' = \frac{x-(v/c)t}{\sqrt{1-(v/c)^2}}, \quad y' = y, \quad z' = z, \quad t' = \frac{t-(v/c^2)x}{\sqrt{1-(v/c)^2}}, \tag{5.9}$$

となる．これを **(純) ローレンツ変換**とよび，L'_v と書く．

さらに，K′ に対し同じ方向に速度 v' で等速運動している座標系 K″ を考えると，K, K″ の間の座標変換は，積 $L'_{v'} \cdot L'_v$ であるが，次の公式が成り立つ：

$$L'_{v'} \cdot L'_v = L'_{v''}, \qquad \frac{v/c + v'/c}{1 + v/c \cdot v'/c} = v''/c \ (\text{速度の加法公式}). \tag{5.10}$$

さて，座標に新たに名前を付け変えて，$x_1 = x$, $x_2 = y$, $x_3 = z$, $x_4 = ct$, とおき，

$$\frac{-(v/c)}{\sqrt{1-(v/c)^2}} = \sinh\tau, \qquad \frac{1}{\sqrt{1-(v/c)^2}} = \cosh\tau, \tag{5.11}$$

とおけば，問題 1.14 に現れた 2 次元の双曲的回転 $v_2(\tau)$ が現れる：

$$\begin{pmatrix} x'_1 \\ x'_4 \end{pmatrix} = \begin{pmatrix} \cosh\tau & \sinh\tau \\ \sinh\tau & \cosh\tau \end{pmatrix} \begin{pmatrix} x_1 \\ x_4 \end{pmatrix}, \quad \begin{pmatrix} x'_2 \\ x'_3 \end{pmatrix} = \begin{pmatrix} 1 & 0 \\ 0 & 1 \end{pmatrix} \begin{pmatrix} x_2 \\ x_3 \end{pmatrix}. \tag{5.12}$$

これを (x_1,x_4) における**双曲的回転**といい，その変換行列を $v_{14}(\tau)$ と書く．これは固有ローレンツ群 $SO_0(3,1)$ の一径数部分群 $\mathbb{R} \ni \tau \mapsto v_{14}(\tau)$ を与える (例 1.8 とその直後の問題 1.14 参照).

このローレンツ変換は相対性理論の基本となる変換式である．

◆閑話休題 9 ◆

マイケルソン-モーリーの実験装置において，入力した光の分岐点 O を原点にとり，地球公転の進行方向に x-軸，それを $\pi/2$ $(=90^\circ)$ 回した軸を y-軸にとる．x-軸上に O から距離 ℓ_1 の点 M まで腕を伸ばしそこに反射鏡をおく．y-軸上では距離 ℓ_2 の点 N に反射鏡をおく．ℓ_1, ℓ_2 はできるだけ等しくするが，工作上ではやはり限界があるので平均値を $\ell = (\ell_1 + \ell_2)/2$ とおいておく．この実験に関する説明を，一般向けの解説書

まで込めて 6 冊ほど読んでみたがあまりよく分からなかった．中には著者が誤解しているのではないかと疑わせる説明もあった．

いずれにせよ，この 6 冊のいずれでも，$\ell_1 = \ell_2 = \ell$ の理想的な場合のみを論じている． 現実には腕の長さは 22 m にしたようであるが，ℓ_1, ℓ_2 の工作精度はミクロン単位 ($\mu\mathrm{m} = 10^{-3}$ mm) でもまだ不十分であり，実現不可能である．また，温度等の環境によっても ℓ_1, ℓ_2 は別々に伸縮する．したがって，$\ell_1 \neq \ell_2$ の場合を論じねばならない．そしてこの工作上の誤差等の影響を実験結果から取り除くには細心の注意と非常なる観測精度が要求される．これを説明しよう．

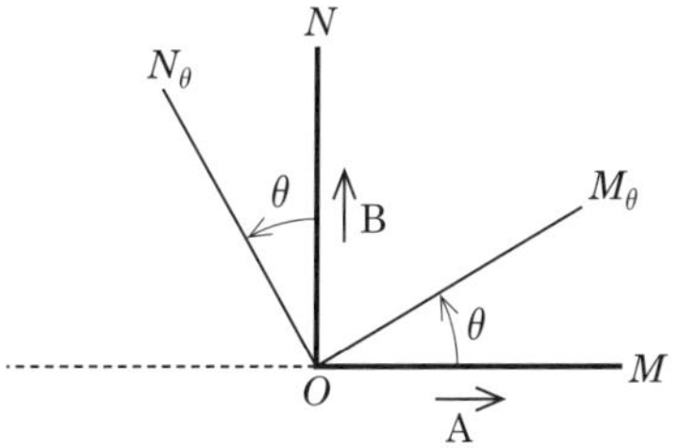

図 5.3. 実験装置 MON と $M_\theta O N_\theta$

実験装置 MON では，O に入力した光はここで A, B 2 つに分けられ，一方の A は M にある鏡で反射して O にもどり，他方の B は N で反射して O にもどり，ひとつに合わされるが，ここで位相のずれがあれば干渉計で感知される．エーテル静止系に対し光はどの方向にでも等速度 $c = 29.98 \times 10^4\,\mathrm{km}$ で進む．地球は公転速度 $v = 29.8\,\mathrm{km/s}$ をもって x-軸方向に進んでいる．彼らが実験で使用した光は，Na の炎色反応で見える D 線で波長はナノメートル単位 ($\mathrm{nm} = 10^{-6}\,\mathrm{mm}$) で 598.0 nm, 598.6 nm，鮮やかな黄色である．この装置全体を O を中心として角度 θ だけ回転したものを，$M_\theta O N_\theta$ とする (図 5.3 参照)．

原点 O を出発した光が $M_\theta = (\ell_1 \cos\theta, \ell_1 \sin\theta)$ に到達するに要する時間 t は，方程式

$$ct = \mathrm{dist}(O, M_\theta + (vt, 0))$$

(ただし，$\mathrm{dist}(P, Q)$ は 2 点 P, Q 間の距離) を解いて，

$$t = \frac{\ell_1 \left(v\cos\theta + \sqrt{c^2 - v^2 \sin^2\theta}\right)}{c^2 - v^2} = \frac{\ell_1}{c} \cdot \frac{(v/c)\cos\theta + \sqrt{1 - (v/c)^2 \sin^2\theta}}{1 - (v/c)^2}.$$

同様にして，M_θ からの反射光が O にもどる時間を計算すると，上の式で $\cos\theta$ を $-\cos\theta$ で置き換えればよい．したがって，光が往復に要する時間はこれらの和として，

$$t_1 = \frac{2\ell_1}{c} \cdot \frac{\sqrt{1 - (v/c)^2 \sin^2\theta}}{1 - (v/c)^2} \fallingdotseq \frac{2\ell_1}{c}\left(1 + (v/c)^2 \frac{1 + \cos^2\theta}{2}\right).$$

ここでは，$(1-x)^\alpha$ の $x = 0$ におけるテーラーの公式から出る近似式：$(1-x)^\alpha = 1 - \alpha x + O(x^2)$ を，$\alpha = 1/2$, $\alpha = -1$, に対して用いた．

原点 O を出た光が N_θ までを往復する時間 t_2 も同様に計算できる．答えは，上式で ℓ_1 を ℓ_2 に，$\sin\theta$ を $\cos\theta$ に，$\cos\theta$ を $\sin\theta$ に置き換えたものである．そこで，A, B 2 つの光の往復の時間差 $t_1 - t_2$ を求め，これを c 倍して遅延の長さを出すと，

$$c(t_1 - t_2) \fallingdotseq \Delta_1 + \Delta_2, \qquad \Delta_1 := 2(\ell_1 - \ell_2),\ \Delta_2 := \ell\,(v/c)^2 \cos 2\theta,$$

と書ける．第 1 項 Δ_1 は 2 本の腕の長さの差からくるので，その変化は測定時の温度環境や腕のひずみ等による．第 2 項 Δ_2 の大きさを評価してみると，$\ell = 22\,\mathrm{m}$ として，$v/c = 0.994 \times 10^{-4}$ であるから，$\ell\,(v/c)^2 \fallingdotseq 217\,\mathrm{nm}$．したがって，装置を $\theta = 0$ からゆっくりと $\theta = \pi/2$ まで回転させれば，Δ_2 は $\pm 217\,\mathrm{nm}$ の間を連続的に動く．変動幅は D 線の 1 波長の約 3/4 なので (Δ_1 の影響をうまく除去できれば) その動きは干渉縞の変化として観測可能である．

先に注意したように，私の見た本 6 冊全部にはこの第 1 項の Δ_1 に全く言及がなかった．しかし，装置の回転移動中の Δ_1 の変化の大きさがミクロンのオーダーであったとしても Δ_2 に比して 1 桁上である.「現代の名工」というテレビ番組に，金属板を加工して絶対平面を研ぎ出す名工が登場したが，工程としては最初機械で平面を削りそれ以後は人の手でさらに平滑にしていくが,「あまり夢中になって金属板に被《かぶ》さって磨いていると自分の体温で金属板がひずんでくる」とのことであった．

一書には，装置を単に 90° 回して測れば (2 回の観測で) v が検出できる，かの如く書いてあったがこれは無理である．なぜならば，装置を実際に動かせば，腕の長さ ℓ_1, ℓ_2 に不可避的にミクロン以上のひずみが出るので Δ_1 が変わる．そこで，装置を物理的に動かさずに原点 O で分光する A, B を光学的に鏡を使って入れ替えるとすれば，ℓ_1, ℓ_2 の役割が入れ替わり，2 つの光の遅延差は，$-(\Delta_1 + \Delta_2)$ となる．いずれの場合も Δ_1 の影響を分離できず，したがって $\Delta_2 = \ell\,(v/c)^2$ だけを検出することは不可能である．

以上の説明で，(1) 回転角 θ の動きに伴っての干渉計の連続観測が必要なこと，(2) 干渉縞の移動が起こったときにその原因が Δ_1 によるのかそれとも Δ_2 によるのかを判別せねばならぬこと，を読者に説得できたであろうか？

D.C. ミラーは 1925–26 年に同種の実験を行い，太陽系の絶対速度が 200 km/s であることを示す結果を得たと発表した．上記のマイケルソン (A.A. Michelson, 1852–1931; ノーベル賞，1907) らも追試したが，彼の結果は再確認されなかった，とのことである．

問題 5.3. 上の「閑話休題 9」における計算を詳しく実行してみよ．

5.2.3 特殊相対性理論とローレンツ群

これら先行の研究を踏まえて，ニュートン力学と電磁気学を統一し，その間の矛盾を統一したのが，1905 年に発表されたアインシュタインの**特殊相対性理**

論である．文献 [Eins] の中の彼自身の説明に従えば，それは 2 つの原理から出発している．まず，力学の法則，さらに一般に物理学の法則が，最も簡単な形に書かれるようなデカルト座標系，いわゆる**慣性系**の存在を認める．第 1 の原理は，**特殊相対性の原理**であり，「もし K がひとつの慣性系であれば，K に対して一様に，回転することなく運動している他のすべての座標系 K′ もまたひとつの慣性系である．自然法則はすべての慣性系に対して一致する」．第 2 の原理は，**光速度不変の原理**であり，「いかなる慣性系においても，真空中で光は一定速度 c で伝播する」．これはマクウェル方程式からの結果を上の特殊相対性原理に従って一般の慣性系に対して述べたものである．

この相対性理論には，例 1.8 に述べたミンコフスキー空間 M^{n+1} のうち，$n=3$ の場合が使われる．空間座標 $\widetilde{\boldsymbol{x}} = {}^t(x_1, x_2, x_3) \in E^3$, 時間座標としては $x_4 = ct \in \mathbb{R}$ をとり，$\boldsymbol{x} = {}^t(x_1, x_2, x_3, x_4)$, $\boldsymbol{y} = {}^t(y_1, y_2, y_3, y_4)$ に対する不定値内積

$$\langle \boldsymbol{x}, \boldsymbol{y} \rangle_L = -x_1 y_1 - x_2 y_2 - x_3 y_3 + x_4 y_4 \tag{5.13}$$

を導入する．この時空の空間 $M^4 \cong \mathbb{R}^4$ において，$V := \{\, \boldsymbol{x} \,;\, \langle \boldsymbol{x}, \boldsymbol{x} \rangle_L = 0 \}$ は光錐とよばれるが，V の上部下部をそれぞれ V_+, V_- とすると，それらは，原点 O から光がとどく時空の点の集合と O に向かって光が送れる点の集合である (図 5.4 参照)．

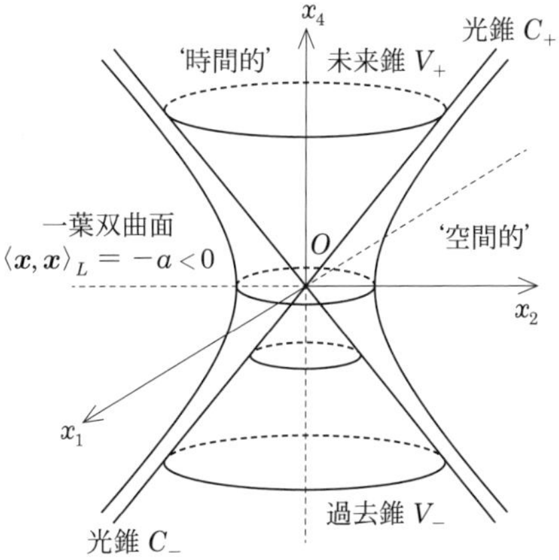

図 5.4. 時空の空間 $M^4 \cong \mathbb{R}^4$ の $\mathbb{R}^3$ での断面

慣性系 K における 2 点 $\boldsymbol{x}^{(1)}, \boldsymbol{x}^{(2)}$ をとり，その差 $\Delta\boldsymbol{x} = \boldsymbol{x}^{(2)} - \boldsymbol{x}^{(1)} = {}^t(\Delta x_1, \Delta x_2, \Delta x_3, \Delta x_4)$ について，

$$s^2 := \langle \Delta\boldsymbol{x}, \Delta\boldsymbol{x}\rangle_L = -(\Delta x_1)^2 - (\Delta x_2)^2 - (\Delta x_3)^2 + (\Delta x_4)^2 \tag{5.14}$$

を考えると，$s = 0$ は 2 点間で光が行ったりもしくは来たりできることを意味する．したがって相対性理論では，この関係はどの慣性系でも成立するので，慣性系 K を慣性系 K′ に取り替える変換 T においては関係 ‘s = 0’ は保存される，すなわち，K′ での座標にプライム (′) を付けて表示すれば，

$$-(\Delta x_1')^2 - (\Delta x_2')^2 - (\Delta x_3')^2 + (\Delta x_4')^2 = 0.$$

さらに，(5.14) の量 s^2 自体も T の下で不変であることが相対性原理によって結論される [Eins]．($s^2 > 0$ ならば，点 $\boldsymbol{x}^{(1)}$, $\boldsymbol{x}^{(2)}$ 間を光速以下で移動できる．値 $s > 0$ は 2 点間の固有時間とよばれる.)

逆に，ひとつの変換 $T : \boldsymbol{x} \mapsto \boldsymbol{x}'$ が (5.14) の右辺を不変にしているときに，それを一般ローレンツ変換という．とくに $T(\mathbf{0}) = \mathbf{0}$ となっているときには**斉次ローレンツ変換**という．上の **5.2.2** で述べたローレンツ変換 (5.12) はその一例である．

T の一般形を決定しよう．まず，定ベクトル $\boldsymbol{x}^{(0)} = {}^t(x_1^{(0)}, x_2^{(0)}, x_3^{(0)}, x_4^{(0)}) \in \mathbb{R}^4$ による平行移動

$$\mathcal{T}(\boldsymbol{x}^{(0)}) :\ \boldsymbol{x} \longmapsto \boldsymbol{x} + \boldsymbol{x}^{(0)}$$

は非斉次ローレンツ変換である．問題の T に対して，$\boldsymbol{x}^{(0)} = T(\mathbf{0})$ とおいて，$T' = \mathcal{T}(\boldsymbol{x}^{(0)})^{-1} \cdot T$ とおけば，$T'(\mathbf{0}) = \mathbf{0}$ である．

斉次ローレンツ変換 T' は，(5.14) の右辺を不変にすることから，$\langle T'(\boldsymbol{x}), T'(\boldsymbol{y})\rangle_L = \langle \boldsymbol{x}, \boldsymbol{y}\rangle_L$ となり，不定値内積を不変にする．したがって，$\mathbb{R}^4$ 上の変換と見たとき線形変換となり，$T'(\boldsymbol{x}) = g\boldsymbol{x}, \exists g \in O(3,1)$, となることが示される ([平井, II, 第 15 章] 参照)．よって，もとの T は次の形をしていることが分かる：

$$T(\boldsymbol{x}) = \boldsymbol{x}' = g\boldsymbol{x} + \boldsymbol{x}^{(0)} \quad (g \in O(3,1), \boldsymbol{x}^{(0)} \in \mathbb{R}^4). \tag{5.15}$$

平行移動全体の群 $\mathcal{T}(M^4) := \{\mathcal{T}(\boldsymbol{y})\ ;\ \boldsymbol{y} \in \mathbb{R}^4\}$ を正規部分群とする半直積群 $\mathcal{T}(M^4) \rtimes O(3,1)$ を**全非斉次ローレンツ群**，あるいは，ポアンカレ (J.A. Poincaré, 1854–1912) の名前をとって**全ポアンカレ群**とよび，$\mathcal{P}$ と書く．その単位元の連結成分は，$\mathcal{T}(M^4) \rtimes SO_0(3,1)$ であり，$\mathcal{P}_+^\uparrow$ と書く．これらが，特殊相対性理論における対称性の群である．

電磁場の方程式はこの変換群に対して共変である．力学の方程式も共変になるように修正されたが，それは質点の運動速度 v が光速 c に比して小さいときには近似的にニュートン力学の法則にもどるものである．

問題 5.4. 一般ローレンツ変換の全体が，全非斉次ローレンツ群 $\mathcal{P}$ になることを示せ．そしてその半直積の積を具体的に書き下せ．

5.3　ローレンツ群とそのリー環の構造

5.3.1　相対性原理とローレンツ変換について

アインシュタインは，その特殊相対性理論において，2 つの慣性系 K, K$'$ をつなぐのに,「一様に，回転することなく運動している」という関係を基本として採用した．これは，ニュートン力学における「等速運動」によるガリレイ変換 $G_{\boldsymbol{w}}$ を一般化したものであるが，純ローレンツ変換 L'_v (公式 (5.9)) には「ローレンツ収縮」と「時間の遅れ」が取り込まれている．この L'_v の公式では，‘相対速度’の方向に x_1- 軸をとって，速度ベクトルを $\boldsymbol{w} = {}^t(v,0,0)$ としてある．そこで，座標軸をこのように特殊にとることをやめて，K$'$ が K から‘相対速度’ $\boldsymbol{w} = {}^t(w_1, w_2, w_3)$ で遠ざかっているときの純ローレンツ変換を $L_{\boldsymbol{w}}$ と書いてその公式を求めてみよう．

そのために正定値行列 C の平方根に対しての補題を掲げる．複素正方行列 $C = (c_{ij})_{1\le i,j\le n} \in M(n,\mathbb{C})$ が**正定値**であるとは，まずエルミート型 $(C^* = C)$ であり，かつ，内積につき

$$\langle C\boldsymbol{x}, \boldsymbol{x}\rangle = {}^t\boldsymbol{x}\, C\, \overline{\boldsymbol{x}} = \sum_{1\le i,j\le n} x_i c_{ij} \overline{x_j}\ >\ 0 \quad (\boldsymbol{x} \in \mathbb{C}^n, \neq 0)$$

が満たされることである．この最後の条件は C の固有値がすべて正であることを意味する．

補題 5.2. 正定値行列 $C \in M(n, \mathbb{C})$ に対して，$D^2 = C$ となる正定値行列 D がただ 1 つ存在する．それを $\sqrt{C}$ または $C^{1/2}$ と書く．C が実行列ならば $\sqrt{C}$ もそうである．

命題 5.3. 純ローレンツ変換 $L_{\boldsymbol{w}} : \boldsymbol{x} \mapsto \boldsymbol{x}'$ は次の行列で与えられる：

$$\begin{pmatrix} \left(E_3 + \widehat{\boldsymbol{w}}\,{}^t\widehat{\boldsymbol{w}}\right)^{1/2} & -\widehat{\boldsymbol{w}} \\ -{}^t\widehat{\boldsymbol{w}} & (1 + \|\widehat{\boldsymbol{w}}\|^2)^{1/2} \end{pmatrix}, \qquad \widehat{\boldsymbol{w}} := \frac{\boldsymbol{w}/c}{\sqrt{1 - \|\boldsymbol{w}/c\|^2}}, \tag{5.16}$$

ここに，E_3 は 3 次の単位行列を表す．さらに，$U = \left(E_3 + \widehat{\boldsymbol{w}}\,{}^t\widehat{\boldsymbol{w}}\right)^{1/2}$ の作用は，$\widehat{\boldsymbol{w}}$ および　$\forall \boldsymbol{y} \perp \widehat{\boldsymbol{w}}$ に対して，

$$U\widehat{\boldsymbol{w}} = \sqrt{1 + \|\widehat{\boldsymbol{w}}\|^2}\,\widehat{\boldsymbol{w}}, \qquad U\boldsymbol{y} = \boldsymbol{y}. \tag{5.17}$$

証明. 速度ベクトル $\boldsymbol{w}$ の大きさを $v = \|\boldsymbol{w}\|$ とおくと，ある $u \in SO(3)$ によって，$u\boldsymbol{w} = {}^t(-v, 0, 0)$ とできる．すると，$L_{\boldsymbol{w}} = \widetilde{u}^{-1} \cdot L'_v \cdot \widetilde{u}$ となる，ここに，$\widetilde{u} := \begin{pmatrix} u & 0 \\ 0 & 1 \end{pmatrix}$ である．(5.11)–(5.12) 式の L'_v の具体形を用いれば，$L_{\boldsymbol{w}}$ に対する行列 g は，$3 + 1 = 4$ の分解に対するブロック型に書いて，

$$g = \begin{pmatrix} V & -\widehat{\boldsymbol{w}} \\ -{}^t\widehat{\boldsymbol{w}} & \sqrt{1 + \|\widehat{\boldsymbol{w}}\|^2} \end{pmatrix}, \qquad V \text{ は 3 次の正定値行列},$$

の形であることが分かる．この g に対して，条件 ${}^tgJ_{3,1}g = J_{3,1}$ を書き下せば，

$${}^tV\,V - \widehat{\boldsymbol{w}}\,{}^t\widehat{\boldsymbol{w}} = E_3, \qquad {}^tV\widehat{\boldsymbol{w}} - \sqrt{1 + \|\widehat{\boldsymbol{w}}\|^2}\,\widehat{\boldsymbol{w}} = \boldsymbol{0},$$

となる．${}^tV = V$ なので，第 1 式より，V は命題 5.3 で与えられる平方根 $U = \left(E_3 + {}^t\widehat{\boldsymbol{w}}\,{}^t\widehat{\boldsymbol{w}}\right)^{1/2}$ に等しい．そして，U の作用は，$W = U^2$ の計算から分かる．実際，$\boldsymbol{z} \in \mathbb{R}^3$ に対し，$W\boldsymbol{z} = \boldsymbol{z} + \langle \widehat{\boldsymbol{w}}, \boldsymbol{z} \rangle\,\widehat{\boldsymbol{w}}$ であるから，$\widehat{\boldsymbol{w}}$ と $\boldsymbol{y} \perp \widehat{\boldsymbol{w}}$ に対して，$W\widehat{\boldsymbol{w}} = (1 + \|\widehat{\boldsymbol{w}}\|^2)\widehat{\boldsymbol{w}}$, $W\boldsymbol{y} = \boldsymbol{y}$, となり，平方根 $U = \sqrt{W}$ の作用は (5.17) 式で与えられることがわかる．　□

次の定理で示すように，純ローレンツ変換の全体 $\boldsymbol{L} = \{\, L_{\boldsymbol{w}}\ ;\ \boldsymbol{w} \in \mathbb{R}^3 \,\}$ は群にはならない．これは，ガリレイ変換 $G_{\boldsymbol{w}}$ の全体が群 $\mathcal{G}(\Omega^4)$ をなすのに比べて

著しい差である．

定理 5.4. (i) 2 つの純ローレンツ変換 $L_{\boldsymbol{w}}, L_{\boldsymbol{w}'}$ の積がまた純ローレンツ変換になったとすると，ベクトル $\boldsymbol{w}, \boldsymbol{w}'$ は互いに 1 次従属である．

(ii) 純ローレンツ変換全体の集合 $\boldsymbol{L} = \{\, L_{\boldsymbol{w}}\ ;\ \boldsymbol{w} \in \mathbb{R}^3 \,\}$ に含まれる部分群のうちで極大なものは，(5.12) の一径数部分群 $\mathcal{V}_{14} = \{\ v_{14}(\tau)\ ;\ \tau \in \mathbb{R}\,\}$ に $SO(3)$-共役である．それらは，$\mathbb{R}^3$ の 1 次元部分空間 $\mathbb{R}\,\boldsymbol{w}^{(0)} := \{\ \lambda \boldsymbol{w}^{(0)}\ ;\ \lambda \in \mathbb{R}\,\}$ ごとに対応している．

ここで，$\boldsymbol{w}^{(0)}$ を単位ベクトルにとり，$u \in SO(3)$ を $u\,\boldsymbol{w}^{(0)} = {}^t(1,0,0)$ となるように選べば，$\widetilde{u} := \begin{pmatrix} u & 0 \\ 0 & 1 \end{pmatrix}$ による共役によって，次の自然な同型を得る：

$$L_{v\boldsymbol{w}^{(0)}} \longmapsto L'_v = \widetilde{u} \cdot L_{v\boldsymbol{w}^{(0)}} \cdot \widetilde{u}^{-1} \in \mathcal{V}_{14} \quad (v \in \mathbb{R})$$

そして，$L'_v = v_{14}(\tau)$, $\sinh\tau = -(v/c)/\sqrt{1-(v/c)^2}$, $v/c = -\tanh\tau$, である．

証明の方針. (i) $L_{\boldsymbol{w}} \cdot L_{\boldsymbol{w}'} = L_{\boldsymbol{w}''}$ と仮定する．これらの変換に対する行列をそれぞれ B, C, D とすると，$BC = D$, ${}^tB = B$, ${}^tC = C$, ${}^tD = D$. そこで，等式 $BC = D$ の両辺の転置をとってみれば，$BC = CB$ を得る．すなわち，上の仮定の下では，$L_{\boldsymbol{w}}, L_{\boldsymbol{w}'}$ は互いに可換である．(一般に「対称行列よりなる群は可換」.)

そこで，行列を $3+1=4$ のブロック型で表示すると，等式 $AB = BA$ の両辺の (1, 1), (1, 2) 要素を比較して，次を得る：

$$(E_3 + \widehat{\boldsymbol{w}}\,{}^t\widehat{\boldsymbol{w}})^{1/2}\,(E_3 + \widehat{\boldsymbol{w}'}\,{}^t\widehat{\boldsymbol{w}'})^{1/2} = (E_3 + \widehat{\boldsymbol{w}'}\,{}^t\widehat{\boldsymbol{w}'})^{1/2}\,(E_3 + \widehat{\boldsymbol{w}}\,{}^t\widehat{\boldsymbol{w}})^{1/2}, \tag{5.18}$$

$$(E_3 + \widehat{\boldsymbol{w}}\,{}^t\widehat{\boldsymbol{w}})^{1/2}\widehat{\boldsymbol{w}'} + \sqrt{1+\|\widehat{\boldsymbol{w}'}\|^2}\,\widehat{\boldsymbol{w}} = (E_3 + \widehat{\boldsymbol{w}'}\,{}^t\widehat{\boldsymbol{w}'})^{1/2}\widehat{\boldsymbol{w}} + \sqrt{1+\|\widehat{\boldsymbol{w}}\|^2}\,\widehat{\boldsymbol{w}'}. \tag{5.19}$$

他方，$(E_3 + \widehat{\boldsymbol{w}}\,{}^t\widehat{\boldsymbol{w}})^{1/2}, (E_3 + \widehat{\boldsymbol{w}'}\,{}^t\widehat{\boldsymbol{w}'})^{1/2}$ の作用は，(5.17) 式で与えられる．そこで，$\widehat{\boldsymbol{w}'} = a\widehat{\boldsymbol{w}} + \boldsymbol{y}$, $\boldsymbol{y} \perp \widehat{\boldsymbol{w}}$, と表示し，また逆に，$\widehat{\boldsymbol{w}} = a'\widehat{\boldsymbol{w}'} + \boldsymbol{y}'$, $\boldsymbol{y}' \perp \widehat{\boldsymbol{w}'}$, とも表示して，(5.18) の両辺を，$\widehat{\boldsymbol{w}'}$ に作用してみれば，

$$\left(\sqrt{1+\|\widehat{\boldsymbol{w}}\|^2}-1\right)\left(\sqrt{1+\|\widehat{\boldsymbol{w}'}\|^2}-1\right)a\boldsymbol{y}=\boldsymbol{0}$$

を得る．したがって，$a=0$ または $\boldsymbol{y}=\boldsymbol{0}$ である．これから，(5.18) の可換関係が成立するための必要十分条件が，$\widehat{\boldsymbol{w}'}\perp\widehat{\boldsymbol{w}}$ または $\widehat{\boldsymbol{w}'}=a\widehat{\boldsymbol{w}}$ であることが分かる．

$a=0$ の場合には，(5.19) が成立しない．したがって，主張 (i) が示された．

(ii) を証明する方針は，すでにその文中に示されている．　(終わり)

注意 5.1. 速度ベクトル $\boldsymbol{w},\boldsymbol{w}'$ が同一直線上にあるときには，純ローレンツ変換の積 $L_{\boldsymbol{w}}\cdot L_{\boldsymbol{w}'}$ はまた純ローレンツ変換になり，その速度の加法公式は，(5.10) により与えられる．

しかし，定理 5.4 (i) によれば，速度ベクトルが一直線上になければ，純ローレンツ変換の積はもはや純ローレンツ変換ではない．実際，速度ベクトル $\boldsymbol{w},\boldsymbol{w}'$ が互いに 1 次独立なときには，純ローレンツ変換の積 $L_{\boldsymbol{w}}\cdot L_{\boldsymbol{w}'}$ は空間部分の自明でない回転と純ローレンツ変換の積に分解される，すなわち，適当な $u\in SO(3),\neq e$，と $\boldsymbol{w}''\in\mathbb{R}^3$ とが存在して，$L_{\boldsymbol{w}''}\cdot\widetilde{u}$ の形に書ける．ただし，$\widetilde{u}=\begin{pmatrix}u&0\\0&1\end{pmatrix}$．しかし，この u や $\boldsymbol{w}''$ を与える公式は簡単ではない (定理 5.6，問題 5.8 参照)

問題 5.5. 補題 5.2 の証明を与えよ．　〔ヒント：いろんな詳しさの証明があり得る．エルミート行列がユニタリ行列によって対角化できること，を使ってもよい.〕

問題 5.6. 定理 5.4 (i) の証明を詳しく書き下せ．また，(ii) の証明を与えよ．

問題 5.7. 純ローレンツ変換 $L_{\boldsymbol{w}}$ は，速度 $\boldsymbol{w}$ が光速度 c に比してごく小さいときには，ガリレオ変換 $G_{-\boldsymbol{w}}$ と近似的には等しいことを示せ．

5.3.2　固有ローレンツ群の分解

全斉次ローレンツ群 $SO(3,1)$ の単位元の連結成分 $SO_0(3,1)$ を**固有ローレンツ群**といい，$\mathcal{L}_+^\uparrow$ とも書かれる．純ローレンツ変換 $L_{\boldsymbol{w}}$ は，速度ベクトル $\boldsymbol{w}$ と時間軸とで張る M^4 の 2 次元の部分空間における双曲的回転である．他方，時空の空間 M^4 の空間部分 E^3 での回転はこれらとは異なる一般ローレンツ変換であり，その全体は極大コンパクト部分群

$$K:=\left\{\widetilde{u}=\begin{pmatrix}u&0\\0&1\end{pmatrix}\ ;\ u\in SO(3)\right\}\subset\mathcal{L}_+^\uparrow=SO_0(3,1)$$

をなす．この節では，$\mathcal{L}_+^\uparrow$ の元 (一般ローレンツ変換) は，M^4 の空間部分の座標軸の回転と純ローレンツ変換の積に一意的に分解されることを証明する．そのために，まず次の形の分解定理を示そう．$\mathcal{L}_+^\uparrow$ の部分群 $\mathcal{V}_{14}$ を A と書き，その部分集合 $A_+ := \{\, v_{14}(\tau)\, ;\, \tau \geq 0 \,\}$ をとる．

定理 5.5. 固有ローレンツ群 $G = \mathcal{L}_+^\uparrow$ の任意の元 g に対して，$u, v \in SO(3), a = v_{14}(\tau) \in A_+$ が存在して，$g = \widetilde{u}\, a\, \widetilde{v}$ と書ける．この意味で，$G = KAK = KA_+K$ と分解する (これを G の**カルタン** (E. Cartan) **分解**とよぶ).

略証. M^4 の 1 点 $\boldsymbol{e}^{(0)} = {}^t(0,0,0,1)$ をとる．点 $\boldsymbol{x} = g\boldsymbol{e}^{(0)}$ は G 軌道としての二葉双曲面 $\langle \boldsymbol{x}, \boldsymbol{x} \rangle_L = 1$ の上葉 L_1^+ (例 1.8 参照) に載《の》っている．この点を空間部分の回転 $u_1 \in SO(3)$ で動かして，$\boldsymbol{y} := \widetilde{u_1}\boldsymbol{x} = (\alpha, 0, 0, \beta), \alpha > 0,$ とできる．このとき，$\beta > 0, -\alpha^2 + \beta^2 = 1$. したがって，$\alpha = \sinh\tau, \beta = \cosh\tau, \tau \geq 0,$ と書ける．すると，$v_{14}(\tau)^{-1}\boldsymbol{y} = \boldsymbol{e}^{(0)}$. よって，$h := v_{14}(\tau)^{-1}\widetilde{u_1}g$ は，$h\boldsymbol{e}^{(0)} = \boldsymbol{e}^{(0)}$ となるので，$h = \widetilde{v}, v \in SO(3)$ (問題 5.8) である．これから，$g = \widetilde{u_1}^{-1} v_{14}(\tau)\widetilde{v}$ を得る． □

前節で見たように，純ローレンツ変換 $L_{\boldsymbol{w}}$ は次のように書かれる．$\boldsymbol{w} \in \mathbb{R}^3$ に対し，(5.16) に従って，$\widehat{\boldsymbol{w}} = (\boldsymbol{w}/c)/(1 - \|\boldsymbol{w}/c\|^2)^{1/2}$ とおき，それを $u \in SO(3), \tau \in \mathbb{R}$ によって，$-\widehat{\boldsymbol{w}} = u\,{}^t(\sinh\tau, 0, 0)$ と書くと，

$$L_{\boldsymbol{w}} = \widetilde{u}\, v_{14}(\tau)\, \widetilde{u}^{-1}. \tag{5.20}$$

これから分かるように，4 次正方行列としてみたとき，$B = L_{\boldsymbol{w}}$ は対称 (${}^tB = B$) で，その固有値は，$1, 1, e^\tau, e^{-\tau}$ であり，したがって正定値である．

定理 5.6. 固有ローレンツ群 $G = \mathcal{L}_+^\uparrow$ の任意の元 g に対して，$k \in K, L_{\boldsymbol{w}} \in \boldsymbol{L}$ が一意に存在して，$g = L_{\boldsymbol{w}}\, k$ と書ける．この意味で，$G = \boldsymbol{L}K$ と積に分解される．同様に，$G = K\boldsymbol{L}$ とも分解される．

略証. 前定理によって，$g = \widetilde{u}\, a\, \widetilde{v}$ と書いたとき，$L_{\boldsymbol{w}} = \widetilde{u}\, a\, \widetilde{u}^{-1}, k = \widetilde{u}\widetilde{v} \in K$ とおけば，$g = L_{\boldsymbol{w}}\, k$ となる．したがって，分解の一意性を示せばよい．

$g = B_1k_1 = B_2k_2, B_i = L_{\boldsymbol{w}_i}, k_i \in K\, (i = 1, 2)$ と 2 つの表示があったとする．$k := k_1k_2^{-1} = \widetilde{u}, u \in SO(3),$ とすると，$B_1k = B_2$. ここで両辺の転置をとれば，$k^{-1}B_1 = B_2 = B_1k,$ ゆえに，$k\,B_1^2 = B_1^2\,k$. ここで，B_1 の固有値

$1, 1, e^{\tau}, e^{-\tau}$ と固有空間を B_1^2 のそれらと比較すれば，k と B_1 が可換であることが分かる．$k \neq e$ とすると，$B_1 k$ の固有値は，$e^{\tau}, e^{-\tau}$ と $k = \widetilde{u}$ の固有値 $e^{i\alpha}, e^{-i\alpha} \neq 1$ とからなる．これは，$B_2 = B_1 k$ の固有値とは異なるので矛盾．□

5.3.3　ローレンツ群のリー環および指数写像について

ローレンツ群 $G = SO_0(3,1)$ の定義式は ${}^t g J_{3,1} g = J_{3,1}$ であるから，そこに $g = e^{tX}, X \in M(4, \mathbb{R})$, を代入して $t = 0$ で微分すれば，G のリー環 $\mathfrak{g} = \mathrm{Lie}(G)$ として $\mathfrak{so}(3,1)$ を得る．すなわち，

$$\mathfrak{g} = \mathfrak{so}(3,1) = \{\, X \in M(4, \mathbb{R})\ ;\ {}^t X J_{3,1} + J_{3,1} X = 0 \,\}. \tag{5.21}$$

その基底として，次のものがとれる：

$$X_{ij} = -E_{ij} + E_{ji} \ \ (1 \le i < j \le 3), \quad Y_k = E_{k4} + E_{4k} \ \ (1 \le k \le 3). \tag{5.22}$$

部分リー環 $\mathfrak{so}(3)$ における X_{ij} の交換関係のほかに，次の交換関係がある：

$$[X_{ij}, Y_k] = \delta_{ik} Y_j - \delta_{jk} Y_i, \qquad [Y_k, Y_\ell] = X_{k\ell}. \tag{5.23}$$

(リー環の具体的なより多くの例については，**7.2.2** 参照.)

G の元 g に対し，$\Theta(g) := {}^t g^{-1}$ とおくと，$\Theta(g_1 g_2) = \Theta(g_1)\Theta(g_2)$ となる．定義式 ${}^t g J_{3,1} g = J_{3,1}$ から，$h = \Theta(g)$ に対しても，${}^t h J_{3,1} h = J_{3,1}$ を得る．また，Θ の像 $\Theta(G) \subset SO(3,1)$ はまた連結であるから，Θ は $G = SO_0(3,1)$ の自己同型を与える．これを微分すると，$d\Theta(X) = (d/dt)_{t=0} \Theta(e^{tX})$ $(X \in \mathfrak{g})$ によって，リー環 $\mathfrak{g}$ の自己同型 $\theta := d\Theta : X \mapsto -{}^t X$ を得る．θ は**対合《たいごう》的**，すなわち，$\theta^2 = I_{\mathfrak{g}}$ (恒等写像) である．これは $\mathfrak{g}$ の**カルタン対合**とよばれるもののひとつである．θ の固有値は ± 1 であるが，その固有空間を

$$\mathfrak{k} = \{\, X \in \mathfrak{g}\ ;\ \theta(X) = X \,\}, \quad \mathfrak{p} = \{\, X \in \mathfrak{g}\ ;\ \theta(X) = -X \,\}, \tag{5.24}$$

とおく．リー環 $\mathfrak{g}$ は，$\mathfrak{g} = \mathfrak{k} + \mathfrak{p}$ と直和に分解され，$\mathfrak{k}$ は $\mathfrak{g}$ の部分環で，極大コンパクト部分群 K のリー環 $\mathrm{Lie}(K) \cong \mathfrak{so}(3)$ であり，$\mathfrak{p}$ は部分空間である．そして，$\mathfrak{k}$ は $\{\, X_{ij} \,;\, 1 \le i < j \le 3 \}$ で張られ，$\mathfrak{p}$ は $\mathfrak{g}$ のすべての対称行列よりなり，$\{\, Y_i \,;\, 1 \le i \le 3 \}$ で張られる．$\mathfrak{p}$ の上で指数写像 exp は単射であり，その像

を $P=\{\, e^Y\,;\, Y\in\mathfrak{p}\,\}$ とおく.

定理 5.7. $P=\exp(\mathfrak{p})$ は，純ローレンツ変換 $L_{\boldsymbol{w}}$ の全体 $\boldsymbol{L}$ と一致する：$P=\boldsymbol{L}$.

証明. 速度ベクトルが，$\boldsymbol{w}={}^t(v,0,0)$ のときには，$L_{\boldsymbol{w}}=L'_v$ であり，これは $L'_v=v_{14}(\tau), v/c=-\tanh\tau$, によって一径数部分群を与えている．$\tau=0$ におけるその接ベクトルは

$$\left(\frac{d}{d\tau}\right)_0 v_{14}(\tau)=\lim_{\tau\to 0}\frac{v_{14}(\tau)-E_4}{\tau}=Y_1 \tag{5.25}$$

であり，逆に，$v_{14}(\tau)=e^{\tau Y_1}$ である．同様に，一径数部分群 $v_{24}(\tau), v_{34}(\tau)$ の接ベクトルとして，Y_2, Y_3 を得る．また，純ローレンツ変換 $L_{\boldsymbol{w}}$ は適当な回転 $\widetilde{u}$, $u\in SO(3)$, の共役によって，(5.20) のように，$L_{\boldsymbol{w}}=\widetilde{u}\,v_{14}(\tau)\,\widetilde{u}^{-1}$ と書けるので，$L_{\boldsymbol{w}}=\exp(\tau\mathrm{Ad}(\widetilde{u})Y_1)$．ここに，$\mathrm{Ad}(g)X:=gXg^{-1}\,(g\in G, X\in\mathfrak{g})$ は，G の内部自己同型 ι_g からきたリー環 $\mathfrak{g}$ の自己同型 (**共役変換**とよばれる) である．さらに一般に，$\widetilde{v}\,L_{\boldsymbol{w}}\,\widetilde{v}^{-1}=L_{v\boldsymbol{w}}$ となるので，$\boldsymbol{L}=\{\, L_{\boldsymbol{w}}\,;\,\boldsymbol{w}\in\mathbb{R}^3\,\}=\exp(\mathfrak{p})=P$ が分かる．　□

定理 5.6 に対する補足. ひるがえって，定理 5.6 における G の分解 $G=\boldsymbol{L}K$ は，連結な半単純リー群に対する知られた分解 $G=\exp(\mathfrak{p})\,K$ の特別な場合である．そして，写像 $\mathfrak{p}\times K\ni(Y,k)\mapsto e^Yk\in G$ が多様体としての同型を与えることも知られているが，ここでは，逆写像の連続性を言おう．群 $SO(3)$, $SO_0(3,1)$ には行列要素を使った位相，すなわち，$SO(3)\hookrightarrow M(3,\mathbb{R})\cong\mathbb{R}^9$, $SO_0(3,1)\hookrightarrow M(4,\mathbb{R})\cong\mathbb{R}^{16}$, による相対位相，を入れる．$g\in G=SO_0(3,1)$ に対し，$g=e^Yk$ とすると，正定値な行列 $g\,{}^tg=e^Ye^Y=e^{2Y}$ である．他方，正定値行列 Z に対しては，$\log Z=\sum_{1\le n<\infty}(-1)^{n-1}(Z-E_4)^n/n$ が Z の連続関数として収束半径の外にまで定義できることは，Z の対角化を考えれば証明される．ここで，$Z=g\,{}^tg$ ととって，$Y=(1/2)\log(g\,{}^tg)$ は g の連続関数であり，$k=e^{-Y}g$ もそうである．

5.3.4　純ローレンツ変換はローレンツ群を生成する

この節では，純ローレンツ変換 $L_{\boldsymbol{w}}, \boldsymbol{w}\in\mathbb{R}^3$, を繰り返せば，固有ローレンツ群 $\mathcal{L}_+^\uparrow$ の任意の元が出てくることを示したい．純ローレンツ変換全体が生成する

群を G' と書く．まず，リー環レベルで G' を観察しよう．

$\boldsymbol{L} = \exp(\mathfrak{p})$ となる部分空間 $\mathfrak{p}$ は $\mathrm{Ad}(\widetilde{u}), u \in SO(3)$, で不変であるから，$G'$ は当然この共役で不変である．また，任意の $Y \in \mathfrak{p} = \mathbb{R}Y_1 + \mathbb{R}Y_2 + \mathbb{R}Y_3$ に対応する一径数部分群 $g_Y(t) = e^{tY}$ が G' に入っている．部分空間 $\mathfrak{p}$ は，(5.23) から分かるように，リー環 $\mathfrak{so}(3,1)$ を生成する．

他方，定理 4.10 によれば，2 つの一径数部分群 $g_Y(t) = e^{tY}$，$g_{Y'}(t) = e^{tY'}$ に対して，交換子 $h(t) = [g_Y(\sqrt{t}), g_{Y'}(\sqrt{t})]$ は $t = 0$ で単位元 e を出発する道 (path) であって，e での接ベクトルが $(d/dt)_0 h(t) = [Y, Y']$ となる．

命題 5.8. 純ローレンツ変換全体の生成する群 G' は，$\widetilde{u} = \begin{pmatrix} u & 0 \\ 0 & 1 \end{pmatrix}, u \in SO(3)$, による共役で不変である．また，任意の $Y \in \mathfrak{p}$ に対する一径数部分群を含み，かつ，任意の $X \in \mathfrak{so}(3,1)$ に対し，X を接ベクトルにもつ e から発するある道を含む．

この命題で述べた 2 つの性質から，$G' = SO_0(3,1)$ が結論されるのではないかと思えるが，リー群とリー環の一般論から分かるのは，「G' の閉包は $SO_0(3,1)$ である」までである．

定理 5.9. 純ローレンツ変換全体の集合 $\boldsymbol{L} = \{ L_{\boldsymbol{w}} \,;\, \boldsymbol{w} \in \mathbb{R}^3 \}$ は固有ローレンツ群 $\mathcal{L}_+^{\uparrow} = SO_0(3,1)$ を生成する．

略証. 純ローレンツ変換同士の交換子 $h(t) = [g_Y(\sqrt{t}), g_{Y'}(\sqrt{t})]$ に対して，上の「定理 5.6 に対する補足」によれば，t に連続的に依存する $Y(t) \in \mathfrak{p}$ が存在して，$k(t) = e^{Y(t)}h(t) \in K$ は K 内の $k(0) = e$ に発する連続な道である．また，適当な $\boldsymbol{w}(t) \in \mathbb{R}^3$ をとれば，$e^{Y(t)} = L_{\boldsymbol{w}(t)}$ である．K と $SO(3)$ を同一視して話をすれば，$k(t)$ の固有値は，$e^{i\alpha(t)}, e^{-i\alpha(t)}, 1$ であり，t が十分小なるときには $\alpha(t) \in \mathbb{R}$ は t の連続関数で，$\alpha(0) = 0$ となるようにとれる．他方，群 $SO(3)$ の元は，その固有値の集合が一致するときに互いに共役である (問題 5.9)．したがって，この道の $SO(3)$ による共役を全部集めれば，e の $SO(3)$ におけるある近傍 U が得られる．そして U は $SO(3)$ を生成する． □

問題 5.8. $SO_0(3,1)$ の元 g を $3+1=4$ に従ってブロック型に表示したときに (1, 2)-要素が ${}^t(0,0,0)$ であれば，$g \in SO(3)$ である．これを証明せよ．

問題 5.9. 群 $SO(3)$ の 2 元 u, u' に対して，3×3 型行列としての固有値の集合が一致すれば，u, u' は ($SO(3)$ 内で) 互いに共役である．これを証明せよ．

5.4 ローレンツ群，普遍被覆群 $SL(2,\mathbb{C})$，それらの表現

5.4.1 $SL(2,\mathbb{C})$ から $SO_0(3,1)$ への被覆写像

特殊相対論によれば，物理量や物理法則を記述するには，ミンコフスキー空間 M^4 とその上の変換群としてのローレンツ群 $SO_0(3,1)$ が必要不可欠である．

ところが，量子力学ではさらにスピンという別の自由度がある．これを記述するのに，パウリは回転群 $SO(3)$ の普遍被覆群である $SU(2)$ を用いた．ディラックは次節で述べるように「シュレーディンガーやパウリの方程式の相対論化」を目指して，ディラック方程式を導いた．それによって，「方程式の相対論化」と「スピンの導入」という 2 つの重要な目的を同時に実現したが，そこで働くのはローレンツ群の普遍被覆群である $SL(2,\mathbb{C})$ である．

ここでは，物理的な意味づけを離れて，とりあえず数学的な問題として，$SL(2,\mathbb{C})$ から $SO_0(3,1)$ への被覆写像を与えよう．

前者の働く実ベクトル空間として，2 次のエルミート行列全体の空間

$$\mathcal{Z} := \{ Z \in M(2,\mathbb{C}) \,;\, Z^* = Z \} \tag{5.26}$$

をとる．$h \in SL(2,\mathbb{C})$ の作用は，$Z \mapsto D'(h)Z := hZh^*$ により与える．これをもっと分かりやすくするために，$\mathcal{Z}$ に実 4 次元としての座標を入れよう．そのために (4.3) のパウリ行列の添字を付け替え，さらに単位行列を加えて，

$$\sigma_1 = \begin{pmatrix} 0 & 1 \\ 1 & 0 \end{pmatrix}, \quad \sigma_2 = \begin{pmatrix} 0 & -i \\ i & 0 \end{pmatrix}, \quad \sigma_3 = \begin{pmatrix} 1 & 0 \\ 0 & -1 \end{pmatrix}, \quad \sigma_4 = \begin{pmatrix} 1 & 0 \\ 0 & 1 \end{pmatrix}, \tag{5.27}$$

とおく．これらをベクトル空間 $\mathcal{Z}$ の基底にとって，座標を対応

$$\phi \,:\, \mathcal{Z} \ni Z = \begin{pmatrix} x_3 + x_4 & x_1 - ix_2 \\ x_1 + ix_2 & -x_3 + x_4 \end{pmatrix} = \sum_{j=1}^{4} \sigma_j x_j \tag{5.28}$$
$$\longmapsto \quad x = {}^t(x_1, x_2, x_3, x_4) \in \mathbb{R}^4$$

によって導入する．すると，$\phi(D'(h)Z) = D(h)\phi(Z) = D(h)x$ によって，$\mathbb{R}^4$ 上の線形写像 $D(h)$ が現れる．

ここで，$\det Z = -x_1^2 - x_2^2 - x_3^2 + x_4^2$ であり，$\det(hZh^*) = |\det h|^2 \det Z = \det Z$ であるから，$\mathbb{R}^4$ 上の線形変換 $D(h)$ は内積 $\langle x, x\rangle_L := -x_1^2 - x_2^2 - x_3^2 + x_4^2$ を不変にする．この不定値内積の入った空間 $\mathbb{R}^4$ をミンコフスキー空間 M^4 と同一視すると，写像 $SL(2,\mathbb{C}) \ni h \mapsto D(h)$ はローレンツ群 $SO_0(3,1)$ のある連結部分群の上への準同型を与える．すぐ分かるように，その核は $\mathrm{Ker}(D) = \{\pm E_2\}$ である．

上の準同型は，**4.3.1** における被覆写像 $D : SU(2) \to SO(3)$ の群 $SL(2,\mathbb{C}) \supset SU(2)$ への拡張である．したがって，そこで与えた $SU(2)$ の一径数部分群 $e^{\varphi X_j}, j = 1, 2, 3,$ とそれらを D で写した $SO(3)$ の一径数部分群 $r_{23}(\varphi), r_{31}(\varphi), r_{12}(\varphi)$ との対応はそのまま有効である．これにより，像として，$SO(3)(\hookrightarrow SO_0(3,1))$ を得る．

そこで，$SO_0(3,1)$ で新しく出てくる一径数部分群 $v_{k4}(\tau) = e^{\tau Y_k}$ $(1 \le k \le 3)$ に写ってくるはずの $SL(2,\mathbb{C})$ 内の一径数部分群 $a_1(\tau/2), a_2(\tau/2), a_3(\tau/2)$ とその生成元 Y_1', Y_2', Y_3' とを調べよう．それらをこの順番で並べると以下のようになることが計算で示される：略記号で $\mathrm{ch}\, t = \cosh t, \mathrm{sh}\, t = \sinh t,$ とおいて，

$$\begin{pmatrix} \mathrm{ch}\,\tau/2 & \mathrm{sh}\,\tau/2 \\ \mathrm{sh}\,\tau/2 & \mathrm{ch}\,\tau/2 \end{pmatrix}, \quad \begin{pmatrix} \mathrm{ch}\,\tau/2 & -i\,\mathrm{sh}\,\tau/2 \\ i\,\mathrm{sh}\,\tau/2 & \mathrm{ch}\,\tau/2 \end{pmatrix}, \quad \begin{pmatrix} e^{\tau/2} & 0 \\ 0 & e^{-\tau/2} \end{pmatrix}$$

$$Y_1' := \begin{pmatrix} 0 & 1/2 \\ 1/2 & 0 \end{pmatrix}, \quad Y_2' := \begin{pmatrix} 0 & -i/2 \\ i/2 & 0 \end{pmatrix}, \quad Y_3' := \begin{pmatrix} 1/2 & 0 \\ 0 & -1/2 \end{pmatrix}.$$

定理 5.10. (i)　上で与えた準同型 D は $SL(2,\mathbb{C})$ から $SO_0(3,1)$ の上への局所同型であり，その核は $\{\pm E_2\}$ である．この被覆写像によって，前者は後者の普遍被覆群となる．

(ii)　被覆写像 D から誘導された，$SL(2,\mathbb{C})$ のリー環 $\mathfrak{sl}(2,\mathbb{C})$ から $SO_0(3,1)$ のリー環 $\mathfrak{so}(3,1)$ への同型写像 dD は，次で与えられる．$X_j = \dfrac{1}{2i}\sigma_j$ $(1 \le j \le 3)$, $Y_k' = \dfrac{1}{2}\sigma_k$ $(1 \le k \le 3)$, に対し，

$$X_1 \to X_{23},\ \ X_2 \to X_{31},\ \ X_3 \to X_{12}\,;\ \ \ Y_k' \to Y_k\ \ (1 \le k \le 3). \tag{5.29}$$

群 $SL(2,\mathbb{C})$ の一般の元 $h = \begin{pmatrix} a & b \\ c & d \end{pmatrix}$ に対する 4×4 型行列 $D(h) \in SO_0(3,1)$ を具体的に書き下した公式については，例えば [平井 II, 17 章] を参照せよ．

リー環 $\mathrm{Lie}(SL(2,\mathbb{C})) = \mathfrak{sl}(2,\mathbb{C})$ はここでは実リー環と捉えられている．そして $SU(2)$ のリー環 $\mathfrak{su}(2)$ はその部分リー環であり，$\{X_1, X_2, X_3\}$ で張られる．別の部分リー環 $\mathrm{Lie}(SL(2,\mathbb{R})) = \mathfrak{sl}(2,\mathbb{R})$ は $\{X_2, Y_1', Y_3'\}$ で張られるので，被覆写像 D を $SL(2,\mathbb{R})$ に制限すると，(x_3-軸を不変にする) 3 次元ローレンツ群 $SO_0(2,1) (\hookrightarrow SO_0(3,1))$ の上への 2 重の被覆写像を得る．もっとも，この場合は，$SL(2,\mathbb{R})$ は単連結ではなく，その極大コンパクト部分群 $SO(2) \cong \mathbb{R}/\mathbb{Z}$ の普遍被覆 $\mathbb{R}$ が無限重なので，それに従って，$SL(2,\mathbb{R})$ の普遍被覆も無限重である．群 $SL(2,\mathbb{R})$ の表現論については次章で論ずる．

5.4.2 ローレンツ群，$SL(2,\mathbb{C})$ の有限次元表現：テンソルとスピノル

ローレンツ群の表現

固有ローレンツ群 $\mathcal{L}_+^\uparrow = SO_0(3,1)$ の自然表現 $\pi_1 : \mathcal{L}_+^\uparrow \ni g \mapsto g = (g_{ij})_{1\le i,j\le 4}$ は 4 次元ベクトル空間 $V_1 = \mathbb{C}^4$ に既約に働く．その k 回のテンソル積 $\pi_k := \otimes^k \pi_1$ はテンソル積空間 $V_k := \otimes^k V_1$ に働くので，4^k 次元である．V_k の元で $v_1 \otimes v_2 \otimes \cdots \otimes v_k = \otimes_{1\le j\le k} v_j$ ($v_j \in V_1$) の形をしているものを**分解可能**というが，それらは全空間を張り，$g \in \mathcal{L}_+^\uparrow$ の作用では，

$$\pi_k(g)\big(\otimes_{1\le j\le k}\, v_j\big) = \otimes_{1\le j\le k} \pi_1(g) v_j$$

となる．$k \ge 2$ ならば，π_k はもはや既約ではない．例えば，対称テンソルの空間 $S^k V_1$ や反対称テンソルの空間 $\wedge^k V_1$ は既約な不変部分空間である．ここまでの話は，全斉次ローレンツ群 $\mathcal{L} = O(3,1)$ をとっても同じことである．

テンソル積表現を既約分解するには，その相関作用素の全体がなす環が解明できればよい．ところが，$SO_0(3,1)$ の π_k の場合には，この環が複雑であって，一筋縄ではいかない．実は，$SO_0(3,1)$ を含むより大きな群 $GL(4,\mathbb{R})$ に対しては，いわゆるシュア-ワイルの相互律といわれる結果があるのだが，その部分群

として次元が違いすぎるのでそれから何かを引き出すことはできない.

そこで, 普遍被覆群 $SL(2,\mathbb{C})$ のテンソル積表現に関する結果を説明しよう. これは, $SO_0(3,1)$ の 2 価の表現まで込めて, 考えるわけである. 少し大げさだが, $GL(n,\mathbb{K})$ ($\mathbb{K}$ は標数 0 の体) の自然表現の k 次テンソル積表現の場合に, k 次対称群 $\mathfrak{S}_k$ の表現を自然に定義してそれを使う, シュアとワイル (H. Weyl, 1885–1955) の (互いに独立な) 結果の $n=2$ の場合として見てみる.

固有ローレンツ群 $\mathcal{L}_+^\uparrow$ の被覆群 $SL(2,\mathbb{C})$ とスピノル

ローレンツ群の 2 重の被覆群である $SL(2,\mathbb{C})$ の表現によって変換される共変量を, エーレンフェスト (P. Ehrenfest, 1880–1933) は**スピノル**と名づけた. ($\mathcal{L}_+^\uparrow$ や $\mathcal{L}$ の自然表現のテンソル積空間 $V_k = \otimes^k V_1$ などの元は, すでにテンソルとよばれていたのでそれと区別した.) $h = (h_{ij})_{1\leq i,j\leq 2} \in SL(2,\mathbb{C})$ に h 自身を対応させる 2 次元表現 $h \mapsto h$ を**自然表現**とよび $\pi_{1,0}$ と書く. h にその複素共役行列 $\overline{h} = (\overline{h_{ij}})$ を対応させる表現を $\pi_{0,1}$ と書く. $\pi_{1,0}, \pi_{0,1}$ の表現空間をそれぞれ $V_{1,0}, V_{0,1}$ と書く (これらはいずれも $\mathbb{C}^2$ と同型である). またこれらのテンソル積として, $\pi_{k,n} := (\otimes^k \pi_{1,0}) \otimes (\otimes^n \pi_{0,1})$ を定義し, その表現空間 $V_{k,n} := (\otimes^k V_{1,0}) \otimes (\otimes^n V_{0,1})$ の元を (k,n) 型スピノルという. $k+n$ が偶数のときには, $k+n$ 階のテンソル積表現 $\pi_{k,n}$ は被覆写像 $SL(2,\mathbb{C}) \to \mathcal{L}_+^\uparrow = SO_0(3,1)$ の核 $\{\pm E_2\}$ に対して, $\pi_{k,n}(\pm E_2) = I$ (恒等作用素) であるから, 固有ローレンツ群 $\mathcal{L}_+^\uparrow$ の 1 価の表現になる. $k+n$ が奇数のときには, $\pi_{k,n}$ は $\mathcal{L}_+^\uparrow$ の 2 価の表現である.

群 $SL(2,\mathbb{C})$ に, $h = (h_{ij})_{1\leq i,j\leq 2} \mapsto (h_{11}, h_{12}, h_{21})$ ($h_{11} \neq 0$ のとき) などにより $\mathbb{C}$ 上の局所座標を入れておく. 表現 π につき, $\pi(h)$ の行列要素が, すべて h に関して正則であるとき π を**正則な表現**とよび, すべて反正則なとき**反正則な表現**とよぶ. テンソル積表現 $\pi_{k,0}$ については, 行列要素は h に関して正則である (実は, h_{ij} の多項式なので, 局所座標から見れば有理式である). したがって, その既約成分もこの性質をもつので, 正則な表現である. 他方, $\pi_{0,k}$ については, その既約成分はすべて反正則である. そして, $\pi_{k,n} = \pi_{k,0} \otimes \pi_{0,n}$ の既約分解については, 正則な成分 $\pi_{k,0}$, 反正則な成分 $\pi_{0,n}$, それぞれの既約分解が分かれば, それらをあらためてテンソル積すれば, $\pi_{k,n}$ の既約分解が得られる.

(群 $SL(2,\mathbb{R})$ については，正則，反正則の区別がないので，$\pi_{k,0}, k \geq 1$，を考えるだけでよい．)

さてそこで，テンソル積表現 $\pi_{k,0}$ の既約分解について述べるのに，話を $GL_2 := GL(2,\mathbb{C}) \supset SL(2,\mathbb{C})$ まで拡げる．GL_2 の自然表現を $\pi_{1,0}^{GL}$ と書き，その表現空間は $V_{1,0}$ と同じとする．$\pi_{1,0}$ は $\pi_{1,0}^{GL}$ を $SL(2,\mathbb{C})$ に制限したものである．また，GL_2 の表現 π に対し，$\pi(h)$ の行列要素がすべて $h = (h_{ij})$ の要素 h_{ij} の多項式になっているとき，π を多項式表現とよぶ．

対称群 $\mathfrak{S}_k$ の表現と $GL(2,\mathbb{C}), SL(2,\mathbb{C})$ のテンソル積表現，既約表現

テンソル積空間 $V_{k,0} = \otimes^k V_{1,0}$ の上には，GL_2 の表現として，$\pi_{k,0}^{GL} := \otimes^k \pi_{1,0}^{GL}$ が働いている．他方，$V_{k,0}$ の分解可能な元 $\otimes_{1\leq j\leq k} v_j$ $(v_j \in V_{1,0})$ に対して，$\sigma \in \mathfrak{S}_k$ の作用を

$$\rho_k(\sigma)(\otimes_{1\leq j\leq k}\, v_j) := v_{\sigma^{-1}(1)} \otimes v_{\sigma^{-1}(2)} \otimes \cdots \otimes v_{\sigma^{-1}(k)} \tag{5.30}$$

とおけば，k 次対称群 $\mathfrak{S}_k$ の線形表現 ρ_k が得られる．我々は，証明なしで次の事実を列挙しておく．

命題 5.11. (i) GL_2 の k 次テンソル積表現 $\pi_{k,0}^{GL}$ と k 次対称群 $\mathfrak{S}_k$ の表現 ρ_k とは互いに可換である： $\rho_k(\sigma)\cdot\pi_{k,0}^{GL}(g) = \pi_{k,0}^{GL}(g)\cdot\rho_k(\sigma)$ $(g \in GL_2, \sigma \in \mathfrak{S}_k)$.

(ii) $\widetilde{\mathcal{L}}_+^{\uparrow}$ の表現 $\pi_{k,0}^{GL}$ と $\mathfrak{S}_k$ の表現 ρ_k は双対《そうつい》関係にある．すなわち，$\pi_{k,0}^{GL}$ (または ρ_k) の相関作用素のなす環は $\rho_k(\mathfrak{S}_k)$ (または $\pi_{k,0}^{GL}(GL_2)$) によって生成される．

k 階のテンソル積の空間 $V_{k,0}$ 上に，直積群 $GL_2 \times \mathfrak{S}_k$ の表現を $(\pi_{k,0}^{GL}\cdot\rho_k)(g,\sigma) := \pi_{k,0}^{GL}(g)\rho_k(\sigma)$ $(g \in GL_2, \sigma \in \mathfrak{S}_k)$ によって定義する．

命題 5.12. (i) 直積群 $GL_2 \times \mathfrak{S}_k$ の表現 $\pi_{k,0}^{GL}\cdot\rho_k$ は重複度 1 で既約分解される．$\widehat{\mathfrak{S}_k}$ のある部分集合 $P_{2,k}$ が存在して，任意の $\rho \in P_{2,k}$ に対して，既約な多項式表現 $\pi_\rho^{GL} \in (GL_2)^\wedge$ が存在して，

$$\pi_{k,0}^{GL}\cdot\rho_k \cong \sum_\rho \pi_\rho^{GL} \boxtimes \rho \quad (\rho \in P_{2,k})$$

となる．ここに，$\pi_\rho^{GL} \boxtimes \rho$ は π_ρ^{GL} と ρ との外部テンソル積 $(g,\sigma) \mapsto \pi_\rho^{GL}(g) \otimes \rho(\sigma)$ を表す．

(ii) こうして得られた既約表現 $\pi_\rho^{GL}, \rho \in P_{2,k} \subset \widehat{\mathfrak{S}_k}, k \geq 1,$ の全体が群 GL_2 の有限次元の自明でない，既約な多項式表現の全体を (同値を除いて) 尽くす．

(iii) 群 GL_2 の有限次元の既約表現は，($\det h$ の指標 $\chi(\det h)$ の掛け算を除いて) どれかのテンソル積 $\pi_{k,n}$ の既約成分として現れる．そして，ある正則な既約表現 π と反正則な既約表現 π' のテンソル積 $\pi \otimes \pi'$ に同値である．

注意 5.2. $\mathfrak{S}_k$ の既約表現の同値類を，升目の個数が k 個のヤング (Young) の図形で表したとき，部分集合 $P_{2,k} \subset \widehat{\mathfrak{S}_k}$ は，深さが高々 2 の図形の全体である．

$\mathfrak{S}_k$ の 1 次元表現 $\rho_\varepsilon = \mathrm{sgn}_{\mathfrak{S}}^{\varepsilon}$, $\varepsilon = 0, 1$, に対応する表現空間 $\{v \in V_{k,0}\ ;\ \rho_k(\sigma)v = \rho_\varepsilon(\sigma)v\}$ は，それぞれ対称テンソルの空間 $S^k V_{1,0}$, 反対称テンソルの空間 $\wedge^k V_{1,0}$ である．前者の上に働く表現は既約で，これを $S^k \pi_{1,0}^{GL}$ と書く．また，$\dim V_{1,0} = 2$ なので，$\wedge^k V_{1,0} = 0$ $(k \geq 3)$ であり，$\wedge^2 V_{1,0}$ の上に働く表現は，$h \mapsto \det h$ である．

上の GL_2 に関する話を $SL(2,\mathbb{C})$ に制限すると，かなりの退化が起こる．例えば，$\pi_\rho := \pi_\rho^{GL}|_{SL(2,\mathbb{C})}$ とおくと，ρ が違っても同値な π_ρ が得られることがある．テンソル積表現の既約分解から離れて，話を $SL(2,\mathbb{C})$ のすべての有限次元既約表現を得ることに限るならば，それは次のようになる．

定理 5.13 ($SL(2,\mathbb{C})$ の有限次元既約表現)**.**

(i) $SL(2,\mathbb{C})$ の有限次元の正則な既約表現は，どれかの対称テンソルの空間 $S^k V_{1,0}, k \geq 0,$ 上に働く $S^k \pi_{1,0}$ に同値である ($k = 0$ のときは，自明表現)．

(ii) $SL(2,\mathbb{C})$ の任意の有限次元の既約表現は，ある正則な既約表現 π と反正則な既約表現 π' とのテンソル積に同値である．

(iii) $S^k \pi_{1,0}$ は，変数 x の高々 k 次の複素係数多項式のなす空間 $P_k[x]$ 上に働く次の表現 U_k に同値である：$h \in SL(2,\mathbb{C})$ に対し，$h^{-1} = \begin{pmatrix} a & b \\ c & d \end{pmatrix}$ とおくと，

$$U_k(h)f(x) \ = \ (cx+d)^k f\left(\frac{ax+b}{cx+d}\right) \quad (f \in P_k[x]).$$

量子力学におけるスピノルの役割

$\pi_{k,n}$ とその複素共役 $\pi_{n,k}$ との直和 $\pi_{k,n}\oplus\pi_{n,k}$ に従う元を階数 (k,n) の**双スピノル**とよぶ．次節に出てくるディラック方程式の波動関数 $\boldsymbol{\psi}(\boldsymbol{x})$ は，階数 $(1,0)$ の双スピノルを値にとる $\boldsymbol{x}\in M^4$ の関数である．

階数 $(1,1)$ のスピノル上の $SL(2,\mathbb{C})$ の表現 $\pi_{1,1}$ と，固有ローレンツ群 $\mathcal{L}_+^\uparrow$ の自然表現 π_1 との同型対応が，$SL(2,\mathbb{C})$ からの被覆写像を与えている．実際，まず，(5.26) の 2×2 型エルミート行列の空間 $\mathcal{Z}$ 上の $SL(2,\mathbb{C})$ の表現 D' は，階数 $(1,1)$ のスピノルの空間 $V_{1,1}$ 上の表現 $\pi_{1,1}$ と同型である (問題 5.12)．$\mathcal{Z}$ に基底 $\sigma_i, 1\le i\le 4$, をとり，$Z=\sum_{1\le i\le 4} x_i\sigma_i$, $g=D(h)$ とおけば，$g\in\mathcal{L}_+^\uparrow$ で，

$$hZh^*=(\sigma_1,\sigma_2,\sigma_3,\sigma_4)\begin{pmatrix}x_1'\\x_2'\\x_3'\\x_4'\end{pmatrix} \quad とすると，\quad \begin{pmatrix}x_1'\\x_2'\\x_3'\\x_4'\end{pmatrix}=g\begin{pmatrix}x_1\\x_2\\x_3\\x_4\end{pmatrix},$$

$$すなわち，\quad (h\sigma_1h^*,h\sigma_2h^*,h\sigma_3h^*,h\sigma_4h^*)=(\sigma_1,\sigma_2,\sigma_3,\sigma_4)g. \tag{5.31}$$

これらの式は，ディラック方程式がローレンツ群に関して共変であることを示すのに重要な働きをする．さらに，被覆写像 D の必要な性質をまとめておこう．

命題 5.14. $Q=\mathrm{diag}(1,-1,1,1)$ とおくと，$h\in SL(2,\mathbb{C})$ に対して，

$$D({}^th)=Q\,{}^tD(h)\,Q^{-1},\quad D(\overline{h})=Q\,D(h)\,Q^{-1},\quad D(h^*)={}^tD(h). \tag{5.32}$$

証明．$h\in SL(2,\mathbb{C})$, $g\in O(3,1)$ に対しては，それぞれ，$h^{-1}=\varepsilon\,{}^th\,\varepsilon$, $\varepsilon=\begin{pmatrix}0&-1\\1&0\end{pmatrix}$, $g^{-1}=J_{3,1}\,{}^tg\,J_{3,1}$, となる．そこで，$D(\varepsilon)=r_{31}(\pi)=\mathrm{diag}(-1,1,-1,1)$ に注意すれば，$D(h^{-1})=D(h)^{-1}$ を変形して第 1 式が得られる．また，複素共役をとれば，$(\overline{\sigma_k})_{1\le k\le 4}=(\sigma_k)_{1\le k\le 4}\,Q$ となり，これから第 2 式を得る．

問題 5.10. 命題 5.11 (i) の可換性を計算によって示せ．

問題 5.11. 連結でない全斉次ローレンツ群 $\mathcal{L}$ の有限次元既約表現 π を部分群 $\mathcal{L}_+^\uparrow$ に制限したときにどんな分解の仕方をするか．どんな可能性があり得るか，論ぜよ．

問題 5.12. (5.26) の 2×2 型エルミート行列の空間 $\mathcal{Z}$ における $SL(2,\mathbb{C})$ の表現 D' は，階数 $(1,1)$ のスピノルの空間 $V_{1,1}$ 上の表現 $\pi_{1,1}$ と同型である (ただし，$\mathbb{C}\otimes_{\mathbb{R}}\mathcal{Z}\cong V_{1,1}$)．これを証明せよ．

5.5　ディラック方程式とその相対論的共変性

アインシュタインの特殊相対性理論は，ニュートン力学と (光を込めた) 電磁気の理論との矛盾を，時間・空間の考え方に革命的な変更を加えて解決したものである．1905 年の発表ののち，人々の多くの検討をへて,「物理法則は，ミンコフスキー空間の変換群としてのローレンツ群に関して共変でなければならない」という一般的な命題として受け入れられることになった．これは,「物理法則を書く方程式は，ローレンツ群による変換に対してしかるべく調和しているべし」ということであり，そこには必然的にローレンツ群の表現が現れる．

用語として，**共変である**というのは，ローレンツ群による変換につれて「しかるべき変換を受ける」ということであって，これは群の表現の言葉で適切に言い表される．他方，**不変である**というのは，もともとは「変換によって動かない量である」ということであるが，物理学上の用語としては「変換によって方程式の形が変わらない」という意味で「共変である」の同義語として用いられることも多い．

ハイゼンベルグ方程式も，さらにパウリ方程式も，ローレンツ群に対して共変ではない．ハイゼンベルグは 1926 年にすでに「量子力学の相対論化」の問題を論じている．パウリも，この点に気づいていて彼の方程式を，スピンの導入には成功したがいまだ中間的な段階のもの，と捉えていたようである．

他方，ディラック (P.A.M. Dirac, 1902–84; ノーベル賞，1933) は 1928 年にクライン–ゴルドン方程式を量子化したものをもとにして，ローレンツ変換に関して共変な方程式として，いわゆるディラック方程式を導いた [Dir1]．これは電子を記述するものであるが，自然にスピン 1/2 が現れる．本節では，これについて説明しよう．

5.5.1　クライン-ゴルドン方程式とディラック方程式

特殊相対論では，エネルギー E について次の恒等式が示される．質点の質量を m, 運動量を $p={}^t(p_1,p_2,p_3)$，光速度を c，とすると，

$$E^2 = m^2c^4 + p^2c^2, \quad p^2 = p_1^2 + p_2^2 + p_3^2,$$

ここで，$E \to i\hbar\partial/\partial t$, $p_k \to (\hbar/i)\partial/\partial x_k$ $(1 \le k \le 3)$, と置き換えて，量子化し，$x_4 = ct$ とおけば，波動関数 ψ に対する方程式

$$(\Box - \kappa^2)\psi = 0,$$
$$\Box := \Delta - \frac{\partial^2}{\partial^2 x_4}, \quad \Delta := \sum_{1\le i\le 3} \frac{\partial^2}{\partial^2 x_i}, \ \kappa = \frac{mc}{\hbar}, \tag{5.33}$$

が得られる．これは，**クライン-ゴルドン** (Klein-Gordan) **方程式**とよばれ，すべての自由粒子 (外の電磁場がない) の波動関数が満たすべきものとされる．

ディラックは，パウリ方程式がスピンの導入には成功したが，相対論的共変性をもたせるのには失敗したことを受けて，この 2 つの要求を同時に満たす新たな方程式を (5.33) から導いた．そのために，波動関数としては，4 成分の (すなわち，$\mathbb{C}^4$ の値をとる) M^4 上の関数 $\boldsymbol{\psi}(\boldsymbol{x}) = {}^t(\psi_1(\boldsymbol{x}), \psi_2(\boldsymbol{x}), \psi_3(\boldsymbol{x}), \psi_4(\boldsymbol{x}))$, $\boldsymbol{x} = {}^t(x_1, x_2, x_3, x_4)$, をとり，方程式としては各 x_k に関して 1 次であって，それを 1 つの因子として 2 次のクライン-ゴルドン方程式が 1 次の方程式の積に分解されるものを求め，行列を係数とする次の方程式を得た．4×4 型の正方行列 $\gamma_k, 1 \le k \le 4$, で反交換関係

$$\gamma_j\gamma_k + \gamma_k\gamma_j = 2g^{jk} \ \ (= 2g^{jk}E_4), \quad (g^{jk})_{1\le j,k\le 4} = -J_{3,1}, \tag{5.34}$$

を満たすもの (**ディラックのガンマ行列**) をとり，

$$(S + \kappa)\boldsymbol{\psi} = \boldsymbol{0}, \quad S = \sum_{1\le k\le 4} \gamma_k \frac{\partial}{\partial x_k}, \ \ \kappa = \frac{mc}{\hbar}, \tag{5.35}$$

とおいたのである．これを**ディラック方程式**とよぶ．

ガンマ行列の反交換関係 (5.34) において，$-J_{3,1} = \mathrm{diag}(1, 1, 1, -1)$ であるから，$\gamma_j\gamma_k + \gamma_k\gamma_j = 0_4$ $(k \ne j)$, $\gamma_j^2 = E_4$ $(1 \le j \le 3)$, $\gamma_4^2 = -E_4$, したがって，$S^2 = \Box$．ゆえに，$\Box - \kappa^2 = (S - \kappa)(S + \kappa)$，したがって，(5.35) の解 $\boldsymbol{\psi}$ に対して，

$$(\Box - \kappa^2)\boldsymbol{\psi} = (S - \kappa)(S + \kappa)\boldsymbol{\psi} = \boldsymbol{0}.$$

よって，クライン-ゴルドン方程式 (5.33) は‘因数分解’され，$\boldsymbol{\psi}$ の各成分 ψ_k は

(5.33) を満たす．具体的には，γ_k は次のように選ばれている：σ_k を (4.3) のようにとり，0_2 を 2×2 型零行列として

$$\gamma_j = \begin{pmatrix} 0_2 & -i\sigma_j \\ i\sigma_j & 0_2 \end{pmatrix} \quad (1\leq j\leq 3), \qquad \gamma_4 = \begin{pmatrix} -i\sigma_4 & 0_2 \\ 0_2 & i\sigma_4 \end{pmatrix}. \tag{5.36}$$

ディラック方程式 (5.35) は，彼の電子論の基礎方程式であるが，今日《こんにち》でも電子の他に，スピン 1/2 の強い相互作用をしない μ 粒子などが満たすべき基本方程式，とされている．はじめディラックは，クライン-ゴルドン方程式は (5.35) によって完全に代替された，と考えたようだが，事実は異なっており，前者は場の量子論においてスピン 0 の自由場の基本方程式として現代も生きている．

ディラック方程式をシュレーディンガー方程式の形に書き直したときの作用素 H を**ディラックハミルトニアン**とよぶが，その具体形は (5.35)–(5.36) からすぐ求まる (読者の宿題とする)：

$$i\hbar\frac{\partial}{\partial t}\boldsymbol{\psi} = H\boldsymbol{\psi}, \qquad H = \sum_{1\leq k\leq 3}\alpha_k\frac{\partial}{\partial x_k} + \beta m. \tag{5.37}$$

5.5.2　クライン-ゴルドン方程式の不変性

群 G が集合 X に作用しているとき，X 上の関数 f にも G が自然に作用する．**2.1** 節で見たようにその作用の公式 (2.1) は，$(R(g)f)(x) = f(g^{-1}x)$ $(x\in X, g\in G)$, である．ここでは，$G = SO_0(3,1), X = M^4, f = \psi$, の場合である．

さて，微分作用素 $\Box$ はダランベール (J. d'Alembert, 1717–83) の名を冠して**ダランベルシアン**とよばれるが，これは見るからに，群 $O(3,1)$ で不変，すなわち，

$$R(g)\cdot\Box = \Box\cdot R(g), \quad R(g)\cdot\Box\cdot R(g)^{-1} = \Box \qquad (g\in O(3,1)), \tag{5.38}$$

である．念のため，これを証明してみよう．

不変性の証明． 簡略記号 $\partial_{x_k} = \partial/\partial x_k$ を用いると，$\Box = (\partial_{x_1})^2 + (\partial_{x_2})^2 + (\partial_{x_3})^2 - (\partial_{x_4})^2$ である．他方，$R(g)\psi(\boldsymbol{x}) = \psi(g^{-1}\boldsymbol{x})$ において，$\boldsymbol{x} = {}^t(x_1,x_2,x_3,x_4), \boldsymbol{x}' = {}^t(x_1',x_2',x_3',x_4') = g^{-1}\boldsymbol{x}$, とおけば，$\boldsymbol{x} = g\boldsymbol{x}'$, したがって，

$$\boldsymbol{\partial}' = \boldsymbol{\partial}\, g, \quad \boldsymbol{\partial} = (\partial_{x_1},\partial_{x_2},\partial_{x_3},\partial_{x_4}),\ \boldsymbol{\partial}' = (\partial_{x_1'},\partial_{x_2'},\partial_{x_3'},\partial_{x_4'}). \tag{5.39}$$

ゆえに，$-\Box = \boldsymbol{\partial} J_{3,1}\,{}^t\boldsymbol{\partial}$, $gJ_{3,1}\,{}^tg = J_{3,1}$, に注意して，

$$\Box' := \boldsymbol{\partial}' J_{3,1}\,{}^t\boldsymbol{\partial}' = \boldsymbol{\partial}\,(gJ_{3,1}\,{}^tg)\,{}^t\boldsymbol{\partial} = \Box. \tag{5.40}$$

この両辺を $R(g)\psi(\boldsymbol{x}) = \psi(g^{-1}\boldsymbol{x})$ に作用してみれば，$R(g)\cdot\Box = \Box\cdot R(g)$ を得る．

5.5.3 ディラック方程式の共変性

2.1 節に与えられた，ベクトル値関数 $\boldsymbol{f}$ に対する変換公式 (2.3) を思い出そう．まず，群 G が変換群として働く集合 X と G の表現 (ϖ', V') をとる．すると，X 上の V'-値関数 $\boldsymbol{f}$ に対する G の作用は，$h \in G$ の $x \in X$ への作用を $h \cdot x$ と書けば，次の公式で与えられる：

$$(T_{\varpi'}(h)\boldsymbol{f})(x) = \varpi'(h)(\boldsymbol{f}(h^{-1}\cdot x)) \quad (x \in X,\ h \in G). \tag{5.41}$$

ここでは，$G = SL(2,\mathbb{C})$, $X = \mathcal{Z} \cong M^4$, $V' = \mathbb{C}^4$, $\boldsymbol{f} = \boldsymbol{\psi}$, である．$h \in SL(2,\mathbb{C})$ の $Z \in \mathcal{Z}$ への作用では，$h\cdot Z = D'(h)Z = hZh^*$ であり，$g = D(h) \in SO_0(3,1)$ が存在して，$\phi(Z) = \boldsymbol{x} = {}^t(x_1, x_2, x_3, x_4)$ に対して，$\phi(hZh^*) = D(h)\phi(Z) = g\boldsymbol{x}$, である．

ディラック方程式 (5.35) において，$\boldsymbol{\psi}$ を変換 $T_{\varpi'}(h)$ で写して $T_{\varpi'}(h)\boldsymbol{\psi}$ に置き換えた式 $(S+\kappa)(T_{\varpi'}(h)\boldsymbol{\psi}) = 0$ がもとの (5.35) 式と同等であるとは，逆変換 $T_{\varpi'}(h)^{-1}$ を左から掛けて，もとにもどればよい．それは，$h \in SL(2,\mathbb{C})$ に対して，

$$T_{\varpi'}(h)^{-1}\cdot S\cdot T_{\varpi'}(h) = S, \quad \text{すなわち，} \quad S\cdot T_{\varpi'}(h) = T_{\varpi'}(h)\cdot S \tag{5.42}$$

が成り立てばよい．これが，方程式が群 $SL(2,\mathbb{C})$ の変換の下で共変である，という意味である．$(S\cdot T_{\varpi'}(h))(\boldsymbol{\psi})(\boldsymbol{x}) = S(\varpi'(h)(\boldsymbol{\psi}(g^{-1}\boldsymbol{x})))$ において，変数変換 $\boldsymbol{x}' = g^{-1}\boldsymbol{x}$ を行えば，1 階偏微分作用素の変換公式 (5.39) により，$\boldsymbol{\partial}' = \boldsymbol{\partial}\,g$ である．$S = (\gamma_1, \gamma_2, \gamma_3, \gamma_4)\,{}^t\boldsymbol{\partial}$, $\boldsymbol{\partial} = (\partial_{x_1}, \partial_{x_2}, \partial_{x_3}, \partial_{x_4})$, と S を $1\times 4, 4\times 1$ 型行列の積の形 (あるいは，ベクトル $\boldsymbol{\gamma} := (\gamma_1, \gamma_2, \gamma_3, \gamma_4)$ と $\boldsymbol{\partial}$ の内積の形) に書いてみれば分かりやすいが，(5.42) 式は，次のように書き直せる．4 次正方行列の空間 $M(4,\mathbb{C})$ の上で，変換

$$\Pi'(h) : Y \mapsto \varpi'(h) Y \varpi'(h^{-1}) \quad (Y \in M(4, \mathbb{C}),\ h \in SL(2, \mathbb{C})) \tag{5.43}$$

は $SL(2,\mathbb{C})$ の表現を与える．行列 $\gamma_j, 1 \le j \le 4$, を基底とする部分空間を $\langle \gamma_j \rangle$ と書くと，それは不変部分空間になって，この基底に関して表現 $h \mapsto g = D(h)$ を実現する．すなわち，(5.42) は次と同値である： $g = D(h)$ として，

$$(\Pi'(h^{-1})\gamma_1, \Pi'(h^{-1})\gamma_2, \Pi'(h^{-1})\gamma_3, \Pi'(h^{-1})\gamma_4) = (\gamma_1, \gamma_2, \gamma_3, \gamma_4) g^{-1}. \tag{5.44}$$

$V' = \mathbb{C}^4$ 上の表現 ϖ' は双スピノル表現 $\pi_{1,0} \oplus \pi_{0,1}$ と同値であって，被覆写像 $D : SL(2,\mathbb{C}) \to SO_0(3,1)$ を通しての $SO_0(3,1)$ の自然表現ではない．そして，上式を満たすように $\pi_{1,0} \oplus \pi_{0,1}$ と同値な表現 ϖ' の具体形を与えるのは容易ではない．ここではまず天下り式に計算結果から与えよう．部分群 $SU(2) \subset SL(2,\mathbb{C})$ については，パウリ方程式の場合 (**4.3**, **4.4** 節) と平行して $\varpi'(u) = \varpi(u) \oplus \varpi(u) = \begin{pmatrix} u & 0 \\ 0 & u \end{pmatrix}$, $\varpi(u) = u\ (u \in SU(2))$, とおく．

ついで，$SO_0(3,1)$ の (x_j, x_4)-平面における双曲的回転よりなる一径数部分群 $v_{k4}(t), 1 \le k \le 3$, に被覆写像 D で写ってくる $SL(2,\mathbb{C})$ の一径数部分群を $a_k(t/2)$ とすると，定理 5.10 の直前に与えられている．表現作用素 $\varpi'(a_k(t/2)), 1 \le k \le 3$, をこの順番で掲げると，

$$\begin{pmatrix} \operatorname{ch} t/2 & 0 & 0 & -\operatorname{sh} t/2 \\ 0 & \operatorname{ch} t/2 & -\operatorname{sh} t/2 & 0 \\ 0 & -\operatorname{sh} t/2 & \operatorname{ch} t/2 & 0 \\ -\operatorname{sh} t/2 & 0 & 0 & \operatorname{ch} t/2 \end{pmatrix},$$
$$\begin{pmatrix} \operatorname{ch} t/2 & 0 & 0 & i \operatorname{sh} t/2 \\ 0 & \operatorname{ch} t/2 & -i \operatorname{sh} t/2 & 0 \\ 0 & i \operatorname{sh} t/2 & \operatorname{ch} t/2 & 0 \\ -i \operatorname{sh} t/2 & 0 & 0 & \operatorname{ch} t/2 \end{pmatrix}, \tag{5.45}$$
$$\begin{pmatrix} \operatorname{ch} t/2 & 0 & -\operatorname{sh} t/2 & 0 \\ 0 & \operatorname{ch} t/2 & 0 & \operatorname{sh} t/2 \\ -\operatorname{sh} t/2 & 0 & \operatorname{ch} t/2 & 0 \\ 0 & \operatorname{sh} t/2 & 0 & \operatorname{ch} t/2 \end{pmatrix}.$$

この公式は具体的ではあるが，統一性に欠ける．また，その証明の計算もややこしい．そこで，表現 (ϖ', V') と同値であり，もっと簡単な形の表現 (ϖ'', V'') を求めたい．そのために，まず次のことに注意する．$\pi_{0,1}(h) = \overline{h} = \varepsilon h^{*-1}\varepsilon$, $\varepsilon = \begin{pmatrix} 0 & -1 \\ 1 & 0 \end{pmatrix}$，であるから，表現 $\pi_{0,1}$ は $\pi'_{0,1}(h) := h^{*-1}$ に同値である．したがって，

$$\varpi''(h) := \pi_{1,0}(h) \oplus \pi'_{0,1}(h) = \begin{pmatrix} h & 0 \\ 0 & h^{*-1} \end{pmatrix}$$

ととる．すると，ϖ' から ϖ'' への同値写像 $U : V' \in v' \mapsto v'' = Uv' \in V'' = \mathbb{C}^4$, として，次のユニタリ行列 U によるものがとれる：

$$U = \frac{1}{\sqrt{2}} \begin{pmatrix} 1_2 & -1_2 \\ 1_2 & 1_2 \end{pmatrix}, \quad U^{-1} = {}^tU. \tag{5.46}$$

問題 5.13. U が同値を与えることを示せ．　〔ヒント：$U^{-1}\,\varpi''(h)\,U = \varpi'(h)$ を $h \in SU(2)$, $h = a_k(t/2)$ の場合にそれぞれ計算せよ．〕

この変換によって，V'- 値の波動関数 $\boldsymbol{\psi}(\boldsymbol{x})$ から V''- 値の波動関数 $\boldsymbol{\phi}(\boldsymbol{x}) := U(\boldsymbol{\psi}(\boldsymbol{x}))$ にディラック方程式 (5.35) を書き直そう．$U \cdot (S + \kappa)\boldsymbol{\psi} = (U \cdot S \cdot U^{-1} + \kappa)\boldsymbol{\phi} = 0$ であるから，ディラックのガンマ行列 γ_k を U によって，$\Gamma_k := U\gamma_k U^{-1}$ と変換するべきである．すると，次式を得る：

$$\Gamma_k = \gamma_k = \begin{pmatrix} 0_2 & -i\,\sigma_k \\ i\,\sigma_k & 0_2 \end{pmatrix} \ (1 \le k \le 3), \quad \Gamma_4 = \begin{pmatrix} 0_2 & -i\,\sigma_4 \\ -i\,\sigma_4 & 0_2 \end{pmatrix}. \tag{5.47}$$

定理 5.15. (i)　波動関数 $\boldsymbol{\phi}(\boldsymbol{x}) := U(\boldsymbol{\psi}(\boldsymbol{x}))$ に対するディラック方程式は，次で与えられる：

$$(S^U + \kappa)\boldsymbol{\phi} = 0, \quad S^U = \sum_{1 \le k \le 4} \Gamma_k \partial_{x_k}, \ \ \partial_{x_k} = \frac{\partial}{\partial x_k}. \tag{5.48}$$

(ii)　上の方程式は，ローレンツ群の普遍被覆群 $SL(2, \mathbb{C})$ の下《もと》で共変である．

$\boldsymbol{\phi} = {}^t(\phi_1, \phi_2, \phi_3, \phi_4)$ に対して，$\boldsymbol{\phi}_+ := {}^t(\phi_1, \phi_2)$, $\boldsymbol{\phi}_- := {}^t(\phi_3, \phi_4)$, とおいて，$\boldsymbol{\phi} = \boldsymbol{\phi}_+ \oplus \boldsymbol{\phi}_-$ と直和に分解する．これは，表現 (ϖ'', V'') の直和分解に即した

分解である．すると，$h \in SL(2,\mathbb{C})$ に対して，$g = D(h)$ として，

$$(T_{\varpi''}(h)(\boldsymbol{\phi}_+ \oplus \boldsymbol{\phi}_-))(\boldsymbol{x}) \;=\; h\,\boldsymbol{\phi}_+(g^{-1}\boldsymbol{x}) \oplus h^{*-1}\boldsymbol{\phi}_-(g^{-1}\boldsymbol{x}) \tag{5.49}$$

と表現 $T_{\varpi''}$ が直和になり，またディラックの方程式 (5.48) は次になる：

$$\begin{cases} -i(\sigma_1\partial_{x_1} + \sigma_2\partial_{x_2} + \sigma_3\partial_{x_3} + \sigma_4\partial_{x_4})\boldsymbol{\phi}_- + \kappa\boldsymbol{\phi}_+ = 0, \\ \;\;\, i(\sigma_1\partial_{x_1} + \sigma_2\partial_{x_2} + \sigma_3\partial_{x_3} - \sigma_4\partial_{x_4})\boldsymbol{\phi}_+ + \kappa\boldsymbol{\phi}_- = 0. \end{cases} \tag{5.50}$$

定理の証明. (i) は読者の演習問題として残し，(ii) だけ証明する．

ディラック方程式 (5.35) の場合と同様に，$\Pi''(h)Y := \varpi''(h)Y\varpi''(h^{-1})$，$\varpi''(h) = \begin{pmatrix} h & 0_2 \\ 0_2 & h^{*-1} \end{pmatrix}, h \in SL(2,\mathbb{C})$，とおくと，$M(4,\mathbb{C})$ 上の表現を得るが，部分空間 $\langle \Gamma_k \rangle$ において，その基底 $\Gamma_1, \cdots, \Gamma_4$ に関して，

$$(\Pi''(h)\Gamma_1, \Pi''(h)\Gamma_2, \Pi''(h)\Gamma_3, \Pi''(h)\Gamma_4) = (\Gamma_1, \Gamma_2, \Gamma_3, \Gamma_4)D(h)$$

が示されればよい．$4 = 2+2$ の分解に従ったブロック型の表示において，$\varpi''(h)$ は対角型であるから，(5.35) では，(1, 2) および (2, 1) ブロックを調べればよい．これらは (5.50) の上式，下式に対応し，係数 $-i, i$ を除けば，それぞれ次の等式になる：

$$(h\sigma_1 h^*, h\sigma_2 h^*, h\sigma_3 h^*, h\sigma_4 h^*) = (\sigma_1, \sigma_2, \sigma_3, \sigma_4)D(h), \tag{5.51}$$

$$(h^{*-1}\sigma_1 h^{-1}, h^{*-1}\sigma_2 h^{-1}, h^{*-1}\sigma_3 h^{-1}, -h^{*-1}\sigma_4 h^{-1}) = (\sigma_1, \sigma_2, \sigma_3, -\sigma_4)D(h). \tag{5.52}$$

第 1 の等式は (5.31) 式そのものである．第 2 の等式の左辺と右辺はそれぞれ，$-(\sigma_1, \sigma_2, \sigma_3, \sigma_4)D(h^{*-1})J_{3,1}$，$-(\sigma_1, \sigma_2, \sigma_3, \sigma_4)J_{3,1}D(h)$，となる．したがって，証明すべきは，等式 $D(h^{*-1})J_{3,1} = J_{3,1}D(h)$ である．他方，命題 5.14 によって，$D(h^{*-1}) = {}^tD(h)^{-1}$．また，$g = D(h) \in O(3,1)$ だから，$g^{-1} = J_{3,1}{}^t g J_{3,1}^{-1}$．これらから，求める等式が得られる．　□

上で見たように U を使って**書き換えたディラック方程式** (5.48) に対しては，

(1) 表現 $\varpi''(h)$ が対角型で見やすい ((5.49) を見よ．また，$SU(2)$ では，

$\varpi''(u) = \pi(u) \oplus \pi(u))$,

(2) $SL(2,\mathbb{C})$ の下での共変性の証明が見やすい (定理の証明),

(3) クライン-ゴルドン方程式との関係が簡明である ((5.50) を見よ),

といった利点がある．実は，もともとのディラック方程式 (5.35) で，(1)，(2) に関する計算が非常にややこしかったので，その検算のためにもこちらでの計算を実行してみたのである．(物理書における共変性の証明については，例えば [長島, **3.5**] 参照.)

群の表現の役割，方程式の共変性との関係，などを具体的な計算によって，体得してもらうことを目的として，ここではかなり詳しくゆっくりと話を進めた．読者の感想や如何に．

特殊相対性理論の誕生の機縁となった，電磁場の理論については，マクスウェルの方程式とそのローレンツ群の下での共変性を [平井 II, 第 24 章] で解説してある．

5.5.4 古典力学の角運動量と量子力学の軌道角運動量およびスピン

質量 m の質点が速度 $\boldsymbol{v} = {}^t(v_1, v_2, v_3)$ で運動しているときの運動量は $\boldsymbol{p} = m\boldsymbol{v}$ である．原点 O に関する位置ベクトルを $\boldsymbol{r} = {}^t(x_1, x_2, x_3)$ とすると，O に関するその質点の**角運動量**とは，ベクトル積 $\boldsymbol{r} \times \boldsymbol{p}$ のことである．その大きさは O に関する面積速度の $2m$ 倍である．

量子力学においては，**軌道角運動量**を表す演算子は，運動量の演算子 $\boldsymbol{P} = -i\hbar\nabla = (-i\hbar\partial/\partial x_1, -i\hbar\partial/\partial x_2, -i\hbar\partial/\partial x_3)$ を用いて，$\boldsymbol{L} = \boldsymbol{r} \times \boldsymbol{P}$ と与えられる，すなわち，

$$\boldsymbol{L} = -i\hbar\left(x_2\frac{\partial}{\partial x_3} - x_3\frac{\partial}{\partial x_2},\ x_3\frac{\partial}{\partial x_1} - x_1\frac{\partial}{\partial x_3},\ x_1\frac{\partial}{\partial x_2} - x_2\frac{\partial}{\partial x_1}\right). \qquad (5.53)$$

注意 5.3. 3 次元ベクトル同士のベクトル積は，次の 2 条件を満たす双 1 次の積である：(i) $\boldsymbol{e} \times \boldsymbol{f} = -\boldsymbol{f} \times \boldsymbol{e}$，(ii) 単位座標ベクトルを，$\boldsymbol{e}_1, \boldsymbol{e}_2, \boldsymbol{e}_3$ とすると，$\boldsymbol{e}_1 \times \boldsymbol{e}_2 = \boldsymbol{e}_3$，および，3 つの添数を巡回的に回した式が成立する．

この軌道角運動量の演算子 $\boldsymbol{L}$ の成分を $L_{x_1}, L_{x_2}, L_{x_3}$，と書くと，それらは **3.7** 節の回転群 $SO(3)$ の表現 R に対する無限小作用素の表示式 (3.56) から分かる

ように，$R(X_{23}), R(X_{31}), R(X_{12})$, と対応している．したがって，次の交換関係を満たすことが分かる：

$$[L_{x_1}, L_{x_2}] = -i\hbar L_{x_3}, \quad [L_{x_2}, L_{x_3}] = -i\hbar L_{x_1}, \quad [L_{x_3}, L_{x_1}] = -i\hbar L_{x_2}\,. \tag{5.54}$$

よって，$\boldsymbol{L}$ の大きさを表す演算子を L とすると，$L^2 = L_{x_1}^2 + L_{x_2}^2 + L_{x_3}^2$ と各 L_{x_k} とは互いに可換である (**4.5** 節，注意 4.4 参照)．このことは，L と例えば L_{x_3} とは，観測によって同時に決定し得ることを意味する．そして，第 3 章 **3.7** 節の結果をこの局面に翻訳すると，軌道角運動量の大きさ L とその 1 成分のとり得る値は，$\sqrt{\ell(\ell+1)}\,\hbar\ (\ell = 0, 1, 2, \cdots)$ および，これに対して $m\hbar\ (-\ell \leq m \leq \ell)$ の $2\ell + 1$ 個の可能性がある．

量子的粒子には，軌道角運動量の他にスピン角運動量とよばれる角運動量があるが，これは粒子自身が広がりをもたなくても現れるものであって，粒子の波動関数によって決まる．この 2 種の角運動量の和を全角運動量という．ディラック方程式を満たす粒子ではそれは次式で与えられる：

$$\boldsymbol{J} = \boldsymbol{L} + (\hbar/2)\,\widetilde{\boldsymbol{\sigma}}, \quad \widetilde{\boldsymbol{\sigma}} = (\widetilde{\sigma_1},\, \widetilde{\sigma_2},\, \widetilde{\sigma_3}), \quad \widetilde{\sigma_k} = \begin{pmatrix} \sigma_k & 0_2 \\ 0_2 & \sigma_k \end{pmatrix}. \tag{5.55}$$

$\boldsymbol{S} = (\hbar/2)\,\widetilde{\boldsymbol{\sigma}}$ は電子の**スピン角運動量**を表す．また，(5.37) 式のディラックハミルトニアン H に対して，$\boldsymbol{L}$ は H と可換ではないので保存量ではないが，$\boldsymbol{J} = \boldsymbol{L} + \boldsymbol{S}$ は H と可換になるので保存量である．

また，ディラックはスピン磁気能率やトーマス因子もこの方程式から自然に出てくることを示した．

問題 5.14. $\boldsymbol{L}$ と H は可換でないこと，および，$\boldsymbol{J}$ と H は可換であること，を示せ．

◆閑話休題 10 ◆

パウリ方程式の波動関数 $\boldsymbol{\psi}(\boldsymbol{x}) = {}^t(\psi_+(\boldsymbol{x}), \psi_-(\boldsymbol{x}))$ は (1, 0) 型スピノルの値をとる $E^3 \times \mathbb{R}$ 上の関数である．ただし，ここでは，群はユニタリ群 $SU(2) \subset SL(2, \mathbb{C})$ に制限されている．また，ディラック方程式の波動関数 $\boldsymbol{\psi}(\boldsymbol{x}) = {}^t(\psi_1(\boldsymbol{x}), \psi_2(\boldsymbol{x}); \psi_3(\boldsymbol{x}), \psi_4(\boldsymbol{x}))$ は，$(1, 0) \oplus (0, 1)$ 型の双スピノルを値にとる M^4 上の関数である．

これらはスピン 1/2 をもつ粒子 (電子など) を記述する方程式である．時空の空間 M^4 の変換群であるローレンツ群で変換される量 (量子力学ではベクトル，テンソルとよぶ) だけでは不足であって，ローレンツ群の 2 価の表現によって変換されるスピノルなる量を導入しなければならなかったことは，当時活躍していた量子力学の研究者をはじめとして，物理学者にとって，非常な驚きであったらしい．

朝永振一郎著『スピンはめぐる』の「第 7 話 ベクトルでもテンソルでもない量 — スピノル族の発見と物理学者の驚き —」において，スピンという共変量の発見と導入についての物理学者の側《がわ》からの述懐が，終わり近くに約 1 頁半にわたって述べてある．(ここでの用語では，ベクトル，テンソルとは，時空の空間 M^4 の変換群であるローレンツ群の 1 価の表現に従う共変量のことである．)

> 「共変量の仲間に迎えられたこの新しい量は，エーレンフェストによってスピノルと名付けられました．(中略) 長い間，実に長い間，このような共変量が存在しようとは物理学者のだれ一人考えていなかったことです．第 3 話でちょっと名前を引用したダーウィンは，ディラック論文の直後に論文を書き，そのなかでディラック方程式をなんとかしてテンソル形にしたいという自分の試みの失敗を述べ，････ (中略)
>
> またエーレンフェストも，1932 年に書いた小さな論文のなかで，次のように言っています．“ ････· 等方的な三次元空間やミンコウスキの四次元世界の中に神秘的なスピノル族という種族が棲んでいるという薄気味悪い報告が，相対論が世に出て (テンソル算法が生まれて) から 20 年たって，パウリやディラックの仕事があらわれるまで，どこのだれからも出されなかったとは，どう考えてもおかしなことだ” と．
>
> 今日の話はたいへん数学的で，数式ばかり多くて恐縮でした．しかし，なにしろ相手は “相対論が出てから 20 年” もの間，誰にもしっぽをつかまえられなかった「神秘的な種族」なのです．(以下略)」

現代の我々は，この述懐にぴったり感情移入するにはすでに多くのことを知りすぎているかも知れない．しかし，先人の飾らぬ感懐にいささか感ずるところはあろう．我々自身は，ここにとどまらずに先人を超えて先へ先へと進むのがよろしかろう．

5.6 有限次元表現から無限次元表現への飛躍

5.6.1 物理系の対称性の群と無限次元表現への道

物理学におけるひとつの系に対して，その対称性はひとつの群 G をなし，その系を解析するのに，対称性の群 G の作用や表現が重要な役割を果たす．例えば，系を記述する方程式は，G の下で不変もしくは共変でなければならない．このことは，数学における群の表現の研究に対する大きな動機づけのひとつである．

逆に，系に対する共変性は，ときには非常に大きな働きをする．ニュートン力学において，ユークリッド運動群の下での共変性がいかに重要な役割を果たしているかについては，[平井 II, 第 18 章] に詳しく述べた．また，ディラックは彼の方程式を導いた論文 (1928) で，“電子に対して，相対論の要請と変換理論の要請とをともに満たす最も簡単な方程式を考えると，スピン現象は，それ以外何の仮定もしないで，すべてちゃんと導き出せる” と書いている．

本書では，第 3 章以降，量子力学や，アインシュタインの特殊相対論において，回転群 $SO(3)$ やローレンツ群 $SO_0(3,1)=\mathcal{L}_+^{\uparrow}$，あるいはそれらの普遍被覆群 $SU(2), SL(2,\mathbb{C})$ の下での共役性について述べてきたが，目下までのところ，表《おもて》に現れてきたのは有限次元の群の表現 (テンソルやスピノルなど) であった．しかし，波動関数 $\psi(x), x={}^t(x_1,x_2,x_3)$, に働く表現 R (第 3 章) や 2 成分ベクトル値波動関数 $\boldsymbol{\psi}(x)$ に働く T_{ϖ} (第 4 章)，また 4 成分ベクトル値波動関数 $\boldsymbol{\psi}(\boldsymbol{x}), \boldsymbol{x}={}^t(x_1,x_2,x_3,x_4)$, に働く表現 $T_{\varpi'}$ (第 5 章) は，もともと無限次元の関数空間を相手にしている．

回転群やユニタリ群の場合には，これらの表現は有限次元の既約表現の直和に分解される (定理 3.5–3.6，定理 4.8 参照)．しかし，ローレンツ群 $\mathcal{L}_+^{\uparrow}$ や $SL(2,\mathbb{C})$ の場合には，事情が全く違う．ディラック方程式 (5.35) の 1 階の微分作用素 S は，$SL(2,\mathbb{C})$ の作用 $T_{\varpi'}(h)$ と可換であるから，S の固有値 λ の固有空間

$$V(S,\lambda) := \{\, \boldsymbol{\psi}\,;\, S\,\boldsymbol{\psi}=\lambda\,\boldsymbol{\psi} \,\}$$

は $T_{\varpi'}(h)$ で不変である．したがって，$V(S,\lambda)$ に制限すると，一般には無限次元の $SL(2,\mathbb{C})$ の表現が現れる ($\boldsymbol{\psi}$ 全体の空間をどう設定するかによるが)．

さて，無限次元の表現が自然に現れること，それらを正当なものとして受け入

れねばならぬこと，等々の原因は主として「群が局所コンパクトではあるが，コンパクトではない」ことに求められる．ここに，ディラックが量子力学における考察から，世界で初めてローレンツ群の無限次元のユニタリ表現に注目し，ウイグナー (E. Wigner, 1902–1995; ノーベル賞，1963) などにその研究を勧めた理由がある．このとき，表現の「ユニタリ性」は,「波動関数の確率解釈」などの物理的要請から出てきたものであり,「無限次元」というのは,「有限次元の既約ユニタリ表現は自明なものしかない，すなわち，テンソルやスピノルによる (自明でない) 表現はすべてユニタリでない」という理由による．もちろん，既約な無限次元ユニタリ表現が存在することは証明を要する．

これはまた，数学者が「群の無限次元の表現」(最初はユニタリ表現，のちには非ユニタリな表現も込めて) の研究へと挑戦的に踏み込んでいく最初のそして決定的な動機を与えたのである．物理学者が先んじて手をつけ，それに勇気づけられて数学者がより広汎な研究を開始したのだが，その辺の機微については，[平井 II, 第 23 章] に詳しい．論文が引き続いて出たのは，第 2 次世界大戦後だが研究自体は戦争中に始まっていたのであろう．

さて，本書では，前著 [平井 II] と内容が重なるのを避けて,「無限次元表現への飛躍」に関する機微は省略し，次節で無限次元表現について説明することとする．

5.6.2　群の表現と物理法則の共変性についてのまとめ

次節に移る前に，いままでの「群の表現と物理学」の話の総まとめをしておきたい.『数学辞典』や『理化学辞典』は各項目の容量が限られているので，そこでの叙述は端的に的確にまとめられている．それだけにその短い文章の内容を理解するには読者にそれだけの素養を要求する．ここまで学習を続けてこられた読者諸君には，次の部分的な引用をも体験的に理解して頂けるであろう．

1.「諸種の物理量の，2 つの定常状態間の行列要素を求めるのに，表現論が用いられる．物理量は座標変換にさいして一定の法則で変換される．(後略)」([数学，量子力学]) (ここで,「表現論」=「群の表現の理論」)

2.「特殊相対性理論においては，$\mathcal{L}_+^\uparrow$ の元 g は系の対称性を表す.」([数学，ローレンツ群])

3.「特殊相対性理論においては，物理量はミンコフスキー空間の時空のテンソル (スカラー，ベクトルなどを含む) によって表現され，物理法則はローレンツ変換に対するテンソル方程式で書かれねばならない．この要求は，特殊相対性理論を数学的に表現したものとみられる．(中略) 以上を数学的に要約すると，特殊相対性理論は‘ローレンツ群に対する不変式論’であるということができる．(以下略)」([数学，相対性理論])

4.「相対論的物理法則はローレンツ群で変換されるスピノルやテンソルで表される物理量の間の共変的な関係式で与えられる.」([理化学，ローレンツ変換])

5.「特殊相対論では物理法則はすべてローレンツ群の表現の基底を用いて表され，スカラー，ベクトル，テンソルのほかにスピノルが現われる.」([理化学，ローレンツ群])

5.7 無限次元ユニタリ表現と誘導表現

5.7.1 リー群の有限次元の表現の理論とその応用

数学的な面からみれば，カルタン (É. Cartan, 1869–1951) は，1910 年代には，微分幾何学的方法を用いて，有限次元単純リー環の分類や構造の研究を終わり，ついで既約表現の分類を完成している．これは，対応するリー群，とくに半単純リー群といわれるもの，の有限次元表現の理論が原理的にはでき上がったことになる．しかし，原理はできても，個別的にやるべきことはいくらでも残っているわけである．(注： 単純複素リー環の分類については，**7.2.3** の「トピックス 1」を参照，単純実リー環の分類については，**8.1.1** の「トピックス 3」を参照.)

ワイル (1885–1955) は，1925 年に，いわゆるコンパクトな古典型の群について，既約表現の分類，既約指標の決定，自然表現のテンソル積表現の既約分解と対称群の表現との関係，などについての結果を発表した．その後，これは，相互に深く関連する不変式論を込めて，1 冊の本にまとめられ，初版が 1939 年に出て，版を重ねて，現在に至るまで読みつがれている．それは，私も熱心に読んだ本で，

H. Weyl, *The Classical Groups* (副題：*Their Invariants and Representations*), Princeton University Press,

である．その後も，現在に至るまで新しい問題の展開とともに有限次元表現の研究も続いている．

自然科学への応用についても，有限群の表現とともにリー群の有限次元の表現は，結晶学，化学や，量子力学，素粒子論などの物理学に対して，ますます活発にその研究が進んでいる．

5.7.2 非斉次ローレンツ群の既約ユニタリ表現の構成法の一般化

ウィグナーの次の論文はディラックの示唆を受けて，世界で初めて，既約な無限次元ユニタリ表現を取り扱ったものである：

A. Wigner, On unitary representations of the inhomogeneous Lorentz group, Annals of Mathematics, **40**(1939), 149-204.

その Introduction の最後の謝辞のところを引用すると，

Acknowlegements. The subject of this paper was suggested to me as early as 1928 by P. M. A. Dirac who realized even at that date the connection of representations with quantum mechanical equations. I am greatly indebted to him also for many fruitful conversations about this subject, especially during years 1934/35, the outgrowth of which the present paper is.

I am indebted also to J. v. Neumann for his help and friendly advice.

無限次元既約ユニタリ表現への入門として，この論文の主要結果を現代風にまとめてみよう．非斉次ローレンツ群 $G := \mathcal{P}_+^\uparrow$ は，平行移動の部分群 (= 並進群) $A := \mathbb{R}^4$ と斉次ローレンツ群 $L := \mathcal{L}_+^\uparrow$ との半直積 $G = A \rtimes L$ である．

一般には，局所コンパクト群 G が可換群 A と閉部分群 L との半直積 $A \rtimes L$ となっている場合に適用できる方法をウィグナーが発明した．可換群 A のポントリャーギン双対 $\widehat{A}$ とは A の連続なユニタリ指標全体のなす群，であるが，A 上の関数を $\widehat{A}$ の元によって展開する「一般化されたフーリエ変換」の理論を基礎にしている．(ウィグナーの場合には古典的なフーリエ変換が基礎である.) その方法を説明する．

群 A には，L が共役によって $\ell \cdot a := \ell a \ell^{-1}$ と作用するので，その双対 $\widehat{A}$ にも自然に作用することになる： $\ell \cdot \chi := \chi(\ell^{-1} \cdot a)$. (これを coadjoint action という.) $\widehat{A}$ の L による軌道の集合を $\widehat{A}/L$ と書く．1つの軌道 Ω をとり，その代

表元 $\chi \in \Omega$ をとる．そして，χ の固定部分群 $L(\chi) := \{\ell \in L\,;\, \ell \cdot \chi = \chi\}$ をとる．

半直積群に対する表現の構成方法：

1. 対《つい》 $(\chi, L(\chi))$ に対し，G の部分群 $H := A \rtimes L(\chi)$ をとる．$L(\chi)$ の既約ユニタリ表現 π をとる．H の既約ユニタリ表現が $(\chi \cdot \pi)((a, \ell)) := \chi(a)\pi(\ell), (a, \ell) \in H$, とおいて得られる．(これが表現になっていることを証明せよ.)

2. 部分群 H から G へ上の表現をユニタリ誘導すると，ユニタリ表現 $\Pi(\chi, \pi)$ を得る：

$$\Pi(\chi, \pi) := \mathrm{Ind}_H^G(\chi \cdot \pi).$$

多くの場合に，この表現が既約になり，また同値関係を除いてすべての既約ユニタリ表現がこうして得られる．

5.7.3　誘導表現の方法

ここではやや先走って，形式的ではあるが，**誘導表現**の一般論を述べておく．初心者は一応読んでおく，ということでよかろう．

局所コンパクト群 G とその閉部分群 H に対して，H のユニタリ表現 ϖ (変形パイ) を G に (ユニタリ) **誘導する**とは，次の手続きに従って，G のユニタリ表現 $\Pi = \mathrm{Ind}_H^G \varpi$ を構成することである．

Π の表現空間

ϖ の表現空間を V とし，そこでのノルムを $\|v\|, v \in V$, と書く．Π の表現空間を作るには，まず，G 上の V-値連続関数 $f(g)$ で次の条件を満たすもの全体のなすベクトル空間 $\mathcal{C}_\varpi$ をとる：

(F1)　$f(gh) = \varpi(h)^{-1}(f(g))$　$(g \in G, h \in H)$,

(F2)　集合 $\{g \in G ; f(g) \neq 0\}$ は H-右剰余類の空間 G/H で相対コンパクト．

$f \in \mathcal{C}_\varpi$ に対して，ϖ がユニタリなので，$\|f(gh)\|_V = \|\varpi(h)(f(g))\|_V = \|f(g)\|_V$ となり，これは $\Omega := G/H$ 上の台がコンパクトな連続関数となる．元 g を含む剰余類 gH を $\dot{g} = \omega$ と書くと，g_0 の作用は $g_0\dot{g} = g_0 \cdot \omega = g_0(gH) =$

$(g_0g)H = (g_0g)^{\cdot}$ となる．均質空間 Ω の上のルベーグ測度 μ で G の作用について準不変 (例 2.5 参照) であって，ヤコビアン

$$J(\omega, g_0) := \frac{d(g_0\mu)}{d\mu}(\omega) = \frac{d\mu({g_0}^{-1} \cdot \omega)}{d\mu(\omega)} \quad (\omega \in \Omega, g_0 \in G)$$

が ω につき連続になるものが存在する．この μ を用いて，$f \in \mathcal{C}_{\varpi}$ のノルムを

$$\|f\|^2 := \int_{G/H} \|f(g)\|_V^2 \, d\mu(\dot{g}) \quad (\dot{g} = gH \in G/H) \tag{5.56}$$

によって導入する．このノルムに関して $\mathcal{C}_{\varpi}$ を完備化するとヒルベルト空間 $\mathcal{H}$ を得る．これが，誘導表現 Π の表現空間である．

Π の表現作用素

表現作用素 $\Pi(g_0)$ は次式によって与えられる：

変換公式 **3**：

$$(\Pi(g_0)f)(g) := \left(\frac{d\mu({g_0}^{-1} \cdot \omega)}{d\mu(\omega)}\right)^{1/2} f({g_0}^{-1}g) \quad (g_0, g \in G). \tag{5.57}$$

この変換公式から，$\|\Pi(g_0)f\| = \|f\|$ が分かる．さらに，これでちゃんとユニタリ表現が得られていることを知るには，(i) $\mathcal{H}$ が確かにヒルベルト空間になっていること，(ii) 写像 $G \ni g_0 \mapsto \Pi(g_0)f \in \mathcal{H}$ が連続であること，などを証明しなければならない．これは，難しくはないがやや煩雑となるので，ここでは省略する．また，誘導表現 $\mathrm{Ind}_H^G \varpi$ の別の形の実現として，G 内に G/H の適当な断面 X をとって，X 上のある L^2 空間を表現空間にとることもできる．その場合は，上の変換公式 3 は，(2.21) の変換公式 2 の一般化と捉えられる．

5.7.4 非斉次ローレンツ群の既約ユニタリ表現

ウィグナーの非斉次ローレンツ群の場合には本来の意味のフーリエ変換が用いられる．そして，**5.7.2**〜**5.7.3** の方法によって，既約表現が得られ，それが互いに同値でない既約ユニタリ表現すべてを与える．

$A = \mathbb{R}^4$ のポントリャーギン双対 $\widehat{A}$ は次の意味で $\mathbb{R}^4$ に同型である．$x = {}^t(x_1, x_2, x_3, x_4) \in A$, $\xi = {}^t(\xi_1, \xi_2, \xi_3, \xi_4) \in \mathbb{R}^4$, に対して，

$$\chi_\xi(x) := e^{i\langle x,\xi\rangle}, \quad \langle x,\xi\rangle := \sum_{1\le j\le 4} x_j\xi_j,$$

とおけばよい．元 $\ell \in L = \mathcal{L}_+^\uparrow$ の $x \in A$ への作用は行列とベクトルの積 ℓx である．その双対の作用として，$\xi \in \widehat{A}$ に対しては，$\ell\cdot\xi = {}^t\ell^{-1}\xi$ である．実際，$\langle \ell x,\xi\rangle = \langle x, {}^t\ell\xi\rangle$ であるから．

$\widehat{A} \cong \mathbb{R}^4$ に L の作用で不変な内積 $\langle\xi,\xi\rangle_L = -{\xi_1}^2 - {\xi_2}^2 - {\xi_3}^2 + {\xi_4}^2$ を導入する．例 1.8 で，$n=3$ とおいた場合は，$SO_0(3,1) = \mathcal{P}_+^\uparrow$ が $M^4 \cong \mathbb{R}^4$ に，$x \mapsto \ell x$ によって作用していたが，今回は，$\xi \mapsto {}^t\ell^{-1}\xi$ によって作用している．${}^t\ell^{-1} = J_{3,1}\ell J_{3,1}^{-1}$ であるから，L による軌道分解の様子は両者において全く同様である．例 1.8 から引用すると，軌道は次の 4 種類がある：

(1) 二葉双曲面 L_R^ε，(2) 一葉双曲面 S_R，(3) 光錐 C^ε，(4) 原点 $\{O\}$.

これらの各軌道に代表元 ξ をとり，指標 χ_ξ の (したがって，ξ の) 固定部分群 $L(\chi_\xi) = L(\xi)$ を決めておこう．ξ の空間の単位座標ベクトルを $\boldsymbol{e}_1, \boldsymbol{e}_2, \boldsymbol{e}_3, \boldsymbol{e}_4$ と書く．

(1)　代表元 $\xi = \varepsilon R\boldsymbol{e}_4 = {}^t(0,0,0,\varepsilon R)$，固定部分群 $L(\xi) = \{\ell \in SO_0(3,1)\,;\ \ell\,\boldsymbol{e}_4 = \boldsymbol{e}_4\} \cong SO(3)$. 被覆写像 D の原像は $SU(2)$ である．それらの既約表現の分類と構成は，第 3 章，第 4 章で分かっている．

(2)　代表元 $\xi = R\boldsymbol{e}_2 = {}^t(0,R,0,0)$，固定部分群 $L(\xi) = \{\ell \in SO_0(3,1)\,;\ \ell\,\boldsymbol{e}_2 = \boldsymbol{e}_2\} \cong SO_0(2,1)$. 被覆写像 D の原像は $SL(2,\mathbb{R})$ である．

(3)　代表元 $\xi = {}^t(0,0,\varepsilon,\varepsilon)$，固定部分群 $L(\xi) \cong SO(2) \ltimes \mathbb{R}^2$ であるが，その具体形は次のように与えられる．$SO(2)$-成分，$\mathbb{R}^2$-成分はそれぞれ，

$$\begin{pmatrix} u & 0_2 \\ 0_2 & 1_2 \end{pmatrix}\ ;\quad n(y) := \begin{pmatrix} 1_2 & y & y \\ -{}^ty & 1-\|y\|^2/2 & -\|y\|^2/2 \\ {}^ty & \|y\|^2/2 & 1+\|y\|^2/2 \end{pmatrix},\quad y = \begin{pmatrix} y_1 \\ y_2 \end{pmatrix};$$

(ここに，$u \in SO(2)$，$y \in \mathbb{R}^2$) のなす部分群である．$n(y)n(y') = n(y+y')$ $(y, y' \in \mathbb{R}^2)$ であるから，$n(y) \mapsto y \in \mathbb{R}^2$ が同型対応を与える．

(4)　代表元 O の固定部分群は斉次ローレンツ群 $\mathcal{L}_+^\uparrow$ 全体である．その D による原像は $SL(2,\mathbb{C})$ である．

問題 5.15. 上の (1), (2), (3) それぞれの場合に固定部分群 $L(\xi)$ を計算してみよ.〔ヒント：${}^t\ell^{-1}\xi = \xi$ は，${}^t\ell^{-1} = J_{3,1}^{-1}\ell J_{3,1}$ であるから，${}^t\ell\xi = \xi$，または，$\ell\xi' = \xi'$, $\xi' = J_{3,1}\xi$，に同値である.〕

5.7.5 斉次ローレンツ群の既約ユニタリ表現

数学の側からの無限次元ユニタリ表現への嚆矢《こうし》としては，1943 年に I.M. Gelfand - D.A. Raikov [GeRa] が「局所コンパクト群に対しては，十分たくさんの既約ユニタリ表現が存在する」ことを証明した．すなわち，そのような群 G の任意の元 $g \neq e$ に対して，既約ユニタリ表現 ρ が存在して $\rho(g) \neq I$ (恒等作用素) となる．これは「ユニタリ表現という分野が，十分肥沃な開拓地を与えるであろう」との希望を与える結果である.

1945 年には，ディラックが，初めて斉次ローレンツ群 $\mathcal{L}_+^\uparrow$ の (既約に近い) 無限次元表現を与えた．彼が expansor representations とよんだこれらの表現は，時空 4 次元の座標 x_1, x_2, x_3, x_4 に関して，x_4 については負冪《べき》，他の x_j については非負冪の無限冪級数の空間の上に与えられている．彼は物理的な応用も論じている.

1947 年には 3 編の論文が出版された．I.N. Gelfand - M.I. Naimark が，$SL(2,\mathbb{C})$ の既約表現を分類・構成し [GeNa]，V. Bargmann が，$SL(2,\mathbb{R})$ について同様の仕事をし [Barg]，Harish-Chandra は，リー環 $\mathfrak{so}(3,1)$ の代数的既約表現を与え，‘ユニタリ’なものを特徴づけた (これは群の表現の無限小形である)[Hari].

彼らはいずれも，ディラックからの影響を受けており，彼の expansor representations の既約分解を与えている.

次章では，$SO_0(2,1)$ の 2 重の被覆群 $SL(2,\mathbb{R})$ について，複素上半平面やその上の保型関数との関連において，その既約表現が論じられる.

◆閑話休題 11◆

真面目な冗談話をひとつ．昭和 30 年代後半は私が院生や助手だった頃だが，そのころ友人から聞いた話．京大理学部の理論物理の若手の間では，群論の必要性が認識されていたが，あまり群論の勉強にのめり込むと難しくなって悩むことになり，顔は青白く陰鬱になって一見して分かるようになるとのことで，そうした場合，回りの人たちは，「とうとう彼もワイル氏病にかかった」と言い合ったとのことである.

少々解説が必要だが，ワイル (Hermann Weyl) は『群論と量子力学』という本も書いた (注意 4.1) が，勉強すべきとされた本格的な群論の本は **5.7.1** で触れた『古典群』であった．この本は含蓄があって読み込んでいけば滋味が出てくるが，なかなか読みこなせない難物である．専門家と自負する私にとってもそうだから物理系の人にとってはますます大変であったろう.

他方，ワイル氏病 (ワイル病) は，1886 年にドイツの医師ワイル (Adolf Weil) が発見し，1915 年に日本人がその病原体を特定したもので，現在の名前は黄疸出血性レプトスピラ症である．病原体を保有するネズミ等の尿に触れると経皮感染する．4 ～ 14 日の潜伏期があり，病初期には重症感がないが，治療開始の遅れによっては重症になる．発病後 5 日以内に適正な治療が行われれば，致死率は 10％ 以下であるが，それ以後では 20 ～ 30％ にもなる.

同じワイルという名前に掛けた冗談であるが，冗談ばかりとも言えないそれとない真剣さが感じられる (治療が遅れれば致死率 30％ !!!).

ちなみに，表現論にも因縁浅からぬ有名な数学者にフランスのヴェイユ (André Weil, 1906–1998) がいるが (第 II 巻参照)，名前を省略形に書くと，A. Weil となり，ワイル病の医師ワイルと同じとなる，くわばらくわばら.

■第6章■

上半平面・単位円板での分数変換と保型関数・保型形式

無限次元ユニタリ表現への導入としては，群 $SL(2,\mathbb{R})$ をとる．この群はなかなか興味ある対象であって，空間次元が 2 次元のミニ・ローレンツ群 $SO_0(2,1)$ の 2 重の被覆群であり，また複素上半平面 $\mathfrak{H}$ の分数変換として，正則的変換の群を 2 重に被覆する．さらに，その既約ユニタリ表現には，いわゆる離散系列の表現が現れる．また，$\mathfrak{H}$ 上の保型関数・保型形式との密接な関係もある．こういうわけで，具体例として取り上げるのに相応しい．

ここでは，$G = SL(2,\mathbb{R})$ の離散的部分群 Γ に関する保型関数・保型形式との関係から入る．そして，それが $L_2(\Gamma\backslash G)$ 上の右移動による G の表現と密接につながっていることを示す．$L_2(\Gamma\backslash G)$ 上の表現を解析するのに，$L_2(G)$ 上の右正則表現 R の既約分解 (プランシュレルの公式) を持ち出す．R の無限小形 dR を微分作用素によって具体的に表示して，保型形式・保型関数との直接的なつながりをつける．

歴史的には，ハリッシュ-チャンドラが一般の連結実半単純リー群 G に対して，プランシュレルの公式を証明したのは，$L_2(\Gamma\backslash G)$ 上の表現の解析のアイディアを換《かん》骨《こつ》奪《だっ》胎《たい》したのである．彼の最初の証明に致命的な欠陥が発見されてから，その修正のために (最初の) 心臓発作を経験しながらの十年に及ぶ彫《ちょう》心《しん》鏤《る》骨《こつ》の努力の結果である．我々は，ここでは，無限次元表現論の初期のころにもどって，$G = SL(2,\mathbb{R})$ に対する $L_2(\Gamma\backslash G)$ を取り扱う．そして，$L_2(\Gamma\backslash G)$ の既約分解とか，G のプランシュレルの公式に出てくる離散系列の表現，連続主系列の表現を具体的に構成し，また，すべての既約表現を構成するひとつの方法を与えることで満足しよう．その結果は第 6.5 節に詳しくまとめられている．より完全な既約表現の分類定理は第 9 章 (とくに第 9.2 節) を待つことになる．

6.1　上半平面上の保型関数と保型形式

単連結な複素領域は，1 対 1 等角写像で写り合うものを同種と見れば，複素平面 $\mathbb{C}$, リーマン球 $\mathbb{C}\cup\{\infty\}$，および上半《うえはん》平面

$$\mathfrak{H} = \{\, z = x + iy \,;\, x, y \in \mathbb{R}, y > 0 \,\}$$

の 3 種がある．ここでは，上半平面 $\mathfrak{H}$ とその複素解析的変換の群を取り扱う．そうした変換は，ある $g = \begin{pmatrix} a & b \\ c & d \end{pmatrix} \in SL(2, \mathbb{R})$ による (1 次) 分数変換

$$\mathfrak{H} \ni z \longmapsto g \cdot z = \frac{az + b}{cz + d} \in \mathfrak{H} \tag{6.1}$$

の形をしている．そして，$(gg') \cdot z = g \cdot (g' \cdot z)$, $e \cdot z = z$, となっているので，群 G は $\mathfrak{H}$ 上に変換群として働く．この変換の下で，点 $i = \sqrt{-1} \in \mathfrak{H}$ の固定部分群は，$K = SO(2)$ である．したがって，対応 $G = SL(2, \mathbb{R}) \ni g \mapsto g \cdot i \in \mathfrak{H}$ から，同型対応 $\Phi : G/K \to \mathfrak{H}$ を得る．後に必要となるので，Φ に対する G 内の標準的な**断面** (section) とそれに対応する G の分解を見ておこう．

6.1.1　群 $G = SL(2, \mathbb{R})$ 内の断面と G の分解

G の部分群として，次の 3 種の元よりなる $N = \{n(x)\}, A = \{a(y)\}, K = \{k(\theta)\}$ を考える：

$$n(x') = \begin{pmatrix} 1 & x' \\ 0 & 1 \end{pmatrix} \quad (x' \in \mathbb{R}), \qquad a(y') = \begin{pmatrix} \sqrt{y'} & 0 \\ 0 & \sqrt{y'}^{-1} \end{pmatrix} \quad (y' > 0),$$
$$k(\theta) = u_2(\theta) = \begin{pmatrix} \cos\theta & -\sin\theta \\ \sin\theta & \cos\theta \end{pmatrix} \quad (\theta \in \mathbb{R}). \tag{6.2}$$

このとき，積 NA はまた G の部分群になり，写像

$$NA \ni n(x)a(y) \longmapsto (n(x)a(y)) \cdot i = x + iy = z \in \mathfrak{H} \tag{6.3}$$

を見れば分かるように，NA は，$\Phi : G/K \to \mathfrak{H}$ の標準的な断面を与える．

ここで，群 G の多様体としての座標系について見てみよう．$GL(2,\mathbb{R})$ には自然に 4 次元の座標が入っているが，それより 1 次元下がった集合 $G \ni g \leftrightarrow (a,b,c,d), ad-bc=1,$ に座標を入れようとすると，何個かの座標近傍を用いねばならない．G は $U_1 = \{g\ ;\ a \neq 0\}, U_2 = \{g\ ;\ b \neq 0\},$ の 2 つでカバーできる．U_1 では (a,b,c) を座標にとれば，$d=(1+bc)/a$ である．同様に，U_2 では (a,b,d) を座標にとれる．G の群演算はこれらの座標に関して有理式で書ける．これは，リー群とよばれる「座標の入った群」のひとつの例である．

上の断面 (6.3) に従って，群 G には次の分解定理が成り立つ．(注： これは，連結半単純リー群に対する岩沢分解の特別の場合である.)

定理 6.1. 群 $G=SL(2,\mathbb{R})$ は (多様体として) $G=NAK$ と直積に分かれる．すなわち，$g=\begin{pmatrix} a & b \\ c & d \end{pmatrix} \in G$ は $g=n(x)a(y)k(\theta)$ の形に一意的に分解できる，ここで，$n(x), a(y), k(\theta)$ は次の式から決定される：

$$x+iy=\frac{ai+b}{ci+d},\quad x=\frac{ac+bd}{|ci+d|^2},\quad y=\frac{1}{|ci+d|^2},\quad e^{i\theta}=\frac{ci+d}{|ci+d|}. \tag{6.4}$$

証明. $g \cdot i = x+iy, y>0,$ とすると，$g' := (n(x)a(y))^{-1}g$ をとると，$g' \cdot i = i$ なので，$g' \in K$ が分かる．これを，$k(\theta)$ とおくと，$g=n(x)a(y)k(\theta)$ を得る．この右辺の積を具体的に計算すると，

$$c=\sqrt{y}^{-1}\sin\theta,\qquad d=\sqrt{y}^{-1}\cos\theta,$$

を得る．これから，$ci+d=\sqrt{y}^{-1}e^{i\theta}$ となり，分解公式 (6.4) が示される． □

群 K は対応 $K \ni k(\theta) \leftrightarrow e^{i\theta} \in \mathbb{T}$ によって 1 次元トーラス $\mathbb{T}=\{\lambda \in \mathbb{C}\ ;\ |\lambda|=1\}$ と同型である．したがって，K の既約ユニタリ表現は指標 $\chi_n(k(\theta)) := e^{in\theta} = (e^{i\theta})^n, n \in \mathbb{Z},$ となり，K の可換群としての双対 $\widehat{K}$ は加群 $\mathbb{Z}$ と同型である：$\chi_n\chi_m = \chi_{n+m}$.

また，半単純リー群に対する一般論から，G 上には左側不変測度 (および右側不変測度) が正の定数倍を除き一意に存在することが分かっているが，一般論とは関係なく，具体的に計算によって両側不変測度 μ_G を与えることができる．上

の座標近傍 U_1 は低次元の部分集合を除いて G と一致するので，その座標 $U_1 \ni g \mapsto (a,b,c)$ で $d\mu_G(g)$ が書ける．また，直積分解 $G = NAK$ によって，$g = n(x)a(y)k(\theta)$ によって，別の座標 $g \mapsto (x,y,\theta)$ を用いても書ける．

定理 6.2. 群 $G = SL(2,\mathbb{R})$ 上の片側不変測度は，同時に両側不変測度になる．それは定数倍を除いて次のように表せる：

$$d\mu_G(g) = \frac{da\,db\,dc}{|a|} = \frac{dx\,dy\,d\theta}{2y^2} = \frac{dx\,dy}{y^2}\cdot\frac{d\theta}{2}, \tag{6.5}$$

ここに，$dx\,dy/y^2$ は群 NA 上の左不変測度，$d\theta/2$ は群 K 上の不変測度である．

証明. 左側不変測度 $d\mu$ が存在すれば，低次元部分集合を除き G をカバーする局所座標 $g \leftrightarrow (a,b,c)$ に関して，$d\mu(g) = m(g)\,da\,db\,dc$ の形に表される．$g_0 \in G$ を任意にとって，$g \leftrightarrow (a,b,c)$ から $g' = g_0 g \leftrightarrow (a',b',c')$ へ変数変換したときには，$d\mu$ の左不変性から，$d\mu(g) = d\mu(g_0 g) = m(g')\,da'\,db'\,dc'$ であるから，ヤコビアン (Jacobian) を計算して，$da\,db\,dc/|a| = da'\,db'\,dc'/|a'|$ を示せば，$m(gg_0)/m(g) = m(g')/m(g) = |a|/|a'|$ (for a.a. $g, \forall g_0$) となる．ここで，‘for a.a.’ は「ほとんどすべての (for almost all)」を意味する．いま，g を適当に固定して，g_0 を動かすことによって，$m(g)$ が $1/|a|$ の定数倍であることが分かる．よって，右側不変測度は存在して，$d\mu_G(g) = (1/|a|)\,da\,db\,dc$ の定数倍である．左側不変測度に関する議論も同様である．

ついで，$g = n(x)a(y)k(\theta)$ を計算して，(a,b,c) を (x,y,θ) で表示してこの変数変換で $da\,db\,dc/|a|$ を書き直せば，後半の表示式を得る． □

6.1.2 離散部分群と保型関数，保型形式

単連結な被覆空間として $\mathfrak{H}$ をもつ 1 次元複素領域は，群 G の適当な離散部分群 Γ を用いて $\Gamma\backslash\mathfrak{H} \cong \Gamma\backslash G/K$ と表される．この場合，「任意の $z \in \mathfrak{H}$ と，Γ の相異なる元の無限列 $\{\gamma_i\}$ に対し，点列 $\{\gamma_i \cdot z\}$ には集積点がない」という事実が重要であるが，これを「Γ は $\mathfrak{H}$ に**不連続的に** (discontinuously) **作用**している」という．

$\mathfrak{H}$ 上の関数 $f(z)$ が Γ-不変，すなわち，$f(\gamma\cdot z) = f(z)$ $(\gamma \in \Gamma)$ となっているとき，f を $\mathfrak{H}$ 上の**保型関数** (automorphic function) というが，この種の関数

の一般化を考える．そして，**6.3** 節において，群 G のユニタリ表現との深いつながりについて見てみよう．

さて，$\mathfrak{H}$ 上の有理関数 $f(z)$ は，$\gamma \in \Gamma$ に対し，ある正則関数 $j_\gamma(z)$ が存在して，

$$f(\gamma \cdot z) = j_\gamma(z) f(z) \quad (\gamma \in \Gamma) \tag{6.6}$$

となるときに，Γ に関する**保型形式** (automorphic form) とよばれ，$\{j_\gamma\ (\gamma \in \Gamma)\}$ をその**保型因子**という．より正確には，$\Gamma\backslash\mathfrak{H}$ の '無限遠点' (これを Γ の**尖点**《せんてん》ともいう) において適当な有界条件を要求する．保型因子は，必然的に次の条件を満たしている：

$$j_{\gamma\gamma'}(z) = j_\gamma(\gamma' \cdot z) j_{\gamma'}(z) \quad (\gamma, \gamma' \in \Gamma). \tag{6.7}$$

定理 6.3. $\mathfrak{H}$ 上には，G の作用に関して不変な距離 ds，不変測度 $d\mu$ および斉次 2 階の不変微分作用素 S が存在し，それらは (正の定数倍を除いて) それぞれ次で与えられる： $z = x + iy \in \mathfrak{H}$ に関して，

$$ds^2 = \frac{dx^2 + dy^2}{y^2}, \qquad d\mu(z) = d\mu_{\mathfrak{H}}(z) = \frac{dx\,dy}{y^2} \tag{6.8}$$

$$S = y^2 \Delta_{x,y}, \qquad ただし，\Delta_{x,y} = \frac{\partial^2}{\partial x^2} + \frac{\partial^2}{\partial y^2}. \tag{6.9}$$

証明. これら 3 つは一連のものである．まず，z の微分 (differential) $dz = dx + idy$ について，$z' = g \cdot z$, $z' = x' + iy'$ とおくと，

$$dz' = \frac{dz}{(cz+d)^2} =: J_g(z) dz, \qquad y' = \frac{y}{|cz+d|^2}. \tag{6.10}$$

したがって，$\overline{z} = x - iy$ とおき，$dz'\,d\overline{z'} = dx'^2 + dy'^2$ と $dz\,d\overline{z} = dx^2 + dy^2$ とを比較すれば，

$$dz'\,d\overline{z'} = |cz+d|^{-4} dz\,d\overline{z} = {y'}^2 y^{-2} dz\,d\overline{z}$$

となり，座標の微小変化量 (dx, dy) に対応する不変距離の微小量 ds の公式 (リーマン計量という) が得られる．

測度 $d\mu$ が不変であることを示すには，ヤコビアンの計算を外積代数を使ってやればよい：　$dz' \wedge d\overline{z'} = |cz+d|^{-4}\, dz \wedge d\overline{z} = {y'}^2 y^{-2}\, dz \wedge d\overline{z}$.

そして，不変微分作用素については，直接計算で不変性を示すこともできるが，リーマン空間でのラプラス-ベルトラミ作用素の公式 (3.25) により，ds^2 の式から得られる． □

(6.10) の複素ヤコビアン $J_g(z)$ の性質 $J_{gg'}(z) = J_g(g' \cdot z) J_{g'}(z)$ を用いると，

$$j_g(z) := J_g(z)^{-k/2} = (cz+d)^k \quad (k \in \mathbb{Z})$$

が，保型因子の条件 (6.7) を満たすことが分かる．

また，離散部分群 Γ は必然的に可算であるから，商空間 $\Gamma\backslash\mathfrak{H}$ には，$\mathfrak{H}$ 上の不変測度 μ から不変測度が誘導される (これを同じ記号 μ で書く)．$\mu(\Gamma\backslash\mathfrak{H}) < \infty$ となる場合に，Γ を第 1 種フックス (I.L. Fuchs) 群というが，とくによく研究されている．この場合に，$\mathfrak{H}$ 上の正則関数が，$\gamma = \begin{pmatrix} A & B \\ C & D \end{pmatrix} \in \Gamma$ に対し，保型因子 $j_\gamma(z) = (Cz+D)^k$ に対する保型性 $f(\gamma \cdot z) = j_\gamma(z) f(z)$ $(\gamma \in \Gamma)$ をもち，かつ，$\Gamma\backslash\mathfrak{H}$ の各無限遠点で適当な有界条件を満たすとき，**重さ k の保型形式**といわれる．

離散部分群としては，

$$\Gamma(1) = SL(2,\mathbb{Z}) := \left\{ g = \begin{pmatrix} A & B \\ C & D \end{pmatrix} \in SL(2,\mathbb{R})\ ;\ A, B, C, D \in \mathbb{Z} \right\}$$

がよくお目にかかるが，これを**モデュラー群**とよぶ．自然数 N に対して定義される $\Gamma(1)$ の部分群

$$\Gamma(N) := \left\{ \begin{pmatrix} A & B \\ C & D \end{pmatrix} \in SL(2,\mathbb{Z})\ ;\ \begin{pmatrix} A & B \\ C & D \end{pmatrix} \equiv \begin{pmatrix} 1 & 0 \\ 0 & 1 \end{pmatrix} \pmod{N} \right\} \tag{6.11}$$

を**主合同部分群**という．$\Gamma(1)$ は生成元系として，次の σ_1, σ_2 をもち，その商群 $\Gamma(1)/\{\pm E_2\}$ での基本関係式は次式で与えられる：

$$\sigma_1 = \begin{pmatrix} 1 & 1 \\ 0 & 1 \end{pmatrix}, \quad \sigma_2 = \begin{pmatrix} 0 & -1 \\ 1 & 0 \end{pmatrix}; \qquad {\sigma_2}^2 = (\sigma_2\sigma_1)^3 = -E_2. \tag{6.12}$$

この生成元に対する $\mathfrak{H}$ 上の変換は次の 2 つである：

$$\begin{aligned} &\sigma_1 \cdot z = z + 1 \quad (\text{平行移動}), \\ &\sigma_2 \cdot z = -1/z, \\ &\qquad \text{極座標表示では，} \ z = re^{i\theta} \xrightarrow{\sigma_2} (1/r)e^{i(-\theta+\pi)}. \end{aligned} \tag{6.13}$$

$\Gamma\backslash\mathfrak{H}$ の $\mathfrak{H}$ における‘完全代表系’ Ω を**基本領域**という： $\Gamma\cdot\Omega = \mathfrak{H}$, $\gamma\cdot\Omega \cap \Omega =$ 低次元部分集合 $(\gamma \neq \pm E_2)$. 普通は，Ω の内点の集合 Ω^0 が非ユークリッド的多角形で，$\Omega \subset \mathrm{Cl}(\Omega^0)$ (閉包) となるようにとる．モデュラー群 $\Gamma(1)$ に対しては，基本領域として次図のような領域

$$\Omega = \{\, z \in \mathfrak{H}\,;\, -1/2 \leq \Re z < 1/2,\, |z| \geq 1 \,\} \setminus \{\, z \in \mathfrak{H}\,;\, |z| = 1, \Re z > 0 \,\}$$

がとれる．この場合，計算してみれば分かるように，

$$\mu(\Gamma\backslash\mathfrak{H}) = \mu(\Omega) = \iint_\Omega \frac{dx\,dy}{y^2} < \infty.$$

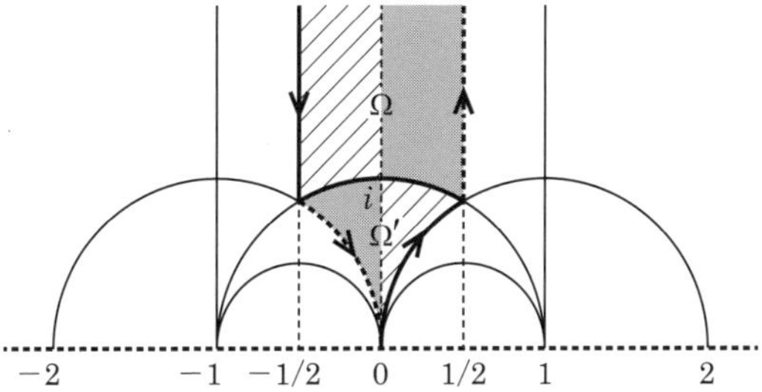

図 6.1. $SL(2,\mathbb{Z})\backslash\mathfrak{H}$ の基本領域 Ω と $\Omega' = \sigma_2\cdot\Omega$

なお，斜線部分の境界については，$x = \pm 1/2$ の半直線同士は張り合わされて無限に延びる円筒形になり，ついでその底部の境界は (6.13) の第 2 式により張り合わされる．そして，図の Ω から分かるように，この場合には，$\Gamma\backslash\mathfrak{H}$ の‘無限遠点’は 1 個である．この Ω の‘無限遠点’は，$\Omega' = \sigma_2 \cdot \Omega$ の図では，実数直線

上に尖《とが》って触れていく点 (尖点 0) に写ってきている.

離散群 Γ によっては, $\Gamma\backslash\mathfrak{H}$ がコンパクトになることがある. そのときは, 尖点は存在しない. この逆も真である.

6.2 $SL(2,\mathbb{R})$ のユニタリ表現と $\mathfrak{sl}(2,\mathbb{R})$ の表現

上に述べた保型関数や保型形式の研究は, 群 $SL(2,\mathbb{R})$ の表現論を取り込んで理解するといろいろよいことがある. いずれにしろ, 群 $G = SL(2,\mathbb{R})$ は, $\mathfrak{H} = G/K$ や $\Gamma\backslash\mathfrak{H} = \Gamma\backslash G/K$ にも, 離散群 $\Gamma \subset G$ や商空間 $\Gamma\backslash G$ にも,「母なる大地」の如く, またそこでの「作用」の根源として控えており, もとをたどればあらゆる情報の源泉である. もろもろの情報を引き出すのは,「G の作用」を通じてである. その「作用」を標準化したものが群の「線形表現」である. そこで, 保型関数・保型形式と直接的につながっている表現論の部分を解説しよう. まず, まだ Γ を持ち出さない G 自身の話から入る.

6.2.1 $G = SL(2,\mathbb{R})$ の $L_2(G)$ 上の正則表現

G 上の不変測度 $d\mu_G(g)$ に関して, 2 乗可積分な関数 $F(g)$ の全体 $\mathcal{L}_2$ に内積 $\langle F_1, F_2\rangle := \int_G F_1(g)\,\overline{F_2(g)}\,d\mu_G(g)$ を入れて, ヒルベルト空間 $L_2(G) = L_2(G; d\mu_G)$ を得る. $F \in L_2(G)$ に対して,

$$R(g_0)F(g) := F(gg_0) \qquad (g_0, g \in G); \tag{6.14}$$

$$L(g_0)F(g) := F(g_0{}^{-1}g) \qquad (g_0, g \in G); \tag{6.15}$$

$$W(g_0, g_1)F(g) := F(g_0{}^{-1}gg_1) \qquad ((g_0, g_1) \in G \times G, g \in G); \tag{6.16}$$

とおくと, G のユニタリ表現として, 右正則表現 R, 左正則表現 L, および, 直積群 $G \times G$ のユニタリ表現として, 両側正則表現 W を得る. これらは同じ空間 $L_2(G)$ の上に実現されている.

不変測度 $d\mu_G$ について, (6.5) 式の初めの表示式を使って, $d\mu(g^{-1}) = d\mu(g)$ が示される. よって, $L_2(G)$ 上の対合的線形作用素 $S : F \mapsto F'$, $F'(g) := F(g^{-1})$, はユニタリである. S は 2 つの表現 R と L のユニタリ同値を与える相関作用素である, すなわち, $S\,R(g_0)\,S^{-1} = L(g_0)$.

群 G の**プランシュレル** (Plancherel) **の公式**とは，正則表現の**既約分解**を具体的に与える公式のことであるが，これは各種の均質空間 G/H 上の準正則表現の既約分解とか，均質空間上での調和解析 (フーリエ解析) を取り扱うに際して，それらの基本となるものであって，最も重要とされている．このことは，ここで解説する $L_2(\Gamma\backslash G)$ の既約分解との密接な関係に照らしても納得されるであろう．

プランシュレルの公式における分解は既約ユニタリ表現の離散和になっている部分と，連続和 (積分形) になっている部分とに分かれる．前者の部分に現れる既約表現を**離散系列**の表現，後者の部分に現れるものを**連続系列**の表現という．「表現の分解」には，表現空間であるヒルベルト空間の分解とその上の表現作用素の分解が同時に現れているのであるが，その詳細は，本書第 I 巻のスペースも尽きかけているので，説明を省略するが，感じで読み進んでもらいたい．

プランシュレルの公式を与えるためには，まず G の既約ユニタリ表現の分類が必要となる．その完全な分類は本書第 II 巻に譲って，本章では，プランシュレルの公式に必要な既約表現を含む，一連の表現の族 $\pi_{\varepsilon,s}, \varepsilon = 0, 1, s \in \mathbb{C}$, を **6.5** 節で構成するが，これは (その部分表現や商表現も込めれば) すべての既約表現を含むはずのものである (系 9.5 参照)．

G のユニタリ表現 T に対して，T の極大コンパクト部分群 K への制限 $T|_K$ は K の既約表現 (その同値類を K-型という) $\chi_n(k(\theta)) = e^{in\theta}, n \in \mathbb{Z}$, の直和に分解する．そのとき現れる K-型をその重複度を込めて数えたものを，T の **K-スペクトル**といい，$\mathrm{Spec}_K(T)$ と書く．

G の既約表現 $(\pi, V(\pi))$ をとるとき，その K-スペクトルは π の同値類の重要な情報を与える．K-スペクトルに極大元 (または極小元) があるときには，それを π の極大 K-型 (または極小 K-型) という．目下の，$G = SL(2,\mathbb{R})$ では，最大または最小の n のことである．既約表現 π の同値類に対するもうひとつの重要な情報は，リー環 $\mathfrak{g} = \mathrm{Lie}(G)$ の複素化 $\mathfrak{g}_{\mathbb{C}}$ の普遍展開環 $U(\mathfrak{g}_{\mathbb{C}})$ の中心 $\mathfrak{z}$ に対する同時固有値

$$\mathfrak{z} \ni Z \mapsto \Lambda_\pi(Z) \in \mathbb{C}, \quad \text{ここに，} \pi(Z) = \Lambda_\pi(Z) I_{V(\pi)^\infty}, \tag{6.17}$$

である (この同時固有値，もしくはそれを決定するパラメータを π の**無限小指標**とよぶ)．ここで，作用素 $\pi(Y)$, $Y \in U(\mathfrak{g}_{\mathbb{C}})$, は $V(\pi)$ 全体ではなく，

その C^∞ ベクトルのなす稠密な部分空間 $V(\pi)^\infty$ (**6.2.3** 参照) の上で定義されることに注意しておく. $G = SL(2,\mathbb{R})$ では, $\mathfrak{Z}$ は, カシミール元 C で生成されるので, 固有値 $\Lambda_\pi(C)$ だけで決まる. これらについては, このあとで構成する既約表現 π についてはそこで計算するが, 話の都合上これを先取りして表を作っておこう. なお, これらの G の既約ユニタリ表現は第 9 章で構成する, リー環 $\mathfrak{su}(1,1) \cong \mathfrak{sl}(2,\mathbb{R})$ の既約ユニタリ表現の大部分と対応している. **6.5** 節では G の表現 π の微分としての無限小形 $d\pi$ として, $\mathfrak{g}$ の表現を見る. ここでは, 表現を表す記号として, 連続主系列には, $\pi_{\varepsilon,s}\,(\varepsilon = 0,1; s = i\rho\,(i = \sqrt{-1}, \rho \in \mathbb{R}))$ を当て, 離散系列には, D_ℓ^+, D_ℓ^- $(\ell \geq 2, \ell \in \mathbb{Z})$ を当てる. ただし, $\pi_{\varepsilon,i\rho} \cong \pi_{\varepsilon,-i\rho}$ (ユニタリ同値), $\pi_{1,0} = D_1^+ \oplus D_1^-$ (直和), であり, 直和成分 $D_1^\pm$ は離散系列の極限とよばれる. なお, 表現 $\pi_{\varepsilon,s}$, $s = i\rho$, は, **6.5** で作るのであるが, 例 2.6 におけるユニタリ表現 $T_{\varepsilon,\rho}$ と実は同値である. しかし, 見かけは全く異なるので, 別の記号を用いている.

$G = SL(2,\mathbb{R})$ の 既約ユニタリ表現	K-スペクトル $\mathrm{Spec}_K(\star)$ (すべて重複度 1)	極大 (極小) K-型	固有値 $8\Lambda_\pi(C)$
$\pi_{\varepsilon,s}$ $(\varepsilon = 0, s = i\rho)$	$2n$ $(n \in \mathbb{Z})$	なし	$s^2 - 1$
$\pi_{\varepsilon,s}$ $(\varepsilon = 1, s = i\rho)$	$2n+1$ $(n \in \mathbb{Z})$	なし	$s^2 - 1$
D_ℓ^+ $(\ell \geqslant 2)$	$\ell + 2n$ $(n \geqslant 0, n \in \mathbb{Z})$	最小元 ℓ	$(\ell-1)^2 - 1$
D_ℓ^- $(\ell \geqslant 2)$	$-\ell - 2n$ $(n \geqslant 0, n \in \mathbb{Z})$	最大元 $-\ell$	$(\ell-1)^2 - 1$

表 6.1. $G = SL(2,\mathbb{R})$ のプランシュレル公式に現れる既約ユニタリ表現

6.2.2 $G = SL(2,\mathbb{R})$ のリー環 $\mathfrak{g} = \mathfrak{sl}(2,\mathbb{R})$ とその作用

$\mathfrak{g} = \mathfrak{sl}(2,\mathbb{R})$ は, G の一径数部分群 $g_X(t) = e^{tX}$ の単位元 $e \in G$ における接ベクトル X のなすリー環として,

$$\mathfrak{sl}(2,\mathbb{R}) = \{\, X \in M(2,\mathbb{R})\ ;\ \mathrm{tr}(X) = 0 \,\} \tag{6.18}$$

と, 与えられる. いま, $C^\infty(G)$ によって, G 上の (複素数値) 無限回連続微分可能関数の全体のなす空間とすると, 各 $X \in \mathfrak{g}$ は, G 上の (左移動で不変な) ベクトル場 $r(X)$ を次の公式によって定める：

$$r(X)F(g) := \left(\frac{d}{dt}\right)_0 f(gg_X(t)) := \frac{d}{dt} f(gg_X(t))\big|_{t=0} \quad (F \in C^\infty(G)). \tag{6.19}$$

このとき，$C^\infty(G)$ 上の作用素としての交換子 $[r(X), r(X')] := r(X)\,r(X') - r(X')\,r(X)$ を考えると，定理 4.10 の (4.23) 式を用いて，

$$[r(X), r(X')] = r([X, X']) \quad (X, X' \in \mathfrak{g}) \tag{6.20}$$

となることが証明される．したがって，$\mathfrak{g} \ni X \mapsto r(X)$ は，ベクトル空間 $C^\infty(G)$ 上の $\mathfrak{g}$ の表現である．ここまでは，一般的に述べたので用語の説明も不十分であるが，以下では具体的なものを提示するので，我慢して頂くこととしたい．

さて，$\mathfrak{g} = \mathfrak{sl}(2,\mathbb{R})$ は，実 3 次元であって，次の 3 つの元で張られる：

$$H_{\mathfrak{k}} = \begin{pmatrix} 0 & -1 \\ 1 & 0 \end{pmatrix}, \quad P = \begin{pmatrix} 0 & 1 \\ 1 & 0 \end{pmatrix}, \quad Q = \begin{pmatrix} 1 & 0 \\ 0 & -1 \end{pmatrix}. \tag{6.21}$$

ここに，$H_{\mathfrak{k}}$ は $\mathfrak{k} = \mathrm{Lie}(K)$ を張る．交換関係は，

$$[H_{\mathfrak{k}}, P] = -2Q, \quad [H_{\mathfrak{k}}, Q] = 2P, \quad [P, Q] = 2H_{\mathfrak{k}}, \tag{6.22}$$

である．$Y'_+ := P + iQ$, $Y'_- := P - iQ \in \mathfrak{g}_{\mathbb{C}}$ とおけば，

$$[H_{\mathfrak{k}}, Y'_+] = 2iY'_+, \quad [H_{\mathfrak{k}}, Y'_-] = -2iY'_-, \quad [Y'_+, Y'_-] = -4iH_{\mathfrak{k}}, \tag{6.23}$$

となり，$Y'_\pm$ がそれぞれ K-型 n を $n \pm 2$ に上げ下げする昇降演算子を与えることを示唆する．元 $H_{\mathfrak{k}}, P, Q \in \mathfrak{g}$ に対応する一径数部分群は次の通りである：

$$e^{tH_{\mathfrak{k}}} = \begin{pmatrix} \cos t & -\sin t \\ \sin t & \cos t \end{pmatrix}, \quad e^{tP} = \begin{pmatrix} \mathrm{ch}\, t & \mathrm{sh}\, t \\ \mathrm{sh}\, t & \mathrm{ch}\, t \end{pmatrix}, \quad e^{tQ} = \begin{pmatrix} e^t & 0 \\ 0 & e^{-t} \end{pmatrix}. \tag{6.24}$$

群 $G = SL(2,\mathbb{R})$ 上の座標としては，定理 6.1 の分解 $G = NAK$ に従って，$g = n(x)a(y)k(\theta) \mapsto (x, y, \theta)$ をとる．この座標に関して，ベクトル場 $r(X)$ を求めよう．

$$ge^{tX} = \begin{pmatrix} A_t & B_t \\ C_t & D_t \end{pmatrix}, \quad ge^{tX} = n(x_t)a(y_t)k(\theta_t), \tag{6.25}$$

とおくと，(6.4) 式により，

$$x_t + y_t i = \frac{A_t i + B_t}{C_t i + D_t},\quad e^{i\theta_t} = \frac{C_t i + D_t}{|C_t i + D_t|} = ({C_t}^2 + {D_t}^2)^{-\frac{1}{2}}(C_t i + D_t), \tag{6.26}$$

である．(6.25) 式において，$t = 0$ とおき，また，t に関して $t = 0$ で微分して，$A'_0 = \left(\dfrac{d}{dt}\right)_0 A_t$ などとおけば，

$$g = \begin{pmatrix} A_0 & B_0 \\ C_0 & D_0 \end{pmatrix},\qquad gX = \begin{pmatrix} A'_0 & B'_0 \\ C'_0 & D'_0 \end{pmatrix}. \tag{6.27}$$

さらに，$e^{i\theta_t}$ を $t = 0$ で微分すれば，$\left(\dfrac{d}{dt}\right)_0 e^{i\theta_t} = ie^{i\theta}\cdot\left(\dfrac{d}{dt}\right)_0 \theta_t$ となることに注意して，これで $r(X)F(g)$ が計算できる．具体的な計算は，よい演習問題なので読者に任せるとして，結果をまとめると次になる：

$$\begin{aligned} r(H_{\mathfrak{k}}) &= \frac{\partial}{\partial\theta}, \\ r(P) &= 2y\,\cos(2\theta)\frac{\partial}{\partial x} - 2y\,\sin(2\theta)\frac{\partial}{\partial y} + \cos(2\theta)\frac{\partial}{\partial\theta}, \\ r(Q) &= 2y\,\sin(2\theta)\frac{\partial}{\partial x} + 2y\,\cos(2\theta)\frac{\partial}{\partial y} + \sin(2\theta)\frac{\partial}{\partial\theta}. \end{aligned} \tag{6.28}$$

したがって，昇降演算子 $r(Y'_{\pm})$ およびカシミール元

$$C = \frac{1}{8}(-{H_{\mathfrak{k}}}^2 + P^2 + Q^2) = \frac{1}{16}(-2{H_{\mathfrak{k}}}^2 + Y'_+Y'_- + Y'_-Y'_+) \in \mathfrak{Z} \subset U(\mathfrak{g}_{\mathbb{C}})$$

に対する $r(C)$ を計算すると，次のようになるが，$r(C)$ は，$C^\infty(G)$ 上の両側不変作用素である：

$$\begin{aligned} r(Y'_+) &= e^{2i\theta}\left(2y\,\frac{\partial}{\partial x} + 2yi\,\frac{\partial}{\partial y} + \frac{\partial}{\partial\theta}\right) = e^{2i\theta}\left(4y\,\frac{\partial}{\partial\bar{z}} + \frac{\partial}{\partial\theta}\right), \\ r(Y'_-) &= e^{-2i\theta}\left(2y\,\frac{\partial}{\partial x} - 2yi\,\frac{\partial}{\partial y} + \frac{\partial}{\partial\theta}\right) = e^{-2i\theta}\left(4y\,\frac{\partial}{\partial z} + \frac{\partial}{\partial\theta}\right), \\ r(C) &= \frac{1}{2}\left(y^2\Delta_{x,y} + y\,\frac{\partial^2}{\partial x\,\partial\theta}\right),\qquad \Delta_{x,y} := \frac{\partial^2}{\partial x^2} + \frac{\partial^2}{\partial y^2}, \end{aligned} \tag{6.29}$$

ここに，$\dfrac{\partial}{\partial\bar{z}} := \dfrac{1}{2}\left(\dfrac{\partial}{\partial x} - \dfrac{1}{i}\,\dfrac{\partial}{\partial y}\right)$，$\dfrac{\partial}{\partial z} := \dfrac{1}{2}\left(\dfrac{\partial}{\partial x} + \dfrac{1}{i}\,\dfrac{\partial}{\partial y}\right)$．

問題 6.1. (i) (6.28) における $r(H_{\mathfrak{k}}), r(P), r(Q)$ の公式を証明せよ.
(ii) (6.29) における $r(Y'_+), r(Y'_-), r(C)$ の公式を証明せよ.

6.2.3 正則表現 $(R, L_2(G))$ の解析

正則表現 R を解析する第一歩として，K-型 χ_n を決めて，K への制限 $R|_K$ が χ_n に従う部分空間 $L_2(G; d\mu_G \,|\, K, \chi_n) = L_2(G \,|\, K, \chi_n)$,

$$L_2(G \,|\, K, \chi_n) := \{F \in L_2(G) \;;\; R(k)F = \chi_n(k)F \ (\forall k \in K)\} \tag{6.30}$$

を調べるという方法がある．この部分空間への正射影は $P_{\chi_n} = \int_K R(k)\,\overline{\chi_n(k)} d\mu_K(k)$ として，作用素積分で与えられる．ここに，$d\mu_K$ は K 上の正規化された不変測度である．また，$F \in L_2(G \,|\, K, \chi_n)$ のための条件は，次のようにも書ける：

$$F(gk(\theta')) = e^{in\theta'} F(g) \quad (\forall\theta',\ \text{for a.a. } g \in G) \tag{6.31}$$

このことから，$F(n(x)a(y)k(\theta)) = f(z)e^{in\theta}, z = x + yi \in \mathfrak{H}$, の形に分解されて，次式を得る：

$$\|F\|^2 = \int_G |F(g)|^2\, d\mu_G(g) = \pi \int_{\mathfrak{H}} |f(z)|^2\, d\mu_{\mathfrak{H}}(z) = \pi \|f\|^2. \tag{6.32}$$

ここで，$\|F\|$ は $L_2(G)$ でのノルム，$\|f\|$ は $L_2(\mathfrak{H})$ でのノルムを表す．証明には，定理 6.2 の不変測度 $d\mu_G$ の分解 (6.5) を使う．したがって，写像

$$\Psi_n \,:\, L_2(G \,|\, K, \chi_n) \ni F \longmapsto \sqrt{\pi}\, f \in L_2(\mathfrak{H}) \tag{6.33}$$

はユニタリ (すなわち，等長かつ全射) である．

ユニタリ表現の無限小形 (infinitesimal form)

一般論として，$(T, \mathcal{H})$ を無限次元ヒルベルト空間 $\mathcal{H}$ 上の G のユニタリ表現とするとき，その無限小形 $dT(X), X \in \mathfrak{g}$, を与えるには,

$$dT(X) := \lim_{t \to 0} \frac{1}{t}(T(e^{tX}) - I_{\mathcal{H}}) \tag{6.34}$$

の定義域 $\mathcal{D}(dT(X))$ が問題となる．それを最も大きくとれば，上の作用素極限

が弱収束の意味で存在するように,

$$\mathcal{D}(dT(X)) := \left\{ v \in \mathcal{H} \,;\, \exists \lim_{t \to 0} \left\langle \frac{1}{t}(T(e^{tX}) - I_{\mathcal{H}})v, w \right\rangle \ (\forall w \in \mathcal{H}) \right\} \tag{6.35}$$

ととれる. そして, すべての $dT(X), X \in \mathfrak{g}$, が, 繰り返し作用できるような $v \in \mathcal{H}$ を T の **C^∞-ベクトル**とよび, その全体の集合を $\mathcal{H}^\infty$ と書く. $\mathcal{H}^\infty$ は, $v = \int_G f(g)T(g)w\, d\mu_G(g)$ $(w \in \mathcal{H}, f \in C_c^\infty(G))$ の形のベクトルを含むので, $\mathcal{H}$ で稠密であることが分かる. ここで, $C_c^\infty(G)$ は台がコンパクトな $f \in C^\infty(G)$ の全体を表す.

我々の正則表現 $(R, L_2(G))$ では,

$$\begin{aligned} \mathcal{D}_2(G) := \{ F \in C^\infty(G) \cap L_2(G) \,;\, & r(X_1)r(X_2)\cdots r(X_n)F \in L_2(G) \\ & (X_1, X_2, \cdots, X_n \in \mathfrak{g}, \forall n \geq 1) \} \end{aligned} \tag{6.36}$$

がとれる. $\mathcal{D}_2(G) \supset C_c^\infty(G)$ の上では, $r(X) = dR(X)$ となり, 表現 r は R の無限小形である. そして, $r(H_{\mathfrak{k}}), r(C)$ は各 $L_2(G\,|\,K, \chi_n) \cap \mathcal{D}_2(G)$ に働き, $r(Y'_\pm) : L_2(G\,|\,K, \chi_n) \cap \mathcal{D}_2(G) \to L_2(G\,|\,K, \chi_{n\pm 2}) \cap \mathcal{D}_2(G)$ である.

$L_2(G\,|\,K, \chi_n)$ および $L_2(\mathfrak{H})$ におけるカシミール作用素の固有空間分解

K の表現 χ_n に従う $L_2(G)$ 内のベクトルのなす部分ヒルベルト空間 $L_2(G\,|\,K, \chi_n)$ には, 正則表現 R の既約成分の (χ_n での) 切り口が現れている. それを調べるのに微分作用素として実現されているカシミール作用素 $r(C)$ の「固有空間分解」が使える. これは, $r(C)^{(n)} := r(C)|_{L_2(G\,|\,K, \chi_n)}$ の固有値と固有関数を求めて, それらの情報からもとの $r(C)^{(n)}$ を組み立て直そうというもので,「スペクトル分解」ともいわれる. $r(C)^{(n)}$ の固有値 λ の固有関数が, 空間 $L_2(G\,|\,K, \chi_n)$ の中に見つかるとき, λ は点スペクトルといわれる. 固有関数が $L_2(G\,|\,K, \chi_n)$ の外側, 例えば, $C^\infty(G\,|\,K, \chi_n) := \{ f \in C^\infty(G) \,;\, P_{\chi_n} f = f \}$ の中に見つかって, $r(C)^{(n)}$ の再組み立てに必要なとき, λ は連続スペクトルといわれる.

既約ユニタリ表現 π に対するカシミール元の固有値を $\Lambda_\pi(C)$ としたが, 表 6.1 から分かるように, その表に掲げてある π については, K-型 n と $\Lambda_\pi(C)$

の組み合わせで，完全に π を特定できる．したがって，正則表現 R の既約成分として現れるのが，表 6.1 の中の表現に限るのであれば，固有値問題

$$(r(C)-\Lambda_\pi(C))F=0 \tag{6.37}$$

を $L_2(G\,|\,K,\chi_n)$ または $C^\infty(G\,|\,K,\chi_n)$ の上で考えると，それが，R の既約分解に直結する．F を超関数と考えたときの解 (弱解《じゃくかい》) は，$f=\Psi_n F$ として，$\mathfrak{H}$ 上の方程式

$$(\Delta^{(n)}-\Lambda_\pi(C))f(z)=0, \qquad \Delta^{(n)}:=\frac{1}{2}\left(y^2\Delta_{x,y}+iny\frac{\partial}{\partial x}\right), \tag{6.38}$$

の弱解を与える．この微分作用素は楕円型 (最高階部分が楕円型) であるから，「楕円型微分作用素の弱解は実解析的である」という有名な結果によって，$f(z)$ は $\mathfrak{H}$ 上で (x,y) に関して実解析的である．上の 2 つの方程式の解の空間はそれぞれ，写像 Ψ_n によって同型に写る．記号として，$\mathfrak{H}$ 上のすべての解析的関数のなす空間を $\mathcal{A}(\mathfrak{H})$ と書く．

(結論 I)　π が $(R,L_2(G))$ の離散成分として入っているとする．π に現れる K-型 χ_n に対して，(6.38) の $L_2(\mathfrak{H})$ における解の空間を $\mathcal{A}_2(\mathfrak{H}\,|\,\Delta^{(n)},\Lambda_\pi(C))$ とすると，0 でない $f=\Psi_n F\in\mathcal{A}_2(\mathfrak{H}\,|\,\Delta^{(n)},\Lambda_\pi(C))$ が対応する．さらに，$\pi=D_\ell^\pm$ であれば，$\Lambda_\pi(C)=\dfrac{1}{8}((\ell-1)^2-1)$ であり，$\pm\ell$ が最低 (または最高) K-型であるから，$n=\pm\ell$ のとき，次の方程式も満たす：

$$\pi(Y'_-)f=0, \quad \text{または,} \quad \pi(Y'_+)f=0.$$

(結論 II)　π が $(R,L_2(G))$ の連続成分とする．$\pi=\pi_{\varepsilon,s}$ で $\varepsilon=0\ (s=i\rho)$ とすれば，その K スペクトルは，重複度 1 で $2m\,(m\in\mathbb{Z})$ である．したがって，$n=2m=0$ に対応する (6.37) の，$C^\infty(G\,|\,K,\chi_0)\cong C^\infty(\mathfrak{H})$, $\chi_0=\mathbf{1}_K$, における $\Delta^{(0)}$ の固有値 $\Lambda_\pi(C)$ に対する解空間 $\mathcal{A}(\mathfrak{H}\,|\,\Delta^{(0)},\Lambda_\pi(C))$ を見れば，R に対する既約成分 $\pi=\pi_{0,i\rho}$ の‘入り方’が分かるはずである．それは連続成分なので，固有方程式

$$\Delta^{(0)}f=-\frac{1}{8}(\rho^2+1)f, \qquad \Delta^{(0)}:=\frac{1}{2}y^2\Delta_{x,y},$$

の解 f は $L_2(\mathfrak{H})$ 内ではなく，その外側 $\mathcal{A}(\mathfrak{H})$ で探すのである．

また，$\pi = \pi_{\varepsilon,s}$ で $\varepsilon = 1\,(s = i\rho)$ とすれば，その K スペクトルは，重複度 1 で $2m+1\,(m \in \mathbb{Z})$ であるから，$n = 1$ に対応する空間 $C^\infty(G\,|\,K, \chi_1)$ での固有方程式 (6.37) に対応して，(6.38) の解空間 $\mathcal{A}(\mathfrak{H}\,|\,\Delta^{(1)}, \Lambda_\pi(C))$ を見ればよい．

なお，ここに述べた方法を最後まで遂行すれば，$(R, L_2(G))$ の既約分解に到るはずであるが，現実にこのプランシュレルの公式を，最初に完全に与えたのは，別の方法であった．しかし，例えば，$L_2(K\backslash G)$ 上の準正則表現 $R_{K\backslash G}$ の既約分解を与えたのは，上の (結論 II) の方法であった．ただし，

$$R_{K\backslash G}(g_0)F(Kg) := F(Kgg_0) \quad (Kg \in K\backslash G, g_0 \in G, F \in L_2(K\backslash G)).$$

6.3 $SL(2,\mathbb{R})$ のユニタリ表現と保型関数，保型形式

6.3.1 $G = SL(2,\mathbb{R})$ の $L_2(\Gamma\backslash G)$ 上の表現 R_Γ

G の離散部分群 Γ で **6.1.2** における如く $\Gamma\backslash\mathfrak{H}$ が測度有限になるものをとる．G 上の関数 F が Γ-左不変，すなわち，

$$F(\gamma g) = F(g) \quad (\gamma \in \Gamma, g \in G), \tag{6.39}$$

を満たすとき，F を G 上の (Γ に関する) **保型関数**という．商空間 $\Gamma\backslash G$ 上には G の不変測度 $d\mu_G$ から測度 $d\mu_{\Gamma\backslash G}$ が誘導されるがそれは G-右不変である．実際，$\Gamma\backslash G$ の基本領域が (Γ が離散群だから) 測度零を除いて，ある開集合 W にとれる．そのとき，$\Gamma\backslash G$ 上の関数 $\phi(\dot{g}), \dot{g} = \Gamma g$, を $F(g) = F_\phi(g) := \phi(\dot{g})$ とおいて，自然に G 上の保型関数 F に持ち上げれば，

$$\int_{\Gamma\backslash G} \phi(\dot{g})\, d\mu_{\Gamma\backslash G}(\dot{g}) = \int_W F(g)\, d\mu_G(g) \tag{6.40}$$

となり，この値は W の取り方によらない．同型 $G/K \cong \mathfrak{H}$ に対する断面 S (例えば $S = NA$) をとって，測度空間としての G を，$g = sk\,(s \in S, k \in K)$ によって，$G \ni g \mapsto (z,k) \in \mathfrak{H} \times K, z = s \cdot i$, と直積に分解し，$\Gamma\backslash G \cong \Gamma\backslash\mathfrak{H} \times K$ と捉えれば，$d\mu_{\Gamma\backslash G} = d\mu_{\Gamma\backslash\mathfrak{H}} \times d\mu_K$ となる．ここに，$d\mu_K$ は K 上の 1 つの不変測度である ((6.5) 式の最右端の表示を参照)．この直積表示から，$\Gamma\backslash G$ が測度有

限であることが分かる．

商空間 $\Gamma\backslash G$ 上の不変測度 $d\mu_{\Gamma\backslash G}$ に関する L_2-空間 $L_2(\Gamma\backslash G) = L_2(\Gamma\backslash G; d\mu_{\Gamma\backslash G})$ を表現空間とする G の右移動による表現 R_Γ は，次で定義される：

$$R_\Gamma(g_0)\phi(\dot{g}) := \phi(\dot{g}g_0) \quad (g_0 \in G, \dot{g} = \Gamma g \in \Gamma\backslash G, \phi \in L_2(\Gamma\backslash G)), \tag{6.41}$$

ここに，$\dot{g}g_0 := \Gamma g g_0$．これは，$G$ の右正則表現 R の類似であり，R の既約分解 (プランシュレルの公式) と同様に，R_Γ の既約分解でも，既約表現の離散和の部分と，連続和の部分に分かれる．この既約分解は当然 Γ の性質によって違ってくるが，それを具体的に求めることは，Γ の数論的性質を解明することにもつながり，面白いがなかなかに難しい問題である．極端な場合として，$\Gamma\backslash G$ がコンパクト ($\Gamma\backslash\mathfrak{H}$ コンパクト，と同値) の場合，R_Γ は離散和に分解して，連続和の部分はないことが知られている．

すぐあとで見るように，離散和に入る既約表現の研究には，$\mathfrak{H}$ 上の Γ に関する保型形式の研究が現れる．また，連続和に入る既約表現の研究には，$\mathfrak{H}$ 上の保型関数の研究が現れ，Γ の尖点の Γ-共役類ごとに，古典的なアイゼンシュタイン (F.G.M. Eisenstein) 級数の一般化が必要になる．

6.3.2 $C^\infty(\Gamma\backslash G)$ 上のリー環 $\mathfrak{g}$ の表現と $(R_\Gamma, L_2(\Gamma\backslash G))$ の無限小形

G の正則表現 $(R, L_2(G))$ と，$C^\infty(G)$ 上のベクトル場 $r(X), X \in \mathfrak{g}$, による $\mathfrak{g}$ の表現との関係は，前節に述べた．$\Gamma\backslash G$ の場合にも $C^\infty(\Gamma\backslash G)$ 上のベクトル場 r_Γ によって，R_Γ との類似の関係として拡張される．そして，$r(H_\mathfrak{k}), r(P), r(Q), r(Y'_\pm)$ のベクトル場としての表示式や，微分作用素 $r(C)$ の表示式は，r_Γ に対してもそのまま通用する．これを説明しよう．

まず，$\Gamma \subset G$ は離散的だから，単位元 e の近傍 U を十分小さくとれば，$\gamma \notin U$ $(\forall\gamma \in \Gamma, \gamma \neq e)$ となる．写像 $G \times G \ni (g,h) \mapsto gh^{-1} \in G$ の点 $(g,h) = (e,e)$ における連続性を使えば，e の開近傍 $W \subset G$ が存在して，$WW^{-1} \subset U$ となる．G の任意の点 g_1 の開近傍 $W' := Wg_1 = g_1W''$, $W'' := g_1^{-1}Wg_1$, をとれば，$\gamma W' \cap \gamma' W' = \varnothing$ $(\gamma, \gamma' \in \Gamma, \gamma \neq \gamma')$ となる．これから，g_1 の開近傍 W' を含む $\Gamma\backslash G$ の G 内での断面がとれることが分かる．その断面の中の W' 上

で，$\phi \in C^\infty(\Gamma\backslash G)$ に対して，$F(g) := \phi(\dot{g})$ $(g \in W')$ とおけば，$F \in C^\infty(W')$ で

$$r_\Gamma(X)\phi(\dot{g}) = \lim_{t\to 0}\left(\frac{d}{dt}\right)_0 \phi(\dot{g}e^{tX}) = \lim_{t\to 0}\left(\frac{d}{dt}\right)_0 F(ge^{tX}) = r(X)F(g)$$

となる．これは，$F(g) = \phi(\dot{g})$ とおいて，ϕ に G 上の保型関数 F を対応させて考えているのと同じことである．

6.3.3 表現 $(R_\Gamma, L_2(\Gamma\backslash G))$ の K-型を決めたときの部分空間

表現 R_Γ を既約分解するときに，まず，K で分解してみて，各既約表現に現れる K-型と比較してみよう．このやり方だけで既約分解にまで到達できるとは限らないが，かなりいい情報が得られる．

K の既約表現 χ_n をとる．$R_\Gamma|_K$ が χ_n になる部分空間は，

$$L_2(\Gamma\backslash G \,|\, K, \chi_n) := \{\, \phi \in L_2(\Gamma\backslash G)\,;\, R_\Gamma(k(\theta))\phi = \chi_n(k(\theta))\phi \,\} \tag{6.42}$$

で与えられる．そして，この部分空間への直交射影は

$$P_{\chi_n} = \int_K R_\Gamma(k)\,\overline{\chi_n(k)}\,d\mu_K(k)$$

と **6.2.3** と同じように与えられる．そして，$F(g) = \phi(\dot{g})$ とおくと，(6.39) を満たすので，F は G 上の Γ に関する保型関数になる．$f := \Psi_n F$ とおくと，$F(n(x)a(y)k(\theta)) = f(z)e^{in\theta}$ と書かれるので，$\phi \in L_2(\Gamma\backslash G \,|\, K, \chi_n)$ に対する像 f は $\mathfrak{H}$ 上の関数として，どんな条件を満たしているのかを調べる．

$g = n(x)a(y)k(\theta)$ に対し，$g \mapsto (z, e^{i\theta}) \in \mathfrak{H} \times \mathbb{T}$ と対応させるとき，$\gamma = \begin{pmatrix} A & B \\ C & D \end{pmatrix} \in \Gamma$ をとって，$\gamma g = n(x')a(y')k(\theta')k(\theta)$ とおけば，(6.4), (6.10) により，

$$z' = x' + y'i = \frac{Az + B}{Cz + D} = \gamma \cdot z, \quad y' = \frac{y}{|Cz + D|^2}, \quad e^{i\theta'} = \frac{Cz + D}{|Cz + D|},$$

を得る．したがって，$\Gamma g \in \Gamma\backslash G$ に対しては，$z = x + yi$ は $\Gamma\backslash\mathfrak{H}$ の元として確定する．等式 $F(\gamma g) = F(g)$ において，左辺は，

$$F(\gamma g) = F(n(x')a(y'))e^{in\theta'}e^{in\theta} = f(\gamma\cdot z)\left(\frac{Cz+D}{|Cz+D|}\right)^n e^{in\theta}$$

を得る．ここでは，$F(n(x')a(y')) = f(z') = f(\gamma\cdot z)$ を用いた．右辺は，$f(z)e^{in\theta}$ なので，$y'/y = |Cz+D|^{-2}$ を代入して，$f(\gamma\cdot z)(y'/y)^{n/2}(Cz+D)^n = f(z)$ となる．そこで，$\widetilde{f}(z) := y^{n/2}f(z)$ とおけば，

$$\widetilde{f}(\gamma\cdot z)(Cz+D)^n = \widetilde{f}(z),\quad \text{すなわち，}\quad \widetilde{f}(\gamma\cdot z) = (Cz+D)^{-n}\widetilde{f}(z), \tag{6.43}$$

となる．これは，$\widetilde{f}$ が重さ $-n$ の保型形式と同じ保型性をもつことを意味する．さらに，(6.32) 式と同様に，次の等式を得る：

$$\|\phi\|^2 = \int_{\Gamma\backslash G}|\phi(\dot{g})|^2\,d\mu_{\Gamma\backslash G} = \pi\int_{\Gamma\backslash\mathfrak{H}}|\widetilde{f}(z)|^2\,\frac{dx\,dy}{y^{n+2}}\,. \tag{6.44}$$

別の捉え方． $h(z) = y^{-n/2}\overline{f(z)}$ (したがって，$\overline{h(z)} = y^{-n/2}f(z)$) とおくと，$|Cz+D|^{-2n}(Cz+D)^n = (C\overline{z}+D)^{-n}$ であるから，

$$h(\gamma\cdot z)(Cz+D)^{-n} = h(z),\quad \text{i.e.,}\quad h(\gamma\cdot z) = (Cz+D)^n h(z), \tag{6.45}$$

となる．よって，h は重さ n の保型形式と同じ保型性をもつ．また，写像 $\phi\mapsto\overline{h}$ は線形であり，

$$\|\phi\|^2 = \pi\int_{\Gamma\backslash\mathfrak{H}}|h(z)|^2\,d\mu_n(z),\qquad d\mu_n(z) := \frac{dx\,dy}{y^{-n+2}} = y^n\,d\mu(z)\,. \tag{6.46}$$

実数 ℓ に対し，$\mathfrak{H}$ 上の測度 $d\mu_\ell(z) := y^{\ell-2}\,dx\,dy = y^\ell\,d\mu(z)$ は，$g_0 = \begin{pmatrix} a_0 & b_0 \\ c_0 & d_0 \end{pmatrix} \in G$ による変換に対して，

$$d\mu_\ell(g_0\cdot z) = |c_0z+d_0|^{-\ell/2}d\mu_\ell(z) = (y'/y)^\ell d\mu_\ell(z),\qquad y' = \Im(g_0\cdot z), \tag{6.47}$$

となり，準不変測度である．ここに，記号 $\Im$ は複素数の虚部を表す．この準不変性と，$\widetilde{f}$ や h の保型性から，(6.44), (6.46) の右辺の積分は，$\Gamma\backslash\mathfrak{H}$ の基本領域の取り方によらず確定する．

さて，整数 n をとる．$\mathfrak{H}$ 上の C^∞ 級関数 ψ に対し次の 2 条件を考える：

$$\psi(\gamma\cdot z)(Cz+D)^n=\psi(z)\quad \left(\gamma=\begin{pmatrix}A & B\\ C & D\end{pmatrix}\in\Gamma\right),\tag{6.48}$$

$$\|\psi\|_{-n}^{\,2}:=\int_{\Gamma\backslash\mathfrak{H}}|\psi(z)|^2\,d\mu_{-n}(z)<\infty.\tag{6.49}$$

保型性の条件 (6.48) を満たす ψ のなす空間を $C^\infty(\mathfrak{H}\,\|\,\Gamma,n)$ とし，さらに L_2 性の条件 (6.49) を満たす ψ の空間を $C_2^\infty(\mathfrak{H}\,\|\,\Gamma,n)$ とする．

定理 6.4. (i)　写像 $C^\infty(\Gamma\backslash G\,|\,K,\chi_n)\ni\phi\mapsto\psi=\widetilde{f}$, ただし，

$$\widetilde{f}(z)=y^{n/2}\,\phi(\Gamma n(x)a(y))\quad (z=x+iy)$$

は $C^\infty(\mathfrak{H}\,\|\,\Gamma,n)$ の上への同型対応を与える．これを $C^\infty(\Gamma\backslash G\,|\,K,\chi_n)$ $\cap\, L_2(\Gamma\backslash G)$ に制限すれば，$C_2^\infty(\mathfrak{H}\,\|\,\Gamma,n)$ の上への同型を与える．

(ii)　この同型写像で，$r(Y'_\pm), r(C)$ に対応する $C^\infty(\Gamma\backslash G\,|\,K,\chi_n)$ 上の作用素を，$C^\infty(\mathfrak{H}\,\|\,\Gamma,n)$ の上の作用素に写したものを，$r_{\Gamma,n}(Y'_\pm), r_{\Gamma,n}(C)$ と書くと，これらは次のように表せる：

$$r_{\Gamma,n}(Y'_+)=4y^2\frac{\partial}{\partial\overline{z}}\ :\qquad C^\infty(\mathfrak{H}\,\|\,\Gamma,n)\to C^\infty(\mathfrak{H}\,\|\,\Gamma,n+2)\,,$$
$$r_{\Gamma,n}(Y'_-)=4\,\frac{\partial}{\partial z}+\frac{2ni}{y}\ :\qquad C^\infty(\mathfrak{H}\,\|\,\Gamma,n)\to C^\infty(\mathfrak{H}\,\|\,\Gamma,n-2)\,,$$
$$r_{\Gamma,n}(C)=\frac{1}{2}y^2\Delta_{x,y}+niy\,\frac{\partial}{\partial\overline{z}}+\frac{n(n+2)}{8}\ :\ C^\infty(\mathfrak{H}\,\|\,\Gamma,n)\to C^\infty(\mathfrak{H}\,\|\,\Gamma,n).$$

証明の概略. (ii) の証明について述べる．ϕ と ψ の関係を逆に解くと，

$$\phi(\Gamma n(x)a(y)k(\theta))=\psi(z)\cdot y^{-n/2}\,e^{in\theta}$$

である．この左辺に **6.2.2**, (6.29) 式の $r(Y'_+), r(Y'_-), r(C)$ の表示式を適用すればよい．詳細は問題 6.2 として，読者の計算に待つこととしよう．

系 6.5. $n<0$ とし，$\ell=-n$ とおく．$C^\infty(\mathfrak{H}\,\|\,\Gamma,-\ell)$ の元 ψ が，$r_{\Gamma,n}(Y'_+)\psi=0$ を満たすとき，**最高ウェイト関数**とよぶ．最高ウェイト関数 $\psi(z)$ は z に関して正則である．

証明. $r_{\Gamma,n}(Y'_+)\psi=0$ は，方程式 $(\partial/\partial\overline{z})\psi(z)=0$ と同等であり，これを $\psi(z)=u(x,y)+v(x,y)i$ と ψ の実部，虚部に分けて書き下すと，次の**コーシ**

イ-リーマン (Cauchy - Riemann) **の方程式**になる：

$$\frac{\partial u}{\partial x} = \frac{\partial v}{\partial y}, \qquad -\frac{\partial u}{\partial y} = \frac{\partial v}{\partial x}.$$

そして，1 回連続微分可能な関数 u, v がこの方程式を満たせば，関数 $u(x,y) + v(x,y)i$ は $z = x + yi$ の正則関数になることは，複素関数論の基本定理である．

さて,「別の捉え方」として，$h(z) = y^{-n/2}\overline{f(z)}$ という変換を持ち出したのは，次のような事情による．T を $r_{\Gamma,n}(Y'_{\pm}), r_{\Gamma,n}(C)$ のどれかとするとき，h への作用は，$\overline{T}h := \overline{T\overline{h}}$ と定義される．このとき，

$$\overline{r_{\Gamma,n}(Y'_+)} = 4\frac{\partial}{\partial z} - \frac{2ni}{y}, \qquad \overline{r_{\Gamma,n}(Y'_-)} = 4y^2\,\frac{\partial}{\partial \bar{z}}. \tag{6.50}$$

したがって，$\overline{h(z)} = y^{-n/2}f(z)$ が，最低ウェイトベクトルであれば，$h(z)$ は z の正則関数である．

(I) $n \neq 0$ **の場合**．かくして，$n \neq 0$ の場合には，保型形式の話と，$L_2(\Gamma\backslash G)$ 上の表現 $R_{\Gamma\backslash G}$ の既約分解の話が直接的につながったのである．既約成分 D_ℓ^-, D_ℓ^+ の最高ウェイトベクトル，最低ウェイトベクトルが保型形式として捉えられるのである．保型形式を具体的に作るには，ポアンカレ級数の方法などがある．また，(最高や最低ではない) 一般のウェイトベクトルで，楕円型作用素 $\Delta^{(n)}$ の固有解となるものは解析的であるから，我々は (正則ではないが) 解析的な‘保型形式’を考える必要も出てくるであろう．

(II) $n = 0$ **の場合**．この場合には，保型関数の空間 $C_2^\infty(\mathfrak{H}\,\|\,\Gamma, 0) = C_2^\infty(\Gamma\backslash\mathfrak{H}; d\mu_{\Gamma\backslash\mathfrak{H}})$ 上の $r_{\Gamma,0}(C) = 4y^2\Delta_{x,y}$ のスペクトル分解の話とつながっている．ここには，G の自明表現 $\mathbf{1}_G$ が離散スペクトルとして入っている ($\because\ \mu_{\Gamma\backslash\mathfrak{H}}(\Gamma\backslash\mathfrak{H}) < \infty$)．それ以外は，$\Gamma\backslash\mathfrak{H}$ がコンパクトでないとき，既約表現 $\pi_{\varepsilon,s}$ が実際に連続スペクトルとして入っていることを具体的に示すのに，Γ の尖点の Γ-共役類の代表元に対して，アイゼンシュタイン級数の一般化を定義して利用する．

しかし，残念ながら本書では，この話題をさらに続けて，これらの級数の話にまで入っていくことはできない．興味を持たれた読者は，例えば，[Kubo] などにて学習されたい．また，G の他の既約ユニタリ表現 (補系列の表現 $\pi_{0,\sigma}$ や離

散系列の極限 D_1^+, D_1^- (**6.5.4** 参照)) も $(R_{\Gamma\backslash G}, L_2(\Gamma\backslash G))$ の既約成分として現れないかどうか調べる必要がある.

表現論と保型形式の理論の相互発展

上では，群 $G = SL(2, \mathbb{R})$ の表現と，離散群 $\Gamma \subset G$ の $\mathfrak{H} \cong G/K$ 上の保型関数・保型形式との密接な関連を説明した．従来，予想もされなかったような 2 つの分野が実は密接な関連を持っていることが発見されることはそれだけで重要な価値をもつ.

こうした関連が，直ちにある問題の解決に役立つとも限らないが，それは，新たな見地を導入し，かつ，未開拓の研究の新分野へと導くきっかけともなる.

目下の我々の場合には，まず初めに，実シンプレクティック群 $Sp(n, \mathbb{R})$ がジーゲル (C.L. Siegel) の上半平面 $\mathfrak{H}_n$ 上に働いている場合に，離散部分群 $Sp(n, \mathbb{Z})$ などに対して理論が拡張された．ここに,

$$Sp(n, \mathbb{R}) := \{\, g \in SL(2n, \mathbb{R}) \,;\, gJ_n\, {}^t g = J_n \,\}, \qquad J_n = \begin{pmatrix} 0_n & E_n \\ -E_n & 0_n \end{pmatrix},$$

である．ジーゲルの上半平面とは,

$$\mathfrak{H}_n := \{\, Z = X + iY \,;\, X, Y : n \text{ 次実対称行列}, Y : \text{正定値} \,\}$$

であり，$g = \begin{pmatrix} A & B \\ C & D \end{pmatrix} \in Sp(n, \mathbb{R})$ (A, B, C, D : n 次正方行列) は $\mathfrak{H}_n$ 上に $g \cdot Z := (AZ + B)(CZ + D)^{-1}$ の形で作用する.

問題 6.2. 定理 6.4 (ii) の $r_{\Gamma,n}(Y'_+), r_{\Gamma,n}(Y'_-), r_{\Gamma,n}(C)$ の公式を証明せよ.

6.4 単位円板上の分数変換と $SU(1,1)$ の離散系列表現

整数 ℓ に対し，$\mathfrak{H}$ 上の準不変測度 $d\mu_\ell(z) = y^\ell d\mu(z)$ をとって，ヒルベルト空間 $\mathcal{H}_\ell := L_2(\mathfrak{H}\,;\, d\mu_\ell)$ を考える．$g \in G$ に対し，$g^{-1} = \begin{pmatrix} a & b \\ c & d \end{pmatrix}$ として,

$$(T_\ell(g)f)(z) = (cz + d)^{-\ell} f\left(\frac{az + b}{cz + d}\right) \quad (f \in \mathcal{H}_\ell) \tag{6.51}$$

とおく．これは，$\mathcal{H}_\ell$ 上のユニタリ表現を与える．証明は，(6.10) 式を用いれば容易である．上の変換公式は，$SL(2,\mathbb{C})$ の (と同時に，$SL(2,\mathbb{R})$ の) 有限次元の既約表現を与える，定理 5.13 (iii) の変換公式によく似ていることに留意しておく．

$\mathfrak{H}$ 上で $cz+d \neq 0$ であるから，$f(z)$ が z の正則関数であれば，$T_\ell(g)f(z)$ もまた正則 (holomorphic) である．したがって，$\mathcal{H}_\ell$ 内の正則関数の全体を $\mathcal{H}_\ell^{\mathrm{hol}}$ と書けば，それは不変部分空間である．$f \in \mathcal{H}_\ell^{\mathrm{hol}}$ に対して，$T_\ell(\gamma)f = f$ $(\gamma \in SL(2,\mathbb{Z}))$ となることは，f が重さ ℓ の保型形式であることを意味する．$\mathcal{H}_\ell^{\mathrm{hol}}$ は興味ある空間だが，まず解決すべき問題は，

問題 6.4.1. $\mathcal{H}_\ell^{\mathrm{hol}}$ はヒルベルト空間 $\mathcal{H}_\ell$ の閉部分空間であるか，

問題 6.4.2. いつ $\mathcal{H}_\ell^{\mathrm{hol}} \neq \{0\}$ となるか，

である．これらが分かれば，$\mathcal{H}_\ell^{\mathrm{hol}}$ 上に部分表現が与えられる．

問題 6.4.1 については答えは肯定的である．

定理 6.6. D を複素平面の領域 (すなわち連結開集合) とし，$m(z)>0$ を D 上の正値連続関数とする．測度 $d\mu^m(z) := m(z)dxdy$ $(z = x+iy \in D)$ に対して，$\mathcal{H} = L_2(D\,;d\mu^m)$ をとる．$\mathcal{H}^{\mathrm{hol}}$ を $\mathcal{H}$ の元で正則なものの全体とすると，これは閉部分空間である．

証明． $\mathcal{H}^{\mathrm{hol}} \neq \{0\}$ とする．$\mathcal{H}^{\mathrm{hol}}$ の元からなるコーシー列 $\{f_n\}$ をとる．この列が広義一様収束することを示せばよい．実際，ヒルベルト空間 $\mathcal{H}$ での極限 $f = \lim_{n\to\infty} f_n$ は必ず存在する．他方，f_n の広義一様極限 F は正則である．f と F とは，ほとんど至るところ一致するので，$\mathcal{H}$ の元としては同一視される．

さて，広義一様収束を示すには，次の不等式が分かればよい．D の任意のコンパクト部分集合 U をとれば，整数 $c_U>0$ が存在して，

$$\max_{z\in U}|f(z)| \leq c_U\,\|f\| \quad (f \in \mathcal{H}^{\mathrm{hol}}). \tag{6.52}$$

これを証明するのに，U として閉円板に限ってよい．U から距離 $R>0$ 以内にある点の集合 U_R が D に含まれているとする．$c'_U = \min\{\,m(z)\,;\,z \in U_R\,\}$ とおく．任意の $z_0 \in U$ をとると，z_0 を中心とする半径 R の閉円板は U_R に含まれるので，

$$\|f\|^2 \geq \iint_{U_R} |f(z)|^2\, m(z)dx\, dy \geq c'_U \iint_{|z-z_0|\leq R} |f(z)|^2\, dx\, dy.$$

他方，$f(z)$ について次の補題 6.7 を適用すると，右辺で，$\iint_{U_R} |f(z)|^2\, dx\, dy \geq \pi R^2\, |f(z_0)|^2$. したがって，$c_U = 1/\left(R\sqrt{c'_U \cdot \pi}\right)$ ととれば，$|f(z)| \leq c_U \|f\|$ となる． □

補題 6.7. $h(z)$ は z_0 を中心とする半径 R の閉円板 U_R で正則とすると，

$$\pi R^2\, |h(z_0)|^2 \leq \iint_{U_R} |h(z)|^2\, dx\, dy. \tag{6.53}$$

証明. $h(z)$ は閉円板 U_R 上で正則であるから，$z - z_0$ の冪級数展開

$$h(z) = \sum_{0\leq n<\infty} a_n (z-z_0)^n, \quad a_0 = h(z_0),\ a_n = h^{(n)}(z_0)/n!,$$

は，この閉円板上で一様かつ絶対収束する．したがって，$|h(z)|^2 = h(z)\,\overline{h(z)} = \sum_{m,n} a_m \overline{a_n}\,(z-z_0)^m \overline{(z-z_0)}^{\,n}$ を U_R 上で積分するときに，項別積分ができる．$z - z_0 = re^{i\theta}$ $(0 \leq r \leq R,\ 0 \leq \theta \leq 2\pi)$ と変数変換して，$dx\, dy = rdr\, d\theta$ を用いて計算すれば，この積分は，$m \neq n$ のときには，0 であり，$m = n$ のときには，$\pi R^{2n+2}/(n+1)$ である．よって，(6.53) の右辺は，

$$= \sum_{0\leq n<\infty} |a_n|^2 \cdot \pi R^{2n+2}/(n+1) \geq |a_0|^2 \cdot \pi R^2. \qquad \square$$

問題 6.4.2 に答えるためもあって，$\mathfrak{H}$ を開単位円板 $\mathfrak{D} = \{\, w \in \mathbb{C}\,;\ |w| < 1 \,\}$ 上に解析的に写してみよう．有名な**ケーリー** (A. Cayley) **変換**は，

$$\mathcal{C}:\ \mathfrak{H} \ni z \longmapsto w = \frac{z-i}{z+i} \in \mathfrak{D} \tag{6.54}$$

で与えられる．$w = \xi + i\eta$ とおくと，

$$\begin{aligned} \frac{dx\, dy}{y^2} &= \frac{4\, d\xi\, d\eta}{(1-|w|^2)^2} \qquad \text{(不変測度)}, \\ y &= \frac{1}{|1-w|^2}\,(1-|w|^2). \end{aligned} \tag{6.55}$$

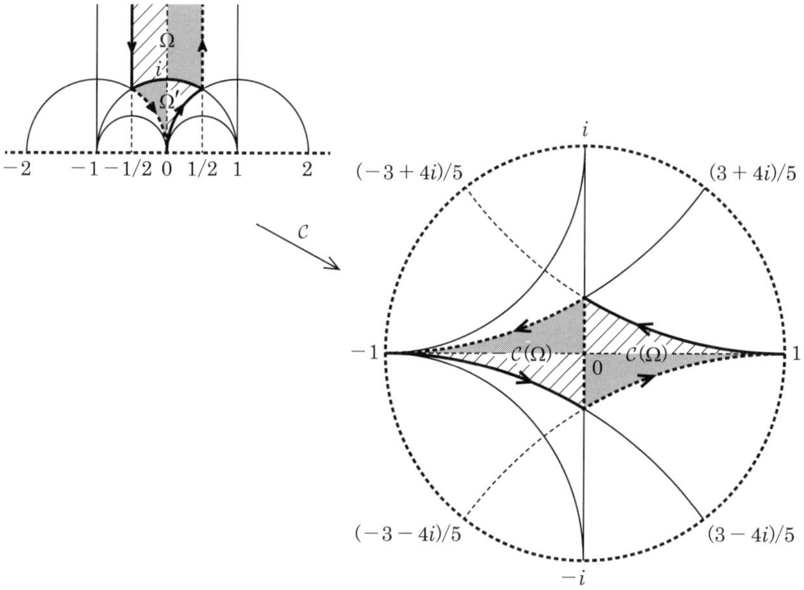

図 6.2. ケーリー変換と単位円板 $\mathfrak{D}$ の基本領域 $\mathcal{C}(\Omega)$ と $\mathcal{C}(\sigma_2 \cdot \Omega) = -\mathcal{C}(\Omega)$

図の説明： $\mathcal{C}(i) = 0$, $\mathcal{C}(1) = -i$, $\mathcal{C}(-1) = i$, である．左図の半直線 $\Re z = 0$, $\varepsilon/2\,(\varepsilon = \pm 1)$, は，$w = \mathcal{C}z$ によって，それぞれ，直線 $\Im w = 0$, および，中心 $1 - 2\varepsilon i$, 半径 2 の円の円弧に写る (いずれも点 $1 = \mathcal{C}(\infty)$ を通る)．また，左図の単位円 $|z| = 1, |z - \varepsilon| = 1$, の半円弧はそれぞれ，直線 $\Re w = 0$, および，中心 $-1 - 2\varepsilon i$, 半径 2 の円の円弧に写る (点 $-1 = \mathcal{C}(0)$ を通り，境界 $\partial\mathfrak{D}$ の円 $|w| = 1$ と $(3 - 4\varepsilon i)/5$ で交わる)．$\mathfrak{D}$ 内でのこれらの円弧の交点は $(-2 + \sqrt{3})\varepsilon i$ である．また，$\mathcal{C}(\sigma_2 \cdot z) = -\mathcal{C}z$ であるから，その w への作用は，原点 O を中心とする 180° の回転である．読者よ，これらの計算を確かめよ．

変換 $\mathcal{C}z$ は分数変換として行列 $J = \begin{pmatrix} 1 & -i \\ 1 & i \end{pmatrix}$ に対応するので，$\mathfrak{H}$ 上の分数変換 (6.1) は次のように $\mathfrak{D}$ 上の分数変換に写される： $g = \begin{pmatrix} a & b \\ c & d \end{pmatrix}$ に対して，

$$\widetilde{g} = JgJ^{-1} = \begin{pmatrix} \alpha & \beta \\ \overline{\beta} & \overline{\alpha} \end{pmatrix}, \quad ここに, \begin{cases} \alpha = \dfrac{1}{2}\{(a+d) + i(b-c)\}, \\ \beta = \dfrac{1}{2}\{(a-d) - i(b+c)\}, \end{cases} \tag{6.56}$$

とおけば, $z \mapsto g \cdot z$ に対応するのは,

$$\mathfrak{D} \ni w \longrightarrow \widetilde{g} \cdot w = \frac{\alpha w + \beta}{\overline{\beta} w + \overline{\alpha}} \in \mathfrak{D} \tag{6.57}$$

である. また, g の像 $\widetilde{g}$ のなす群は $SU(1,1)$ である. ここに, p, q を正整数とするとき, $n = p + q$, $J_{p,q} = \mathrm{diag}(-E_p, E_q)$ とおいて,

$$\begin{aligned} &U(p,q) := \{\, g \in GL(n, \mathbb{C}) \ ; \ g^* J_{p,q} g = J_{p,q} \,\}, \\ &SU(p,q) := U(p,q) \cap SL(n, \mathbb{C}), \end{aligned} \tag{6.58}$$

と定義する一連の行列群があり, $SU(1,1)$ は最も基本的なものである.

問題 6.3. (i) 群 $SU(1,1)$ は次のように特徴づけられることを示せ:

$$SU(1,1) = \left\{ v = \begin{pmatrix} \alpha & \beta \\ \overline{\beta} & \overline{\alpha} \end{pmatrix} \ ; \ \det v = |\alpha|^2 - |\beta|^2 = 1 \right\}. \tag{6.59}$$

(ii) 対応 $\Psi : g \mapsto \widetilde{g}$ は, $SL(2, \mathbb{R})$ から $SU(1,1)$ の上への同型写像であることを示せ.

そこで, 群 $SL(2, \mathbb{R})$ のユニタリ表現 $(T_\ell, \mathcal{H}_\ell), \mathcal{H}_\ell = L_2(\mathfrak{H}; d\mu_\ell)$, を同型写像 $\Psi(g) = \widetilde{g}$ を通じて, 群 $SU(1,1)$ の表現として書き直してみよう. ℓ を整数とする. $f \in \mathcal{H}_\ell$ に対し, $F(w) := (1-w)^\ell f(\Psi^{-1}(w))$ とおくと, (6.55) により,

$$\iint_{\mathfrak{H}} |f(z)|^2 d\mu_\ell(z) = \iint_{\mathfrak{D}} |F(w)|^2 \frac{4 d\xi d\eta}{(1-|w|^2)^{-\ell+2}}. \tag{6.60}$$

$\widetilde{\Psi}(f) = F$ とおけば, $\widetilde{\Psi}$ は, $\mathcal{H}_\ell$ から $\widetilde{\mathcal{H}}_\ell := L_2(\mathfrak{D}; d\widetilde{\mu}_\ell)$, $d\widetilde{\mu}_\ell(w) := 4d\xi d\eta/(1-|w|^2)^{-\ell+2}$, の上への同型写像である. そこで表現作用素の変換を見るのに, $u = \Psi(g)$ とし, $h = g^{-1} = \begin{pmatrix} a & b \\ c & d \end{pmatrix}$ に対応して $\widetilde{h} = u^{-1} = \begin{pmatrix} \alpha & \beta \\ \overline{\beta} & \overline{\alpha} \end{pmatrix}$ とするとき, $\widetilde{T}_\ell(u)F := \widetilde{\Psi}(T_\ell(g)f)$ によって, $\widetilde{T}_\ell(u)$ を定義すれば,

$$(\widetilde{T}_\ell(u)F)(w) = (\overline{\beta}w+\overline{\alpha})^\ell F\left(\frac{\alpha w+\beta}{\overline{\beta}w+\overline{\alpha}}\right) \tag{6.61}$$

を得る．これを図示すれば，相関作用素 $\widetilde{\Psi}$ を含む可換図形を得る：

$$\begin{array}{ccc} \mathcal{H}_\ell \ni f & \xrightarrow{\quad g \quad} & T_\ell(g)f \in \mathcal{H}_\ell \\ \widetilde{\Psi}\big\downarrow & \circlearrowleft & \big\downarrow\widetilde{\Psi} \\ \widetilde{\mathcal{H}}_\ell \ni F & \xrightarrow[u=\Psi(g)]{\qquad} & \widetilde{T}_\ell(u)F \in \widetilde{\mathcal{H}}_\ell \end{array}$$

問題 6.4. 表現作用素 $\widetilde{T}_\ell(u)$ の公式 (6.61) を証明せよ．

ここで得られたユニタリ表現 $(\widetilde{T}_\ell, \widetilde{\mathcal{H}}_\ell)$ を調べてみよう．そして，問題 6.4.2 に答えよう．まず，$SL(2,\mathbb{R})$ の極大部分群 $K = SO(2)$ に対応する $SU(1,1)$ の部分群 $\widetilde{K} := \Psi(K)$ は，

$$\widetilde{K} = \left\{\widetilde{u}_2(\theta) := \Psi(u_2(\theta)) = \mathrm{diag}(e^{-i\theta}, e^{i\theta})\right\} \tag{6.62}$$

である．そして，$\widetilde{K} \ni \widetilde{u}_2(\theta) \mapsto \lambda = e^{i\theta} \in \mathbb{T}$ により，1 次元トーラス $\mathbb{T}$ に同型であり，その既約表現は 1 次元で，どれかの $\chi_m(\widetilde{u}_2(\theta)) = \lambda^m, m \in \mathbb{Z}$, に一致する．表現 $\widetilde{T}_\ell$ を $\widetilde{K}$ に制限してみると，$\widetilde{u}_2(\theta)^{-1} = \mathrm{diag}(\lambda, \lambda^{-1})$ であるから，

$$\widetilde{T}_\ell(\widetilde{u}_2(\theta))F(w) = \lambda^\ell F(\lambda^2 w), \quad \lambda = e^{i\theta},$$

となる．χ_m の働く部分空間 $\widetilde{\mathcal{H}}_\ell(\chi_m)$ は，方程式 $\widetilde{T}_\ell(\widetilde{u}_2(\theta))F(w) = \lambda^m F(w)$ で決定される．$w \in \mathfrak{D}$ を‘極座標’で表して，$w = re^{i\varphi}, r = |w|$, とおくと，$\lambda^2 w = re^{i(\varphi+2\theta)}$ であるから，

$$\widetilde{\mathcal{H}}_\ell(\chi_m) = \left\{ F(w) = R_F(r)e^{i(m-\ell)\varphi/2}\ ;\ \|F\|^2 = 8\pi\|R_F\|^2 < \infty \right\},$$
$$\|R_F\|^2 = \int_0^1 |R_F(r)|^2 \frac{r\,dr}{(1-r^2)^{-\ell+2}}.$$

すると，F が w の一価関数であるから，$m \not\equiv \ell \pmod 2$ のときには，$\widetilde{\mathcal{H}}_\ell(\chi_m) = \{0\}$ である．$m \equiv \ell$ のときには，$\widetilde{\mathcal{H}}_\ell(\chi_m)$ は無限次元である．

つぎに，$\widetilde{\mathcal{H}}_\ell$ の正則関数よりなる部分空間 $\widetilde{\mathcal{H}}_\ell^{\mathrm{hol}}$ を考えよう．F が単位円板 $\mathfrak{D}$

で正則ならば，F は $\mathfrak{D}$ で広義一様に収束する w の冪級数に展開される．$F(w) = \sum_{0\le n<\infty} a_n w^n$ とすると，

$$\widetilde{T}_\ell(\widetilde{u}_2(\theta))F(w) = \sum_{0\le n<\infty} a_n \lambda^{\ell+2n} w^n,$$

かつ，$F_n(w) := w^n$ のノルムは，

$$\|F_n\|^2 = 8\pi \int_0^1 \frac{r^{2n+1}\,dr}{(1-r^2)^{-\ell+2}} = 4\pi \int_0^1 t^n\,(1-t)^{\ell-2}\,dt = 4\pi B(n+1, \ell-1)$$

であるから，次の定理の主張 (i) を得る．主張 (ii) の証明は問題とする．

定理 6.8. (i) $\widetilde{G} = SU(1,1)$ の表現 $(\widetilde{T}_\ell, \widetilde{\mathcal{H}}_\ell)$ における不変な閉部分空間 $\widetilde{\mathcal{H}}_\ell^{\mathrm{hol}}$ は，$\ell < 2$ のときは $\{0\}$ である．$\ell \ge 2$ のときは，1 次元部分空間 $\widetilde{\mathcal{H}}_\ell^{\mathrm{hol}}(\chi_m) = \mathbb{C}\cdot F_m$ の $m \equiv \ell \pmod 2, m \ge \ell,$ にわたる直和である．すなわち，$\widetilde{\mathcal{H}}_\ell^{\mathrm{hol}}$ 上の $\widetilde{G}$ の表現を極大コンパクト群 $\widetilde{K}$ に制限すると，

$$(\widetilde{T}_\ell|_{\widetilde{K}}, \widetilde{\mathcal{H}}_\ell^{\mathrm{hol}}) \;\cong\; \textstyle\sum^{\oplus} \chi_m \quad (m \ge \ell,\, m \equiv \ell \pmod 2). \tag{6.63}$$

(ii) ユニタリ表現 $(\widetilde{T}_\ell, \widetilde{\mathcal{H}}_\ell^{\mathrm{hol}}), \ell \ge 2,$ は，既約である．

$\widetilde{G} = SU(1,1)$ の離散系列の既約ユニタリ表現 $(\widetilde{T}_\ell, \widetilde{\mathcal{H}}_\ell^{\mathrm{hol}}), \ell \ge 2,$ に対応して $G = SL(2,\mathbb{R})$ のユニタリ表現 $(T_\ell, \mathcal{H}_\ell^{\mathrm{hol}})$ も既約であるが，これを G の**正則離散系列**の表現とよび，記号で D_ℓ^+ と書く．$\widetilde{G}$ の表現としては，$\widetilde{D}_\ell^+$ と書く．また，反正則関数 $F(w)$ (すなわち，$\overline{F(w)}$ が正則) の空間 $\widetilde{\mathcal{H}}_\ell^{\mathrm{ahol}}$ をとり，表現の定義 (6.61) における掛け算因子 $(\overline{\beta}w + \overline{\alpha})^\ell$ を $(\beta\overline{w} + \alpha)^\ell$ で置き換えて，表現 $\widetilde{T}'_\ell$ を定義すると，**反正則離散系列**の表現 $D_\ell^-, \ell \ge 2,$ が得られる．議論は $(\widetilde{T}_\ell, \widetilde{\mathcal{H}}_\ell^{\mathrm{hol}})$ の場合と同様である．$\widetilde{G}$ のこの既約表現 $\widetilde{T}'_\ell$ を，極大コンパクト部分群 $\widetilde{K}$ に制限して得られる (6.63) と類似の分解公式においては，現れる χ_m は，$m \equiv \ell, m \le -\ell,$ である．

問題 6.5. (i) 表現 $\pi = \widetilde{T}_\ell$ の無限小形を $d\pi$ と書く．作用素 $d\pi(X), X = P, Q, Y'_\pm, C \in U(\mathfrak{g}_\mathbb{C}),$ のベクトル F_m への作用を求めよ．

(ii) 作用素 $d\pi(Y'_\pm)F_m$ の具体形を用いて，表現 π の既約性を証明せよ．

〔ヒント： 以下の **6.5.2(II)** の証明の議論に倣う.〕

6.5 群 $SL(2,\mathbb{R})$ の既約表現の構成

前節では，$G = SL(2,\mathbb{R})$ の離散系列の表現を構成したが，ここでは連続主系列表現 $\pi_{\varepsilon,s}, \varepsilon = 0, 1,\ s = i\rho$, を含む既約表現の族を，誘導表現として統一的に構成しよう．

6.5.1 共役表現，不変エルミート内積，ユニタリ化可能

T を，ある群 G の複素ヒルベルト空間 $\mathcal{H}$ 上の有界線形表現とする．T の**共役《きょうやく》表現** $\check{T}$ とは，$\check{T}(g) := T(g^{-1})^*\ (g \in G)$ で定義される．ここに，B^* は有界線形作用素 B の共役作用素である．T がユニタリ表現であることは，$\check{T} = T$ と同値である．

$\mathcal{H}$ のエルミート内積とは，$v, w \in \mathcal{H}$ に対して決まる $h(v,w) \in \mathbb{C}$ であって，v に関して線形で，$h(w,v) = \overline{h(v,w)}\ \ (v, w \in \mathcal{H})$ を満たすものである．$h(v,w)$ が v, w に関して連続であるとする．このとき，有界なエルミート型作用素 $A : \mathcal{H} \to \mathcal{H}$ が一意的に存在して，

$$h(v,w) = \langle Av, w\rangle \quad (v, w \in \mathcal{H})$$

となる．ここに，$\langle v, w\rangle$ は $\mathcal{H}$ の内積を表し，A が**エルミート型**であるとは，$A^* = A$ となっていることである．エルミート内積 $h(v,w)$ が **G-不変**であるとは，

$$h(T(g)v, T(g)w) = h(v,w) \quad (g \in G, v, w \in \mathcal{H})$$

を満たすことである．$\langle AT(g)v, T(g)w\rangle = \langle T^*(g)AT(g)v, w\rangle$ であるから，

$$T^*(g)AT(g) = A, \qquad \text{したがって，}\ AT(g) = \check{T}(g)A \quad (g \in G), \tag{6.64}$$

となる．よって，A は表現 T とその共役 $\check{T}$ の間の相関作用素である．このとき，$\mathrm{Ker}(A) := \{v \in \mathcal{H}\ ;\ Av = 0\}$ は G-不変な閉部分空間であり，商空間 $\mathcal{H}/\mathrm{Ker}(A)$ 上には，T から商表現 T^A が導かれる．そして，A は T^A から $(\check{T}, \mathcal{H})$ の中への同型写像を与える．したがって，不変エルミート内積が存在するためには，T のある商表現と $\check{T}$ のある部分表現が同値でなければならない．

いま，不変エルミート内積 $h(v,w)$ が正定値，すなわち，$h(v,v) \geq 0$ かつ $h(v,v) = 0 \iff v = 0$, であるとき，$\mathcal{H}$ に $h(v,w)$ により新たに前ヒルベルト空間の構造が入る．必要ならば完備化して，新しいヒルベルト空間を得る．ここには，表現 T が自然に拡張されて，ユニタリ表現になる．このとき，もとの表現 $(T,\mathcal{H})$ を**ユニタリ化可能**であるという．

6.5.2　誘導表現 $\pi_s, \pi_{\varepsilon,s}$

G の部分群 $N = \{n(x)\}, A = \{a(y)\}, K = \{k(\theta)\}$ を (6.2) の通りとする．A の K における中心化群 $M = Z_K(A)$ をとると，$M = \{\pm E_2\}$ となり，これは G の中心と一致する．部分群 NAM の N では自明な有限次元既約表現をとって，それを G に誘導するのが，連続系列の表現を作る標準的な方法である．

可換群 AM の有限次元既約表現は 1 次元の指標である．したがって，

$$\chi_{A,s}(a(y)) := (\sqrt{y})^s = y^{s/2} \ (s \in \mathbb{C}), \qquad \chi_{M,\varepsilon}(\kappa E_2) := \kappa^\varepsilon \ (\varepsilon = 0,1), \quad (6.65)$$

のテンソル積である．そこで，

$$\pi_{\varepsilon,s} := \mathrm{Ind}_{NAM}^G((\mathbf{1}_N \cdot \chi_{A,s}) \otimes \chi_{M,\varepsilon}), \qquad \pi_s := \mathrm{Ind}_{NA}^G(\mathbf{1}_N \cdot \chi_{A,s}), \quad (6.66)$$

とおく．のちにすぐ分かるように，$\pi_s = \pi_{0,s} \oplus \pi_{1,s}$ (直交直和) である．$P = MAN$ は G の**放物型部分群**とよばれ，その既約表現を G へ誘導した表現 $\pi_{\varepsilon,s}$ は **(非ユニタリ) 主系列表現**とよばれる．

注意 6.1. 引き続いて群の表現論を勉強する際に必要な注意として，少し先走った情報を書いておこう．Lorentz 群など半単純 Lie 群 G に対する基本的な結果として，Harish-Chandra による次の部分商定理がある．J. Lepowsky によって拡張された形に書くと，

部分商定理 (Harish-Chandra, Lepowsky)　連結で中心有限の G に対して，極小放物型部分群 $P = MAN$ の上記のような種類の既約表現を P から G に誘導した表現を **(非ユニタリ) 主系列表現** という．G の既約表現はどれかの主系列表現の部分商として現れる．ここに部分商とは，2 つの不変閉部分空間 $V_1 \supset V_2$ があって，その商空間 V_1/V_2 上の表現のことである．

J. Lepowsky, Algebraic results on representations of semisimple Lie groups, Trans. Amer.Math.Soc.,**176** (1973), 1–44 [Th. 8.10, p.29]; および第 II 巻の**トピックス 6 (半**

単純リー群の表現論 (小史)), p.337, 参照.

まず, π_s を調べよう.

5.7.3 における誘導表現のスキームでは, 部分群 $H \subset G$ からの誘導表現のスキームに均質空間 G/H を用いた. ここでは, 右左を反転させて, 左剰余類の空間 $H\backslash G$, $H = NA$, を用いる. これには $g_0 \in G$ が右から, $H\backslash G \ni Hg \mapsto Hgg_0$ と作用する. したがって, **5.7.3** の「変換公式 3」も, この場に合うように少し翻訳し直して, π_s に対する公式を導こう.

定理 6.1 の分解定理により, $G = NAK$ であるから, 均質空間 $H\backslash G, H = NA$, の G 内の断面として, K をとることができる. そのとき, 類 $\omega = Hk(\theta)$ に $g_0 = \begin{pmatrix} a_0 & b_0 \\ c_0 & d_0 \end{pmatrix}$ を作用させて考えると, $k(\theta)g_0 = n(x')a(y')k(\theta')$ として, $\omega \cdot g_0 = Hk(\theta)g_0 = Hk(\theta')$ であり, $k(\theta)g_0 = \begin{pmatrix} A & B \\ C & D \end{pmatrix}$ とおけば, (6.4) により,

$$z' = x' + y'i = \frac{Ai + B}{Ci + D}, \quad y' = \frac{1}{|Ci + D|^2}, \quad e^{i\theta'} = \frac{Ci + D}{|Ci + D|}, \tag{6.67}$$

である. $H\backslash G \cong K$ の上の準不変測度として, $d\mu_K(k(\theta)) = (2\pi)^{-1}d\theta$ をとる.

補題 6.9. $K \cong H\backslash G$ の上の測度は, g_0 によって次の変換を受ける:

$$\frac{d\theta'}{d\theta} = \frac{1}{|Ci + D|^2} = y'. \tag{6.68}$$

証明. (6.67) の $e^{i\theta'}$ の式の両辺を, θ で微分する.

別証. $g = n(x)a(y)k(\theta)$ とおくと, 定理 6.2 により, $d\mu_G(g) = 2^{-1}y^{-2}dx\,dy\,d\theta$. また, $d\mu_G(gg_0) = d\mu_G(g)$ である. この左辺に, $gg_0 = n(x)a(y)n(x')a(y')k(\theta') = n(x + yx')a(yy')k(\theta')$ の座標による表示を入れると, ${y'}^{-1}d\theta' = d\theta$ を得る. □

まず, C^∞ 級の関数を相手にして話を進める. $C^\infty(G)$ の元 f で次の条件 (F′1) を満たすもの全体のなす空間 $C^\infty(G \,\|\, H, \varpi)$ をとる:

(F′1) $\qquad f(hg) = \varpi(h)f(g) \quad (h \in H = NA,\, g \in G), \quad \varpi = \mathbf{1}_N \cdot \chi_{A,s},$

そして, その空間の上で右移動による G の作用を考える:

$$R_\varpi(g_0)f(g) := f(gg_0) \quad (g, g_0 \in G).$$

これを，$H\backslash G$ の断面 K を使って書き直すとどうなるか．$g = n(x)a(y)k(\theta)$, $k(\theta)g_0 = h'k(\theta'), h' = n(x')a(y')$, とおく．$f$ に，その K 上への制限 $\psi(e^{i\theta}) := f(k(\theta))$ を対応させると，$C^\infty(G \,\|\, H, \varpi) \ni f \mapsto \psi \in C^\infty(K)$ は同型写像である．また，$R_\varpi(g_0)f$ の像は $\varpi(h')\psi(e^{i\theta'})$ となる．これに測度の変換のヤコビアンの分を補正して，次の変換公式を得る：

$$\begin{aligned}\pi_s(g_0)\psi(e^{i\theta}) &:= \left(\frac{d\theta'}{d\theta}\right)^{1/2}(\sqrt{y'})^s\psi(e^{i\theta'}) = {y'}^{(s+1)/2}\psi(e^{i\theta'}) \qquad (6.69)\\ &= \frac{1}{|Ci+D|^{s+1}}\,\psi\left(\frac{Ci+D}{|Ci+D|}\right),\end{aligned}$$

ここに，$k(\theta)g_0 = \begin{pmatrix} A & B \\ C & D \end{pmatrix}$．空間 $C^\infty(K)$ を完備化した $\mathcal{H} = L_2(K)$ を表現空間として，G の有界線形表現 π_s $(s \in \mathbb{C})$ が得られた．実際，作用素 $\pi_s(g_0)$ のノルムの評価は，次のようになる．対称行列 ${g_0}^t g_0$ を考えれば，$y' + {y'}^{-1} \leq \mathrm{tr}({g_0}^t g_0)$ であるから，$\|\pi_s(g_0)\|^2 \leq \mathrm{tr}({g_0}^t g_0)^{|\Re(s)|}$. ここに，$\Re(s)$ は s の実部を表す．

表現 π_s の $\pi_{0,s}, \pi_{1,s}$ への直和分解と K-スペクトル

部分群 $M = \{\kappa E_2\,;\,\kappa = \pm 1\}$ は G の中心であるから，$\pi_s(-E_2)$ は表現 π_s の相関作用素である．そこで，部分空間 $\mathcal{H}_\varepsilon$ を

$$\mathcal{H}_\varepsilon = \{\psi \in \mathcal{H}\,;\,\pi_s(-E_2)\psi = (-1)^\varepsilon\psi\} \quad (\varepsilon = 0, 1)$$

で定義すると，それらは不変部分空間である．その上への π_s の制限をそれぞれ $\pi_{\varepsilon,s}$ と書く．K への制限 $\pi_{\varepsilon,s}|_K$ の既約分解が K-スペクトルを与える：

$$\pi_{\varepsilon,s}|_K \;\cong\; \sum_{n\in\mathbb{Z}}^{\oplus}\chi_{2n+\varepsilon}\,, \qquad \chi_p(k(\theta)) := e^{ip\theta}. \qquad (6.70)$$

6.5.3 表現 $\pi_s, \pi_{\varepsilon,s}$ の無限小形

$\mathcal{H}$ の稠密な部分空間 $C^\infty(K)$ の上で，$d\pi_s(X), X \in \mathfrak{g} = \mathfrak{sl}(2,\mathbb{R})$, を求めよう．$\pi_{\varepsilon,s}$ に対しては，$C^\infty(K)$ の部分空間の上への制限であるから，全く同じ形をしている．

さて，断面 K の元 $k(\theta)$ に対して，$k(\theta)e^{tX} = n(x_t)a(y_t)k(\theta_t)$ とおく．この両辺を t につき $t=0$ で微分する．$\alpha = \left(\dfrac{d}{dt}\right)_0 x_t$, $\beta = \left(\dfrac{d}{dt}\right)_0 y_t$, $\gamma = \left(\dfrac{d}{dt}\right)_0 \theta_t$, とおくと，$t=0$ で，$x_0 = 0$, $y_0 = 1$, $\theta_0 = \theta$, であるから，

$$k(\theta)X = \alpha \begin{pmatrix} 0 & 1 \\ 0 & 0 \end{pmatrix} k(\theta) + \beta \begin{pmatrix} 1/2 & 0 \\ 0 & -1/2 \end{pmatrix} k(\theta) + \gamma \begin{pmatrix} -\sin\theta & -\cos\theta \\ \cos\theta & -\sin\theta \end{pmatrix}$$

これから α, β, γ が θ の関数として求まる．そこで，$\pi_s(e^{tX})\psi(e^{i\theta}) = {y_t}^{(s+1)/2}\psi(e^{i\theta_t})$ の両辺を $t=0$ で微分して，

$$d\pi_s(X)\psi(e^{i\theta}) = \left(\frac{s+1}{2}\beta + \gamma\frac{d}{d\theta}\right)\psi(e^{i\theta}) \quad (\psi \in C^\infty(K)) \tag{6.71}$$

となる．この公式を，$X = H_{\mathfrak{k}}, P, Q$ に適用して計算すれば次の公式を得る：

$$\begin{aligned} d\pi_s(H_{\mathfrak{k}}) &= d/d\theta\,, \\ d\pi_s(P) &= -(s+1)\sin(2\theta) + \cos(2\theta)\cdot d/d\theta, \\ d\pi_s(Q) &= (s+1)\cos(2\theta) + \sin(2\theta)\cdot d/d\theta. \end{aligned} \tag{6.72}$$

定理 6.10. $G = SL(2,\mathbb{R})$ の有界線形表現 π_s の無限小形において，

$$\begin{aligned} d\pi_s(Y'_+) &= e^{2i\theta}((s+1)i + d/d\theta), \\ d\pi_s(Y'_-) &= e^{-2i\theta}(\,-(s+1)i + d/d\theta), \\ 8\,d\pi_s(C) &= d\pi_s(-{H_{\mathfrak{k}}}^2 + P^2 + Q^2) = s^2 - 1. \end{aligned} \tag{6.73}$$

問題 6.6. 表現 π_s の無限小形における $d\pi_s(X), X = H_{\mathfrak{k}}, P, Q,$ の公式 (6.72) は，G の正則表現 R の無限小形 r における公式 (6.28) から直接得られる．これを証明せよ．

〔ヒント：$H = NA$ とおく．**6.5.2** 節に現れた $C^\infty(G)$ の G-不変部分空間 $C^\infty(G \,\|\, H, \varpi)$ に対して，変換公式 (6.69) におけるヤコビアンの分だけ補正して，$\varpi = \mathbf{1}_N \cdot \chi_{A,s}$ を $\varpi' = \mathbf{1}_N \cdot \chi_{A,s+1}$ に置き換えた部分空間 $C^\infty(G \,\|\, H, \varpi')$ を考える．その上への R の制限から，表現 π_s が導かれている．この関係により，$f \in C^\infty(G \,\|\, H, \varpi')$ に対して，$f(n(x)a(y)k(\theta)) = y^{(s+1)/2}\psi(e^{i\theta})$ とおくと，$r(X)f$ の公式から $d\pi_s(X)\psi$ の公式を得る.〕

6.5.4 誘導表現 $\pi_{\varepsilon,s}$(非ユニタリ主系列表現) の性質

表現 $\pi_{\varepsilon,s}$ の K-スペクトルおよび，カシミール元 C の固有値 $d\pi_{\varepsilon,s}(C) = \frac{1}{8}(s^2-1)$ は，すでに得られた．ここでは，ユニタリ性，既約性，同値性などに関する結果を，列挙しておこう．

(I) (共役表現，ユニタリ性，不変エルミート内積)

表現 $\pi_{\varepsilon,s}$ の共役表現は，$\pi_{\varepsilon,-\overline{s}}$ である．とくに，$s = i\rho$ $(\rho \in \mathbb{R})$ のときは，$-\overline{s} = s$ なので，$\pi_{\varepsilon,i\rho}$ はユニタリ表現である．また，$\pi_{\varepsilon,s}$ が不変エルミート内積をもつためには，s は実数または純虚数でなければならない．

証明. $g_0 \in G$ をとり $k(\theta)g_0 = n(x')a(y')k(\theta')$ とする．$\psi_1, \psi_2 \in \mathcal{H}$ に対して，

$$\langle \pi_{\varepsilon,s}(g_0)\psi_1, \pi_{\varepsilon,-\overline{s}}(g_0)\psi_2 \rangle = \int_K \psi_1(e^{i\theta'})\overline{\psi_2(e^{i\theta'})}\, y'^{s/2}\, \overline{y'^{-\overline{s}/2}}\, \frac{d\theta'}{d\theta}\, d\theta$$
$$= \langle \psi_1, \psi_2 \rangle.$$

また，$\pi_{\varepsilon,s}$ が不変エルミート内積をもつためには，その共役表現 $\pi_{\varepsilon,-\overline{s}}$ との間に相関作用素が存在する必要がある．したがって，それらのカシミール作用素の固有値が一致する：$s^2 - 1 = \overline{s}^2 - 1$．よって，$s = \overline{s}$ または $s = -\overline{s}$.

(II) (既約性)

表現 $\pi_{\varepsilon,s}$ は，次の条件を満たす (ε, s) を除いて既約である：

(除外条件) $\varepsilon = 0$ かつ $s \in 2\mathbb{Z}+1$; $\varepsilon = 1$ かつ $s \in 2\mathbb{Z}$.

証明. $\mathcal{H}_\varepsilon$ の完全正規直交基底として，$\chi_{2n+\varepsilon}(k(\theta)) = e^{i(2n+\varepsilon)\theta}$, $n \in \mathbb{Z}$, がとれる．この基底の元に $d\pi_{\varepsilon,s}(Y'_\pm)$ を作用させると，

$$d\pi_{\varepsilon,s}(Y'_\pm)\chi_{2n+\varepsilon} = i[(2n+\varepsilon) \pm (s+1)]\chi_{2(n\pm1)+\varepsilon} \quad (n \in \mathbb{Z})$$

となる．そして，(ε, s) が上の除外条件を満たさなければ，$d\pi_{\varepsilon,s}(H_\mathfrak{k})$ と昇降演算子 $d\pi_{\varepsilon,s}(Y'_\pm)$ によって，完全正規直交基底 $\{\chi_{2n+\varepsilon}\,;\, n \in \mathbb{Z}\}$ が代数的に張るベクトル空間 V_ε の上に，複素リー環 $\mathfrak{g}_\mathbb{C}$ の既約な表現を与える．これは，元になっている群 G の表現 $(\pi_{\varepsilon,s}, \mathcal{H}_\varepsilon)$ が既約であることを意味する．なぜなら，$\mathcal{H}_\varepsilon$ 上の，部分空間 $\mathbb{C}\chi_n$ への正射影 $P_{\chi_n} = \int_K \pi_{\varepsilon,s}(k)\overline{\chi_n(k)}\, d\mu_K(k)$ をとると，不

変な閉部分空間 W に対して，$P_{\chi_n}W \subset W$ であり，かつ，W は $\{P_{\chi_n}W\ ;\ n \in \mathbb{Z}\}$ で，L_2 の意味で張られる (なぜか？) からである．

(III) (部分商表現)

群 G の表現 $(T, \mathcal{H})$ に対して，2 つの不変閉部分空間 $\mathcal{H}_1 \subset \mathcal{H}_2$ があったとき，商空間 $\mathcal{H}_2/\mathcal{H}_1$ の上に導かれる表現を，T の**部分商表現** (subquotient representation) という．

我々の $G = SL(2,\mathbb{R})$ の場合，上で除外された (ε, s) に対する表現 $\pi_{\varepsilon,s}$ の部分商を用いて構造を記述するには，その無限小形 $d\pi_{\varepsilon,s}$ を V_ε の上で代数的に考えて解析できる．このように，一般にリー環 $\mathfrak{g}$ の表現からリー群 G の表現の性質を出すのは，一般論としてはかなり込み入ってくるのでここでは割愛する．次の定理の主張は，定理 6.10 の $d\pi_s$ の具体形を使えば，すべて計算によって示される．これは，第 II 巻の定理 9.3 (＋問題 9.6) と同値な内容である．

定理 6.11. $\mathfrak{g}$ の複素化であるリー環 $\mathfrak{g}_{\mathbb{C}} = \mathfrak{sl}(2,\mathbb{C})$ の $\mathbb{C}$ 上の表現として，$(d\pi_{\varepsilon,s}, V_\varepsilon)$ の構造は次の通り．

(イ) $\varepsilon = 0$ の場合： $s = 2\ell + 1$ $(\ell \in \mathbb{Z}, \ell \geq 0)$ とする．無限次元の 2 つの既約部分表現 $\mathcal{D}^+_{2\ell+2}, \mathcal{D}^-_{2\ell+2}$ がある．その商表現 $d\pi_{0,2\ell+1}/(\mathcal{D}^+_{2\ell+2} \oplus \mathcal{D}^-_{2\ell+2})$ は，$2\ell+1$ 次元の既約表現 $F_{2\ell+1}$ である．$s = -(2\ell+1)$ のときには，$d\pi_{0,s}$ と $d\pi_{0,-s}$ とは，共役の関係にあるので，上とは部分表現と商表現の関係が逆転している．

(ロ) $\varepsilon = 1$ の場合： $s = 2\ell$ $(\ell \in \mathbb{Z}, \ell \geq 0)$ とする．$\ell = 0$ のときには，$d\pi_{1,0} = \mathcal{D}^+_1 \oplus \mathcal{D}^-_1$ であり，$\ell \geq 1$ のときには，無限次元の 2 つの既約部分表現 $\mathcal{D}^+_{2\ell+1}, \mathcal{D}^-_{2\ell+1}$ がある．その商表現 $d\pi_{0,2\ell}/(\mathcal{D}^+_{2\ell+1} \oplus \mathcal{D}^-_{2\ell+1})$ は，2ℓ 次元の既約表現 $F_{2\ell}$ である．$s = -2\ell$ のときには，部分表現と商表現の関係が逆転している．

(ハ) これらの既約表現の K-スペクトルは，次の通り：

$$\mathrm{Spec}_K(\mathcal{D}^\pm_p) = \{\,\pm(p+2n)\ ;\ n \in \mathbb{Z}, n \geq 0\,\},$$
$$\mathrm{Spec}_K(F_p) = \{\,q\ ;\ q \in \mathbb{Z}, -p \leq q \leq p,\ q \equiv p \pmod 2\,\}.$$

定理の (イ) の状況を $\mathfrak{g}$-モジュールの準同型の完全系列として次のように書ける．(ロ) の場合も同様である．

$$0 \longrightarrow \mathcal{D}^+_{2\ell+1} \oplus \mathcal{D}^-_{2\ell+1} \longrightarrow d\pi_{0,2\ell+1} \longrightarrow F_{2\ell+1} \longrightarrow 0,$$

$$0 \longrightarrow F_{2\ell+1} \longrightarrow d\pi_{0,-2\ell-1} \longrightarrow \mathcal{D}^+_{2\ell+1} \oplus \mathcal{D}^-_{2\ell+1} \longrightarrow 0.$$

(IV) (ユニタリ化可能表現)

実リー環 $\mathfrak{g}$ の表現 (ϖ, V) がユニタリ，あるいは，無限小的にユニタリ (infinitesimally unitary) であるとは，V に次の条件を満たす内積が入っていることである (第 9 章参照)：

$$\langle \varpi(X)v_1, v_2 \rangle + \langle v_1, \varpi(X)v_2 \rangle = 0 \quad (X \in \mathfrak{g}). \tag{6.74}$$

上の (II)～(III) のリストに現れた $\mathfrak{g}$ の表現に対応する G の表現がユニタリ化可能であるためには，その無限小形がユニタリ化可能である必要がある．実際，群 G の既約表現 π がユニタリだったとすると，その内積で，

$$\langle \pi(e^{tX})v_1, \pi(e^{tX})v_2 \rangle = \langle v_1, v_2 \rangle \quad (X \in \mathfrak{g})$$

となるので，その両辺を $t=0$ で微分して (微分できるためには，v_1, v_2 を適当に選ぶ)，$\varpi = d\pi$ に対して，(6.74) を得る．

逆に，G の表現 π に対して，その無限小形 $d\pi$ が $\mathfrak{g}$ の表現としてユニタリ化可能なとき，π を**無限小的にユニタリ化可能**というが，そのとき，もとの π が G の表現としてユニタリ化可能かどうか，という問題は簡単ではない．我々の当面の場合には，詳しい議論は省くが，これは肯定的である．これによって，$\pi_{\varepsilon,s}$ とそれらの部分商表現のうちから，ユニタリ化可能表現を求めてみると次のようになる．

まず，$\pi_{\varepsilon,s}, s = i\rho, \rho \in \mathbb{R}$, はもともとユニタリになっている．また，$\mathfrak{g}$ の既約表現 $\mathcal{D}^\pm_\ell, \ell \geq 2$, は，$G$ の離散系列の表現 $D^\pm_\ell$ の無限小形であることが，問題 6.5 の $\widetilde{T}_\ell$ の無限小形と比較して分かる，すなわち，$dD^\pm_\ell = \mathcal{D}^\pm_\ell$.

さらに，他の既約表現のうち，ユニタリ化可能なものは，定理 6.10 の無限小形を用いて，計算によって決定できる．その結果をまとめると，

定理 6.12. 群 $G = SL(2,\mathbb{R})$ の，表現 $\pi_{\varepsilon,s}$ $(\varepsilon = 0,1; s \in \mathbb{C})$ およびそれらの部分商表現として現れる既約表現のうち，連続主系列の表現 $\pi_{\varepsilon,s}, s = i\rho, \rho \in \mathbb{R}$ $((\varepsilon, s) = (1,0)$ を除く)，離散系列の表現 $D^\pm_\ell, \ell \geq 2$, の他に，ユニタリ化可能な既約表現は，次の通り：

$\pi_{0,\rho}$ ($\rho \in \mathbb{R}, -1 < \rho < 1,\ \pi_{0,\rho} \cong \pi_{0,-\rho}$; **補系列**の表現),
$D_1^{\pm}$ (離散系列表現 $D_\ell^{\pm}, \ell \geq 2$, の極限; $\pi_{1,0} \cong D_1^+ \oplus D_1^-$),
$F_1 = \mathbf{1}_G$ (1 次元の自明表現).

のちの **9.4** 節においては，G のリー環 $\mathfrak{g} = \mathfrak{sl}(2,\mathbb{R})$ の，すべての既約ハリッシュ-チャンドラ加群と，そのうちでユニタリ化可能なものを決定している (系 9.5). 結果として，“$\mathfrak{g}$ の任意の既約ハリッシュ-チャンドラ加群は，どれかの $d\pi_{\varepsilon,s}$ の部分商として入っている”．そして，リー環 $\mathfrak{g}$ の既約ハリッシュ-チャンドラ加群は，リー群 G の既約表現と 1 対 1 に対応している (証明は簡単ではない).

(V) (同値関係，相関作用素，不変エルミート内積)

群 $G = SL(2,\mathbb{R})$ の，表現 $\pi_{\varepsilon,s}, \pi_{\varepsilon',s'} (\varepsilon, \varepsilon' = 0, 1;\ s, s' \in \mathbb{C})$ の間に 0 でない相関作用素が存在するとすると，それらの K-型とカシミール作用素の固有値の一致から，$\varepsilon = \varepsilon', s = \pm s'$ が分かる．そこで，$\pi_{\varepsilon,s}$ から $\pi_{\varepsilon,-s}$ への相関作用素 S_s を与えてみよう．これは，s によって，(特異) 積分作用素になったり，微分作用素になったりする．

いま，$S_{\varepsilon,s}$ が積分核 $J_{\varepsilon,s}(k,k')$, $k, k' \in K$, をもつ積分作用素だとする：

$$S_{\varepsilon,s}\psi(e^{i\theta}) = \int_K J_{\varepsilon,s}(k(\theta), k(\theta'))\psi(e^{i\theta'})d\mu_K(k(\theta')).$$

$S_{\varepsilon,s} \cdot \pi_{\varepsilon,s} = \pi_{\varepsilon,-s} \cdot S_{\varepsilon,s}$ という性質から，積分核が次のものの定数倍であることが分かる：

$$J_{\varepsilon,s}(k(\theta), k(\theta')) = \sin^{\varepsilon}(\theta - \theta')\,|\sin(\theta - \theta')|^{s/2-\varepsilon}.$$

これは，$\Re(s/2+1) > 0$ のときには，実際に積分が収束して，相関作用素 $S_{\varepsilon,s}$ を与える．パラメータ s がこの半平面の外側にあるときには，複素変数 s の，作用素の値をとる正則関数として解析接続していく．これが可能なことは，具体的な計算で示す．結果として，全平面 $\mathbb{C}$ に作用素値の有理関数として接続でき，(II) における除外点 (ε, s) 以外で正則で，除外点では零点や極が現れる．この議論もなかなか面白いものである．

s が実数のときには，$S_{\varepsilon,s}$ は，(I) における議論に従って，$\pi_{\varepsilon,s}$ の不変エルミート内積を与える．これが正定値であれば，$\pi_{\varepsilon,s}$ はユニタリ化可能であるが，そうして現れたのが，補系列のユニタリ表現 $\pi_{0,\rho}$ である．また，非負定値であれば，商表現がユニタリ化可能であるが，こうして現れるのが，離散系列の表現の直和 $D_\ell^+ \oplus D_\ell^-$ である．

$S_{\varepsilon,s}$ を，$\mathcal{H}_\varepsilon$ の基底ベクトル $\psi_n(e^{i\theta}) = e^{in\theta}$ に適用すると，$S_{\varepsilon,s}\psi_n = c_n(\varepsilon, s)\,\psi_n$ で，係数は，

$$c_n(0,s) = \frac{2}{\pi}\int_0^{\pi/2} (\sin\theta)^{s/2}\cos(n\theta)\,d\theta \qquad (n \in 2\mathbb{Z}),$$
$$c_n(1,s) = \frac{2}{\pi i}\int_0^{\pi/2} (\sin\theta)^{s/2}\sin(n\theta)\,d\theta \qquad (n \in 2\mathbb{Z}+1),$$

となる．この係数 $c_n(\varepsilon, s)$ は，ベータ関数とも関連があって，その解析接続，零点，極と留数，などは作用素 $S_{\varepsilon,s}$ のそれらに対応している．第 9 章におけるリー環 $\mathfrak{g}$ の表現との関連に注目されたい．

結論として，同値関係として存在するのは，(ε, s) が除外条件を満たさないときには，$\pi_{\varepsilon,s} \cong \pi_{\varepsilon,-s}$ であり，除外点においては，定理 6.11 に述べたものである．

6.6 正則離散系列表現の行列要素

前 2 節において，離散系列と連続系列の既約表現を与えたが，さらに突っ込んでそれぞれの既約表現の個性を調べるのが望ましいが，ここでは，正則離散系列の表現 D_ℓ^+ の行列要素の計算を試みてみることで我慢しよう．

ベクトル $F_n \in \widetilde{\mathcal{H}}_\ell^{\mathrm{hol}}$, $F_n(w) = w^n\ (w \in \mathfrak{D})$, の長さは，**6.4** 節で計算したように，

$$c_n = \sqrt{4\pi B(n+1, \ell-1)} = \sqrt{4\pi n!(\ell-2)!/(n+\ell-1)!}$$

である．すると，$F_n' = c_n^{-1}F_n, n \geq 0,$ がヒルベルト空間 $\widetilde{\mathcal{H}}_\ell^{\mathrm{hol}}$ の正規直交基底である．行列要素 $t_{pq}(u) := \langle \widetilde{T}_\ell(u)F_q', F_p'\rangle$ を求める．一般の元 $u \in \widetilde{G}$ は，

$$u = \widetilde{u}_2(\theta_1)v_2(\tau)\widetilde{u}_2(\theta_2), \qquad v_2(\tau) = \begin{pmatrix} \mathrm{ch}\,\tau & \mathrm{sh}\,\tau \\ \mathrm{sh}\,\tau & \mathrm{ch}\,\tau \end{pmatrix}, \tag{6.75}$$

と書ける．$\widetilde{T}_\ell(\widetilde{u}_2(\theta_2))F_q' = e^{i(\ell+2q)\theta_2}F_q'$, $\widetilde{T}_\ell(\widetilde{u}_2(\theta_1))^{-1}F_p' = e^{-i(\ell+2p)\theta_1}F_p'$，で

あるから,

$$t_{pq}(u) = e^{i(\ell+2p)\theta_1} e^{i(\ell+2q)\theta_2} t_{pq}(v_2(\tau)). \tag{6.76}$$

そこで, $t_{pq}(v_2(\tau))$ を求めるのに, 上の内積を積分で書くと, $w = re^{i\varphi}$ として,

$$t_{pq}(v_2(\tau)) = \frac{4}{c_p c_q} \int_0^{2\pi} \int_0^1 (\operatorname{sh}\tau\, w + \operatorname{ch}\tau)^\ell \left(\frac{\operatorname{ch}\tau\, w + \operatorname{sh}\tau}{\operatorname{sh}\tau\, w + \operatorname{ch}\tau} \right)^q \overline{w}^p \,\frac{d\varphi\, r\, dr}{(1-r^2)^{-\ell+2}}. \tag{6.77}$$

いま特に, $q = 0$ の場合を考えてみよう. $d\varphi$ に関する積分をまず実行すると, $p > \ell$ のときには, $t_{p0}(v_2(\tau)) = 0$ を得る. そして, $0 \le p \le \ell$ のときには,

$$\begin{aligned} t_{p0}(v_2(\tau)) &= \frac{4}{c_p c_0} \int_0^{2\pi} \int_0^1 (\operatorname{sh}\tau\, w + \operatorname{ch}\tau)^\ell \overline{w}^p \,\frac{d\varphi\, r\, dr}{(1-r^2)^{-\ell+2}} \\ &= \frac{4 \cdot 2\pi}{c_p c_0} \binom{\ell}{p} (\operatorname{sh}\tau)^p (\operatorname{ch}\tau)^{\ell-p} \cdot \frac{1}{2} \int_0^1 t^p (1-t)^{\ell-2} dt \\ &= \sqrt{p!(\ell-1)!/(p+\ell-1)!}\, (\operatorname{ch}\tau)^\ell (\tanh\tau)^p. \end{aligned}$$

行列要素の第 0 列 $t_{p0}(u), p \ge 0,$ においては, 有限個の p を除いては, $t_{p0}(u) \equiv 0$ である. また, $0 \le q \le \ell$ の範囲にある q に対しても, 第 q 列では, $t_{pq}(u) \equiv 0,\ p > \ell,$ である. しかし, これは離散系列の表現における特別の現象であって, 一般の無限次元既約ユニタリ表現においては, 行列要素のどの列も, どの行も, 無限個 0 でないものがある.

さて, $q > 0$ のときにも, 行列要素 $t_{pq}(v_2(\tau))$ をできるだけ分かりやすく書いてみよう. $\tau = 0$ ならば, 当然, $t_{pq}(v_2(\tau))|_{\tau=0} = \delta_{pq}$ となって, 単位行列が現れる.

そこで, $\tau \ne 0$ とする. $A = \tanh\tau = \operatorname{sh}\tau/\operatorname{ch}\tau$ とおくと, 積分表示 (6.77) の被積分関数において w につき正則な因子は,

$$(\operatorname{ch}\tau)^\ell (Aw+1)^{\ell-q} (w+A)^q$$

となるので, $\ell - q < 0$ のときも, $|w| < 1/|A|$ の範囲で w の冪級数に展開できる. $1/|A| > 1$ であるから, これは $|w| \le 1$ において一様収束する. したがって, $\overline{w}^p$ を乗じて, $d\varphi$ で項別積分すれば, 単項式 w^p の係数と r^{2p} を得る. よって,

$$
\begin{aligned}
t_{pq}(v_2(\tau)) &= \frac{4\cdot 2\pi}{c_p c_q}(\operatorname{ch}\tau)^\ell \left(\frac{d}{dw}\right)^p \left((Aw+1)^{\ell-q}(w+A)^q\right)\Big|_{w=0} \\
&\quad \times \int_0^1 r^{2p}(1-r^2)^{\ell-2}\, r\, dr \\
&= \frac{c_p}{c_q}\,(\operatorname{ch}\tau)^\ell \left(\frac{d}{dw}\right)^p \left((Aw+1)^{\ell-q}(w+A)^q\right)\Big|_{w=0}.
\end{aligned}
$$

$0 \le q \le \ell$ の場合には，多項式の微分である．$q > \ell$ の場合には，$(Aw+1)^{\ell-q}$ は負冪なので，2 項係数の記号を一般化して使う．記号 $a \vee b := \max\{a, b\}$，$a \wedge b := \min\{a, b\}$ を導入して，次の公式を得る：

$$
t_{pq}(v_2(\tau)) = \frac{c_p}{c_q}\,(\operatorname{ch}\tau)^\ell \sum_{r=0\vee(p+q-\ell)}^{p\wedge q} p! \binom{q}{r}\binom{\ell-q}{p-r} A^{p+q-2r} \quad (0 \le q \le \ell),
$$

$$
t_{pq}(v_2(\tau)) = \frac{c_p}{c_q}\,(\operatorname{ch}\tau)^\ell \sum_{r=0}^{p\wedge q} p! \binom{q}{r}\binom{\ell-q}{p-r} A^{p+q-2r} \qquad (q > \ell),
$$

ただし，　$A = \tanh\tau$，　$\displaystyle \binom{-n}{r} = (-1)^{n-r}\binom{n+r-1}{r} \quad (n > 0,\ 0 \le r \le n).$

この $t_{pq}(v_2(\tau))$ の表示式は，既知の特殊関数を用いて書き下せるものか，調べる必要がある．しかし，ここではこの段階でとどめておく．

群の表現と特殊関数との関係のまとめ

ここでは少しだけだが，様子を説明したが，一般的な話として，いろいろな群の表現の行列要素として，多くの特殊関数が現れ得る．その積分表示，微分を用いての表示，あるいは，加法公式などが，

(イ) 群の表現であることや，

(ロ) テンソル積表現の分解公式，

などから系統的に導き出される．そこには新しく発見されたものもあり，既知のものに新しい見地をもたらすものもある．こうして既知や未知の特殊関数やその性質をまとめていくという方針の下で，特殊関数に関する多くの本が書かれている．第 4 章では，回転群 $SO(3)$ の場合にルジャンドルの球関数との関係を説明した．

また，新しい特殊関数を定義することもできる．例えば，有限体 $\mathbb{F}$ の上の行列

群 $GL(n,\mathbb{F})$ などの表現から，$\mathbb{F}$ の上の特殊関数が定義される．さらに，p 進体 $\mathbb{Q}_p$ 上の代数群のユニタリ表現も $\mathbb{Q}_p$ 上の特殊関数を与える．これらは，もし「群の表現」というものを使わなければ，発見も取り扱いも格段に難しいであろう．

引用文献

[有本] 有本 卓，p 元群符号系の符号化，復号化法と誤りの訂正機構，情報処理，**2-6**(1961), 320–325;　S. Arimoto, On a non-binary error-correcting code, Information Processing in Japan, **2**(1962), 22–23 (Math. Rev. 1965:#4616).

[Barg] V. Bargmann, Irreducible unitary representations of the Lorentz group, Annals of Mathematics, **48**(1947), 568–640.

[Dir1] P.M.A. Dirac, The quantum theory of the electron, Proceedings of the Royal Society of London, **117**(1928), 610–624.

[Dir2] P.M.A. Dirac, Unitary representations of the Lorentz group, Proc. Royal Soc. London, **A183**(1945), 284–295.

[Eins] A. Einstein, *THE MEANING OF RELATIVITY*；矢野健太郎訳，相対論の意味，岩波文庫，2015.

[GeRa] I.M. Gelfand and D.A. Raikov, Irreducible unitary representations of locally compact groups, Matematik Sbornik, **13**(1943), 301–316(ロシヤ語) [英訳：American Mathematical Society Translations (2), **36**(1964), 1–15.]

[GeNa] I.N. Gelfand and M.I. Naimark, Unitary representations of the Lorentz group, lzvestiya Akademii Nauk SSSR, **11**(1947), 411–504(ロシヤ語).

[Hari] Harish-Chandra, Infinite irreducible representations of the Lorentz group, Proc. Royal Soc. London, **A189**(1947), 327–401.

[Helg] S. Helgason, *Differential Geometry, Lie Groups, and Symmetric Spaces*, Academic Press, 1978.

[平井] 平井 武，線形代数と群の表現，I, II, 朝倉書店，すうがくぶっくす **20, 21**, 2001.

[井上] 井上正雄，ポテンシャル論，共立全書，**38**，1952.

[河添] 河添 健，群上の調和解析，すうがくの風景 **1**，朝倉書店，2000.

[河野] 河野俊丈，組みひもの数理，新装版，日本評論社，2022.

[Kubo] T. Kubota (久保田富雄), *Elementary Theory of Eisenstein Series*, Kodansha, 1972.

[公式] 岩波 数学公式 III, 特殊関数，岩波書店，新装第 4 刷，1989.

[Newt] ISAAC NEWTON, THE *PRINCHIPIA, Mathematical Principles of Natural Philosophy,* A New Translation by I.B. Cohen and A.Whitman, University of California Press, 1999.

[Paul] W. Pauli, Zur Quantenmechnik des magnetischen Electrons, Zeitschrift für Physik, **43**(1927), 601–623.

[Pont] ポントリャーギン (L.S. Pontryagin), 連続群論, 上巻 (柴岡泰光, 杉浦光夫, 宮崎 功 共訳), 岩波書店, (第 1 刷は) 1957.

[佐武] 佐武一郎, リー群の話, 日本評論社, 1982.

[鈴木] 鈴木通《みち》夫《お》, 群論 上巻, 岩波書店, 1988.

[朝永 1] 朝永振一郎, 量子力学 II, みすず書房, 第 2 版, 1997.

[朝永 2] 朝永振一郎, スピンはめぐる, 新版, みすず書房, 2008.

[長島] 長島順《より》清《きよ》, 素粒子物理学の基礎 I, 朝倉書店, 1998.

[数学] 数学辞典第 3 版, 岩波書店, 1985.

[理化学] 理化学辞典第 5 版, 岩波書店, 1998.

[Wign] E. Wigner, On unitary representations of the inhomogeneous Lorentz group, Ann. Math., **40**(1939), 149–204.

[Weyl] H. Weyl, *The Classical Groups* (副題: *Their Invariants and Representations*), Princeton University Press, 第 2 版, 1973.

[山内] 山内恭彦・杉浦光夫, 連続群論入門, 新版, 培風館, 2010 (第 1 刷は 1960).

[Yosi] K. Yosida (吉田耕作), *Functional Analysis*, 6 th Edition, Springer, 1991.

注: 論文の掲載誌の雑誌名は, 初出では省略形を用いず, 再出以降は省略形とした.

解　説

平井さんが山下さんと組んで表現論入門の続編を出した．

群の表現論は，フロベニウスらによる発生段階においては数論からの影響はあったが，代数学独自の動機，特に，群指標の研究に始まる．この時から粗く勘定してもすでに一世紀は経ったが，この主題が未だに人々の興味を引いて止まないのは，その後量子論を中心とする数理物理学や，かってはその対極にあるとみられていた保型関数論と密接に関係していることが分かってきたからであろう．特に，保型関数論は数論の一つの方法論，いやむしろその実体とも考えられている．この意味で，表現論はその原点に立ち戻っていると言える．

平井さんによる本書の第 I 部は，既刊の『線形代数と群の表現 I, II』に続いてこの理論の発生から今挙げた現代的興味との関連に至る所を，急がずゆっくりと実に丁寧に説明してくれる．

とは言っても，リー群や関数解析の一般論を延々と展開準備しておいて具体例は一刀両断というやり方ではなく，実例に応じてこの理論特有の考え方と技法を適宜紹介していくという方法をとっている．近頃の類書 (外国語のものも込めて) もこのようなやり方をとっているものが多いが，このやり方には著者の個性が強く反映されるようで，私自身は本書に最も親しみを感じ大いに楽しんだ．

もちろん，著者との 30 余年に亘《わた》る長いつき合いや，日本語で書かれているというのも一つの理由であろう．特に，我々の世代にとっては，各所に散りばめられた「閑話休題」のなかの著者自身の回想や，学問に対する態度，若い世代への感想などが，著者一流のオールドファッションドでありながら躍動的な語り口と相まって遥かなるノスタルジーに浸る快楽をもたらしてくれる．

前書でもそうであったが，物理学からの話題が近代の量子力学からの断片だけではなく，ニュートンの原典にまで遡っていることに，浅学の私など驚き (と恐怖さえ) を覚える (「閑話休題 4」)．

最後の章は，初めに言った保型関数論への表現論的入門で締め括られる．この短いページだけでもしっかり読み込めばこの分野のエッセンスが修得できるだろう．

というわけで，とにかく第 I 部を通読すれば，表現論の発生から今に至る道筋を，物理学や保型関数の見方を学びながら俯瞰できるだろう．

山下さんによる第 II 部は，より若い世代のこの分野のやり方を紹介したものである．第 I 部に比して，手法は全く「代数的」である．リー環 (または，リー代数．この呼び方についての蘊蓄《うんちく》は第 I 部「閑話休題 5」にある) というリー群の近似を与える代数系の表現論を展開する．この線型近似は，あまりにも良い近似であるので，この代数学を徹底的に行うことによって，元《もと》の群表現についての精密な情報が得られる．そしてしばしばこの方法でなければ得られない結果もまたある．

山下さんは，このような代数の技法の入門から始めて，最後にはヴェイユ表現と呼ばれている表現についての様々な結果を導いて見せる．これは，メタプレクティックという特別な群の特別な表現 (だから特別な人名ヴェイユが付いている (さらにシェイルという名前を付けることもある)) に同等なもので，元来は量子力学の基本に関係する主題である．したがって因《ちな》んだ名前ハイゼンベルグも登場する．しかも，この理論は元は関数解析的な議論 (ストーン・フォンノイマンの定理) を中心として得られたものであるが，何とこれが数論と繋がり保型関数論の表現論的扱いを強く促す動機ともなったのである．ヴェイユの寄与はここにあった．

回顧はこのくらいにして，第 II 部についてであるが，山下さんも主題に密着した着実な計算を基に明確な結果を提示している．理論展開も明快で心地よくスムーズに進んでいく．

鉛筆と紙を側に置いて追っていけば，もうすぐそこに只今発展中のお好みのテーマに関する種々の問題に取り掛かれるだろう．

2003 年 10 月

堀田 良之

(岡山理科大学理学部応用数学科 (当時))

(注) 第 I 巻・第 II 巻を合わせた 1 冊本だった原版では，この「解説」は全巻の最後に載せられていましたが，今回の新装版では，第 I 巻，第 II 巻に分冊されたので，第 I 巻の最後にも (第 II 巻の最後と同様に) この「解説」を複写しました．その代わりといっては何ですが，新装版第 I 巻へのあとがきはなし，とします．第 II 巻の最後には両巻を代表して「新装版のあとがきに代えて」が載せられます．(著者)

記号索引

記号

A

B

C

D

E

F

G

事項索引

ア

カ

サ

タ

ナ

ハ

マ

ヤ

ラ

平井　武（ひらい・たけし）

1961 年　京都大学理学研究科数学専攻修士課程修了
京都大学理学部助教授,
京都大学大学院理学研究科教授などを経て,
現　在　京都大学名誉教授
主　著　『線形代数と群の表現 I, II』(朝倉書店)

表《ひょう》現《げん》論《ろん》入《にゅう》門《もん》セミナー ［新《しん》装《そう》版《ばん》］ 第《だい》I巻《かん》
具《ぐ》体《たい》例《れい》からの表《ひょう》現《げん》論《ろん》入《にゅう》門《もん》

2022 年 9 月 25 日　第 1 版第 1 刷発行

著　者　平井　武
発行所　株式会社 日本評論社
〒170-8474 東京都豊島区南大塚 3-12-4
電話 (03) 3987-8621［販売］
(03) 3987-8599［編集］
印　刷　藤原印刷
製　本　井上製本所
装　丁　海保　透
図　版　関根恵子
組　版　澁谷清隆

Printed in Japan
ISBN978-4-535-78968-5